水文水资源科技与管理研究

达瓦次仁　江玉吉　杨溯　著

吉林科学技术出版社

图书在版编目（CIP）数据

水文水资源科技与管理研究 / 达瓦次仁，江玉吉，杨溯著. -- 长春：吉林科学技术出版社，2022.8
ISBN 978-7-5578-9387-3

Ⅰ．①水… Ⅱ．①达… ②江… ③杨… Ⅲ．①水文学②水资源管理－研究 Ⅳ．①P33②TV213.4

中国版本图书馆CIP数据核字(2022)第113538号

水文水资源科技与管理研究

著	达瓦次仁　江玉吉　杨　溯
出 版 人	宛　霞
责任编辑	赵　沫
封面设计	北京万瑞铭图文化传媒有限公司
制　　版	北京万瑞铭图文化传媒有限公司
幅面尺寸	185mm×260mm
开　　本	16
字　　数	300千字
印　　张	14
印　　数	1-1500册
版　　次	2022年8月第1版
印　　次	2022年8月第1次印刷

出　　版	吉林科学技术出版社
发　　行	吉林科学技术出版社
地　　址	长春市南关区福祉大路5788号出版大厦A座
邮　　编	130118
发行部电话/传真	0431-81629529　81629530　81629531
	81629532　81629533　81629534
储运部电话	0431-86059116
编辑部电话	0431-81629510
印　　刷	廊坊市印艺阁数字科技有限公司

书　　号	ISBN 978-7-5578-9387-3
定　　价	49.00元

版权所有　翻印必究　举报电话：0431—81629508

《水文水资源科技与管理研究》编审会

达瓦次仁　江玉吉　杨　溯　张景帅
阮长伟　惠　丰　齐　攀　张　溪
齐　峰　张一博　孙树昕　战岸亭
张喜林　刘小永　彭雪勇　王　雷
许晓春　史海鹏　李燕琼　谷凤羽
周晓东　李　响

前言

在现代化经济社会迅速发展的背景下,人们的生活和生产对于水资源的需要越来越大,所以,整个社会也就越来越重视水文学和水资源的研究。对水资源进行高质量的管理和控制,不仅可以满足人民生活生产的基本需要,而且可以预防水灾、干旱并且减少因为水资源问题引起的各种自然灾害。因此,对于水文水资源的高效管理对于当前的经济社会发展具有突出重要的意义。有关部门应高度重视对水文和水资源的严格、高质量管理,将预防和减轻水患灾害的工作做好做实,避免水患发生对人民生命财产的破坏。要缓解城市水文水资源困难的问题,需从各个角度研究解决问题,加大研究力度,制定专项管理制度,建设城市水资源的生态化,以达到人和自然和谐相处,实现可持续发展的目标。

水文水资源管理是改善我国环境的有效手段。本书在前半部分是对水文与水资源进行简单的阐述,之后就水资源的开发、保护、评价以及水资源规划与优化配置进行分析研究,并对水文水资源管理展开探讨与管理制度体系进行了详细的阐述,最后对全球变化与人类活动的水文与水资源效应做了分析,书中语言简洁、内容涵盖十分全面、结构清晰,能够充分体现科学性、发展性、实用性、针对性等特点。按照国家制定的政策和法规,进行统一的、系统的科学化管理,使我国有限的水资源得到有效的、合理的利用,不致浪费,以满足我国经济发展的需要,保证水文水资源的合理开发和应用。

在本书编写过程中以许多水文水利的专业书籍作为参考,并参阅了相关案例与管理经验的借鉴,并从中获得大量的经验总结、体会与宝贵的资料;同时获得了领导、同事及相关从业人员的大力支持与尽力帮助。在此送上诚挚的感谢。社会发展速度的不断较快,水文水资源在管理中采取的科技手段也在日益更新。为此,本书在编写中可能会有一些不足之处,且本人知识水平有限,部分意见在专业水平方面行业顶尖人士相比仍有一些差距,望大众在阅读中能够不吝赐教,多多给予指正意见。以便能够更好地完善内容,提高专业性。

目录

第一章 水文与水资源绪论 ... 1
- 第一节 水文与水资源研究的对象和任务 ... 1
- 第二节 水文与水资源的基本特征及研究方法 ... 2
- 第三节 世界和中国水资源概况 ... 5

第二章 水资源开发 ... 9
- 第一节 地球水量储存与水循环 ... 9
- 第二节 地表水资源的形成 ... 15
- 第三节 地下水的储存与循环 ... 25
- 第四节 水资源开发度 ... 30

第三章 水资源保护 ... 38
- 第一节 水资源保护概述 ... 38
- 第二节 天然水的组成与性质 ... 39
- 第三节 水体污染 ... 44
- 第四节 水环境标准 ... 48
- 第五节 水质监测与评价 ... 54
- 第六节 水资源保护措施 ... 59

第四章 水资源评价 ... 63
- 第一节 水资源评价的要求和内容 ... 63
- 第二节 水资源数量评价 ... 65
- 第三节 水资源质量评价 ... 69
- 第四节 水资源综合评价 ... 72
- 第五节 水资源开发利用评价 ... 74

第五章 水资源规划与优化配置 ... 77
- 第一节 水资源规划的内容 ... 77
- 第二节 水资源优化配置 ... 88

第六章 用水与节水 ... 93
第一节 合理用水与节约用水 ... 93
第二节 节水措施 ... 96
第三节 创建节水型社会 ... 102

第七章 水资源管理 ... 105
第一节 水资源管理概述 ... 105
第二节 水资源管理学理论基础 ... 111
第三节 水资源量管理 ... 124
第四节 水资源的质量管理 ... 143

第八章 制度体系与管理规范化建设 ... 150
第一节 最严格水资源管理本质要求及体系框架 ... 150
第二节 水资源管理规范化的制度体系建设 ... 153
第三节 水资源管理的主要制度 ... 157
第四节 管理流程的标准化建设 ... 166
第五节 管理流程的关键节点规范化及支撑技术 ... 180
第六节 基础保证体系的规范化建设 ... 186

第九章 全球变化与人类活动的水文与水资源效应 ... 188
第一节 全球变化的水文水资源效应 ... 188
第二节 水利、水保措施的水文水资源效应 ... 194
第三节 城市化的水文水资源效应 ... 197
第四节 生态建设的水文水资源效应 ... 203

参考文献 ... 213

第一章 水文与水资源绪论

第一节 水文与水资源研究的对象和任务

水是人类及一切生物赖以生存的必不可少的重要物质，是工农业生产、经济发展和环境改善不可替代的极为宝贵的自然资源。

水文一词泛指自然界中水的分布、运动和变化规律以及与环境的相互作用。水资源（water resource）一词虽然出现较早，随着时代进步其内涵也在不断丰富和发展。但是水资源的概念却既简单又复杂，其复杂的内涵通常表现在：水类型繁多，具有运动性，各种水体具有相互转化的特性；水的用途广泛，各种用途对其量和质均有不同的要求；水资源所包含的"量"和"质"在一定条件下可以改变；更为重要的是，水资源的开发利用受经济技术、社会和环境条件的制约。因此，人们从不同角度的认识和体会，造成对水资源一词理解的不一致和认识的差异。目前，关于水资源普遍认可的概念可以理解为人类长期生存、生活和生产活动中所需要的具有数量要求和质量前提的水量，包括使用价值和经济价值。一般认为水资源概念具有广义和狭义之分。

广义上的水资源是指能够直接或间接使用的各种水和水中物质，对人类活动具有使用价值和经济价值的水均可称为水资源。狭义上的水资源是指在一定经济技术条件下，人类可以直接利用的淡水。

研究水文规律的学科称为水文学，它是通过模拟和预报自然界中水量和水质的变化及发展动态，为开发利用水资源，控制洪水和保护水环境等方面的水利建设提供科学依据。而水资源作为一门学科是随着经济发展对水的需求和供给矛盾的不断加剧，伴随着水资源研究的不断深入而逐渐发展起来的。在这一发展过程中，水文学的内容一直贯穿在水资源学的始终，是水资源学的基础。

水文与水资源学，不但研究水资源的形成、运动和赋存特征以及各种水体的物理化学成分及其演化规律，而且研究如何利用工程措施，合理有效地开发、利用水资源并科学地避免和防治各种水环境问题的发生。在这个意义上可以说，水文与水资源学研究的内容和涉及的学科领域，较水文学还要广泛。

水资源是与人类生活、生产及社会进步密切相关的淡水资源，也可以理解为大陆上由降水补给的地表和地下的动态水量，可分别称为地表水资源和地下水资源。因此，水文与水资源学和人类生活及一切经济活动密切相关，如制定流域或较大地区的经济发展规划及水资源开发利用，亦或一个大流域的上中下游各河段水资源利用和调度以及工程建设都需要水文与水资源学方向的确切资料。一个违背了水文与水资源规律的流域或地区的规划、工程及灌区管理都将导致难以弥补的巨大损失。

第二节 水文与水资源的基本特征及研究方法

一、水文与水资源的基本特征

（一）时程变化的必然性和偶然性

水文与水资源的基本规律是指水资源（包括大气水、地表水和地下水）在某一时段内的状况，它的形成都具有其客观原因，都是一定条件下的必然现象。但是，从人们的认识能力来讲，和许多自然现象一样，由于影响因素复杂，人们对水文与水资源发生多种变化的前因后果的认识并非十分清楚。故常把这些变化中能够作出解释或预测的部分称之为必然性。例如，河流每年的洪水期和枯水期，年际间的丰水年和枯水年；地下水位的变化也具有类似的现象。由于这种必然性在时间上具有年的、月的甚至日的变化，故又称之为周期性，相应地分别称之为多年期间，月的或季节性周期等。而将那些还不能作出解释或难以预测的部分，称之为水文现象或水资源的偶然性的反映。任一河流不同年份的流量过程不会完全一致；地下水位在不同年份的变化也不尽相同，泉水流量的变化有一定差异。这种反映也可称之为随机性，其规律要由大量的统计资料或长系列观测数据分析。

（二）地区变化的相似性和特殊性

相似性，主要指气候及地理条件相似的流域，其水文与水资源现象则具有一定的相似性，湿润地区河流径流的年内分布较均匀，干旱地区则差异较大；表现在水资源形成、分布特征也具有这种规律。

特殊性，是指不同下垫面条件产生不同的水文和水资源的变化规律。如河谷阶地和黄土原区地下水赋存规律不同。

（三）水资源的循环性、有限性及分布的不均一性

水是自然界的重要组成物质，是环境中最活跃的要素。它不停地运动且积极参与自然环境中一系列物理的、化学的和生物的过程。

水资源与其他固体资源的本质区别在于其具有流动性，它是在水循环中形成的一种动态资源，具有循环性。水循环系统是一个庞大的自然水资源系统，水资源在开采利用后，能够得到大气降水的补给，处在不断地开采、补给和消耗、恢复的循环之中，可以不断地供给人类利用和满足生态平衡的需要。

在不断的消耗和补充过程中，在某种意义上水资源具有"取之不尽"的特点，恢复性强。可实际上全球淡水资源的蓄存量是十分有限的。全球的淡水资源仅占全球总水量的2.5%，且淡水资源的大部分储存在极地冰帽和冰川中，真正能够被人类直接利用的淡水资源仅占全球总水量的0.796%。从水量动态平衡的观点来看，某一期间的水量消耗量接近于该期间的水量补给量，否则将会破坏水平衡，造成一系列不良的环境问题。可见，水循环过程是无限的，水资源的蓄存量是有限的，并非用之不尽、取之不竭。

水资源在自然界中具有一定的时间和空间分布。时空分布的不均匀是水资源的又一特性。

我国水资源在区域上分布不均匀。总的说来，东南多，西北少；沿海多，内陆少；山区多，平原少。在同一地区中，不同时间分布差异性很大，一般夏多冬少。

（四）利用的多样性

水资源是被人类在生产和生活活动中广泛利用的资源，不仅广泛应用于农业、工业和生活，还用于发电、水运、水产、旅游和环境改造等。在各种不同的用途中，有的是消耗用水，有的则是非消耗性或消耗很小的用水，而且对水质的要求各不相同。这是使水资源一水多用、充分发展其综合效益的有利条件。

此外，水资源与其他矿产资源相比，另一个最大区别是：水资源具有既可造福于人类，又可危害人类生存的两重性。

水资源质、量适宜，且时空分布均匀，将为区域经济发展、自然环境的良性循环和人类社会进步做出巨大贡献。水资源开发利用不当，又可制约国民经济发展，破坏人类的生存环境。如水利工程设计不当、管理不善，可造成垮坝事故，也可能引起土壤次生盐碱化。水量过多或过少的季节和地区，往往又产生各种各样的自然灾害。水量过多容易造成洪水泛滥，内涝渍水；水量过少容易形成干旱、盐渍化等自然灾害。适量开采地下水，可为国民经济各部门和居民生活提供水源，满足生产、生活的需求。无节制、不合理地抽取地下水，往往引起水位持续下降、水质恶化、水量减少、地面沉降，不仅影响生产发展，而且严重威胁人类生存。正是由于水资源利害的双重性质，在水资源的开发利用过程中尤其强调合理利用、有序开发，以达到兴利除害的目的。

二、水文与水资源学的研究方法

水文现象的研究方法，通常可分为以下3种，即成因分析法、数理统计法和地区综合法等。在这些方法基础上随着水资源的研究不断深入，要求利用现代化理论和方法识别、模拟水资源系统，规划和管理水资源，保证水资源的合理开发、有效利用，实现优化管理、可持续利用。经过近几十年多学科的共同努力，在水资源利用和管理的理论和方法方面取得了明显进展，主要为：

（一）水资源模拟与模型化

随着计算机技术的迅速发展以及信息论和系统工程理论在水资源系统研究中的广泛应用，水资源系统的状态与运行模型模拟已成为重要的研究工具。各类确定性、非确定性、综合性的水资源评价和科学管理数学模型的建立与完善，使水资源的信息系统分析、供水工程优化调度、水资源系统的优化管理与规划成为可能，加强了水资源合理开发利用、优化管理的决策系统的功能和决策效果。

（二）水资源系统分析

水资源动态变化的多样性和随机性，水资源工程的多目标性和多任务性，河川径流和地下水的相互转化，水质和水量相互联系的密切性，以及水需求的可行方案必须适应国民经济和社会的发展，使水资源问题更趋复杂化，它涉及到自然、社会、人文、经济等各个方面。因此，在对水资源系统分析过程中更注重系统分析的整体性和系统性。在20多年来的水资源规划过程中，研究者应用线性规划、动态规划、系统分析的理论力图寻求目标方程的优化解。总的来说，水资源系统分析正向着分层次、多目标的方向发展与完善。

（三）水资源信息管理系统

为了适应水资源系统分析与系统管理的需要，目前已初步建立了水资源信息分析与管理系统，主要涉及信息查询系统、数据和图形库系统、水资源状况评价系统、水资源管理与优化调度系统等。水资源信息管理系统的建立和运行，提高了水资源研究的层次和水平，加速了水资源合理开发利用和科学管理的进程。水资源信息管理系统已经成为水资源研究与管理的重要技术支柱。

（四）水环境研究

人类大规模的经济和社会活动对环境和生态的变化产生了极为深远的影响。环境、生态的变异又反过来引起自然界水资源的变化，部分或全部地改变原来水资源的变化规律。人们通过对水资源变化规律的研究，寻找这种变化规律与社会发展和经济建设之间的内在关系，以便有效地利用水资源，使环境质量向着有利于人类当今和长远利益的方向发展。

第三节 世界和中国水资源概况

一、世界水资源概况

从表面上看，地球上的水量是非常丰富的。地球71%的面积被水覆盖，其中97.5%是海水。如果不算两极的冰层、地下冰等，人们可以得到的淡水只有地球上水的很小一部分。此外，有限的水资源也很难再分配，巴西、俄罗斯、中国、加拿大、印度尼西亚、美国、印度、哥伦比亚和扎伊尔等9个国家已经占去了这些水资源的6%。从未来的发展趋势看，由于社会对水的需求不断增加，而自然界所能提供的可利用的水资源又有一定限度，突出的供需矛盾使水资源已成为国民经济发展的重要制约因素，主要表现在如下两方面。

（一）水量短缺严重，供需矛盾尖锐

随着社会需水量的大幅度增加，水资源供需矛盾日益突出，水量短缺现象非常严重。近年来，在一些工业较发达、人口较集中的国家和地区明显表现出水资源不足。目前，全球地下水资源年开采量已达到550km3，其中美国、印度、中国、巴基斯坦、欧共体、苏联、伊朗、墨西哥、日本、土耳其的开采总量占全球地下水开采量的85%。亚洲地区，在过去的40年里，人均水资源拥有量下降了40%～60%。

（二）水源污染严重，"水质型缺水"突出

随着经济、技术和城市化的发展，排放到环境中的污水量日益增多。据统计，目前全世界每年约有420km2污水排入江河湖海，污染了5500km2的淡水，约占全球径流总量的14%以上。由于人口的增加和工业的发展，排出的污水量将日益增加。水源污染造成的"水质型缺水"，加剧水资源短缺的矛盾和居民生活用水的紧张和不安全性。由于工业废物的倾入，河流受污染严重，水环境的污染已严重制约国民经济的发展和人类的生存。

二、我国水资源概况

（一）我国水资源基本国情

我国地域辽阔，国土面积达960万km2。由于处于季风气候区域，受热带、太平洋低纬度上空温暖而潮湿气团的影响以及西南的印度洋和东北的鄂霍茨克海的水蒸气的影响，东南地区、西南地区以及东北地区可获得充足的降水量，使我国成为世界上水资源相对比较丰富的国家之一。

据统计，我国多年平均降水量约 6190km3，折合降水深度为 648mm，与全球陆地降水深 800mm 相比，约低 20%。全国河川年平均总径流量约 2700km3。我国人均占有河川年径流 2327m³，仅相当于世界人均占有量的 1/4、美国人均占有量的 1/6、苏联人均占有量的 1/8。世界人均占有年径流量最高的国家是加拿大，人均占有年径流量高达 14.93 万 m3/人，约是我国人均占有年径流量的 64 倍。

我国在每公顷平均所占有径流量方面不及巴西、加拿大、印度尼西亚和日本。上述结果表明，仅从表面上看，我国河川总径流量相对还较丰富，属于丰水国，但我国人口和耕地面积基数大，人均和每公顷平均径流量相对要小得多，居世界 80 位之后。另外，我国地下水资源量估计约为 800km3，由于地表水和地下水的相互转化，扣除重复部分，我国水资源总量约为 2800km3。按人均与每公顷平均水资源量进行比较，我国仍为淡水资源贫乏的国家之一。这是我国水资源的基本国情。

（二）我国水资源特征

1. 水资源空间分布特点

（1）降水、河流分布的不均匀性

我国水资源空间分布的特征主要表现为：降水和河川径流的地区分布不均，水土资源组合很不平衡。一个地区水资源的丰富程度主要取决于降水量的多寡。根据降水量空间的丰度和径流深度将全国地域分为 5 个不同水量级的径流地带，如表 1-1 所示。径流地带的分布受降水、地形、植被、土壤和地质等多种因素的影响，其中降水影响是主要的。由此可见，我国东南部属丰水带和多水带，西北部属少水带和缺水带，中间部分及东北地区则属于过渡带。

我国又是多河流分布的国家，流域面积在 100km2 以上的河流就有 5 万多条，流域面积在 1000km2 以上的有 1500 条。在数万条河流中，年径流量大于 7.0km3 的大河流 26 条。我国河流的主要径流量分布在东南和中南地区，与降水量的分布具有高度一致性，说明河流径流量与降水量之间的密切关系。

表 1-1 我国径流带、径流深区域分布

径流带	年降水量（mm）	径流深（mm）	地区
丰水带	1600	>900	福建省和广东省的大部分地区、台湾地区的大部分地区、江苏省和湖南省的山地、广西壮族自治区南部、云南省西南部、西藏自治区的东南部
多水带	800～1600	200～900	广西壮族自治区、四川省、贵州省、云南省、秦岭—淮河以南的长江中游地区
过渡带	400～800	50～200	黄、淮河平原、陕西省和陕西省的大部、四川省西北部和西藏自治区东部
少水带	200～400	1450	东北西部、内蒙古自治区、宁夏回族自治区、甘肃省、新疆维吾尔自治区北部和西部、西藏自治区西部
缺水带	<200	<10	内蒙古自治区西部地区和准格尔、塔里木、柴达木 3 大盆地以及甘肃省北部的沙漠区

（2）地下水天然资源分布的不均匀性

作为水资源的重要组成部分，地下水天然资源的分布受地形及其主要补给来源降水量的制约。我国是一个地域辽阔、地形复杂、多山分布的国家，山区（包括山地、高原和丘陵）约占全国面积的69%，平原和盆地约占31%。地形特点是西高东低，定向山脉纵横交织，构成了我国地形的基本骨架。北方分布的大型平原和盆地成为地下水储存的良好场所。东西向排列的昆仑山——秦岭山脉，成为我国南北方的分界线，对地下水天然资源量的区域分布产生了重大的影响。

另外，年降水量由东南向西北递减所造成的东部地区湿润多雨、西北部地区干旱少雨的降水分布特征，对地下水资源的分布起到重要的控制作用。

地形、降水上分布的差异性，使我国不仅地表水资源表现为南多北少的局面，而且地下水资源仍具有南方丰富、北方贫乏的空间分布特征。

由于沉积环境和地质条件的不同，各地不同类型的地下水所占的份额变化较大。孔隙水资源量主要分布在北方，占全国孔隙水天然资源量的65%。尤其在华北地区，孔隙水天然资源量占全国孔隙水天然资源量的24%以上，占该地区地下水天然资源量的50%以上。而南方的孔隙水仅占全国孔隙水天然资源量的35%，不足该地区地下水天然资源量的1/8。

我国碳酸盐岩出露面积约125万km2约占全国总面积的13%。加上隐伏碳酸盐岩，总的分布面积可达200万km2。碳酸盐岩主要分布在我国南方地区，北方太行山区、晋西北、鲁中及辽宁省等地区也有分布，其面积占全国岩溶分布面积的1/8。

我国碳酸盐类岩溶水资源主要分布在南方，南方碳酸盐类岩溶水天然资源量约占全国碳酸盐类岩溶水天然资源量的89%，特别是西南地区，碳酸盐类岩溶水天然资源量约占全国碳酸盐类岩溶水天然资源量的63%。北方碳酸盐类岩溶水天然资源量占全国碳酸盐类岩溶水天然资源量的11%。

我国山区面积约占全国碳酸盐类面积的2/3，在山区广泛分布着碎屑岩、岩浆岩和变质岩类裂隙水。基岩裂隙水中以碎屑岩和玄武岩中的地下水相对较丰富，富水地段的地下水对解决人畜用水具有重要意义。我国基岩裂隙水主要分布在南方，其基岩裂隙水天然资源量约占全国基岩裂隙水天然资源量的73%。

我国地下水资源量的分布特点是南方高于北方，地下水资源的丰富程度由东南向西北逐渐减少。另外，由于我国各地区之间社会经济发达程度不一，各地人口密集程度、耕地发展情况均不相同，使不同地区人均、单位耕地面积所占有的地下水资源量具有较大的差别。

我国社会经济发展的特点主要表现为：东南、中南及华北地区人口密集，占全国总人口的65%；耕地多，占全国耕地总数的56%以上；特别是东南及中南地区，面积仅为全国的13.4%，却集中了全国的39.1%的人口，拥有全国25.5%的耕地，为我国最发达的经济区。而西南和东北地区的经济发达程度次于东南、中南及华北地区。西北经济发达程度相对较低，约占全国面积1/3的广大西北地区人口稀少，其人口、耕地分别只占全国的6.9%和12%。

我国地下水天然资源及人口、耕地的分布，决定了全国各地区人均和每公顷耕地平均地下水天然资源量的分配。地下水天然资源占有量分布的总体特点：华北、东北地区占有量最小，人均地下水天然资源量分别为 351m3 和 545m3，平均每公顷地下水自然资源量分别为 3420m3 和 3285m3；东南及中南地区地下水总占有量仅高于华北、东北地区，人均占有地下水天然资源量为全国平均水平的 73%；地下水天然资源占有量最高的是西南和西北地区，西南地区的人均占有地下水天然资源量约为全国平均水平的 2 倍，平均每公顷地下水天然资源量为全国平均水平的 2.7 倍。

2. 水资源时间分布特征

我国的水资源不仅在地域上分布很不均匀，而且在时间分配上也很不均匀，无论年际或年内分配都是如此。造成时间分布不均匀的主要原因是受我国区域气候的影响。

我国大部分地区受季风影响明显，降水年内分配不均匀，年际变化大，枯水年和丰水年连续发生。许多河流发生过 3～8 年的连丰、连枯期。

我国最大年降水量与最小年降水量之间相差悬殊。南部地区最大年降水量一般是最小年降水量的 2～4 倍，北部地区则达 3～6 倍。

降水量的年内分配也很不均匀，由于季风气候，我国长江以南地区由南往北雨季为 3～6 月至 4～7 月，降水量占全年的 50～60%。长江以北地区雨季为 3 月，降水量占全年的 70～80%。

正是由于水资源在地域上和时间上分配不均匀，造成有些地方或某一时间内水资源富余，而另一些地方或时间内水资源贫乏。因此，在水资源开发利用、管理与规划中，水资源时空的再分配将成为克服我国水资源分布不均和灾害频繁状况，实现水资源最大限度有效利用的关键内容之一。

第二章 水资源开发

第一节 地球水量储存与水循环

一、地球水量储存与分布

（一）水在地理环境中的地位和作用

水是地球表面分布最广和最重要的物质，并作为最活跃的因素始终参与地球地理环境的形成和发展过程，在所有自然地理过程中都不可或缺。拥有由大量水体组成的水圈，使地球在太阳系九大行星中显得与众不同，得天独厚。正是因为有水，我们星球的地理环境才变得丰富多彩，充满生机。

（二）地球上水的分布

广义包括地球水圈内所有的天然水。狭义的指在当前经济技术条件下可为人类利用的天然水，主要包括河水、湖泊水和地下水等淡水资源。水资源是地球最宝贵的资源之一，是人类赖以生存和发展的必不可缺的条件。其中河川水的数量是水资源丰富程度的主要反映，称为径流资源。河川水的水源以降水为主，因此又可把降水量看成是水资源的总控制量。中国是以河川径流为主要水资源的国家，其水量约为 2638km3，列世界第 6 位，但人均水量只占第 86 位。中国水资源并不丰富，而且时空分布不均匀。为了解决水资源供需矛盾，必须采取节流与开源的办法。节流就是节约用水，合理用水，保护水源，防止污染；开源即充分利用各种水源，积极开展海水淡化，合理利用污水灌溉。水能以气态、固态和液态等三种基本形态存在于自然界之中，分布极其广泛。

地球上的水量是极其丰富的，其总储水量约为13.86亿立方千米，但水圈内水量的分布是不均匀的，大部分水储存在低洼的海洋中，占96.54%，而且97.47%（分布于海洋、地下水和湖泊水中）为咸水，淡水仅占总水量的2.53%，主要分布在冰川与永久积雪（占68.70%）和地下（占30.36%）之中。如果考虑现有的经济、技术能力，扣除无法取用的冰川和高山顶上的冰雪储量，理论上可以开发利用的淡水不到地球总水量1%。实际上，人类可以利用的淡水量远低于此理论值，主要是因为在总降水量中，有些是落在无人居住的地区如南极洲，或者降水集中于很短的时间内，由于缺乏有效的水利工程措施，很快地流入海洋之中。由此可见，尽管地球上的水是取之不尽的，但适合饮用的淡水水源则是十分有限的。

二、地球上的水循环

水循环是指水由地球不同的地方透过吸收太阳带来的能量转变存在的模式到地球另一些地方，例如：地面的水份被太阳蒸发成为空气中的水蒸汽。而水在地球的存在模式包括有固态、液态和气态。而地球的水多数存在于大气层中、地面、地底、湖泊、河流及海洋中。水会透过一些物理作用，例如：蒸发、降水、渗透、表面的流动和表底下流动等，由一个地方移动至另一个地方。如水由河川流动至海洋。

水循环是多环节的自然过程，全球性的水循环涉及蒸发、大气水分输送、地表水和地下水循环以及多种形式的水量贮蓄。

降水、蒸发和径流是水循环过程的三个最主要环节，这三者构成的水循环途径决定着全球的水量平衡，也决定着一个地区的水资源总量。

蒸发是水循环中最重要的环节之一。由蒸发产生的水汽进入大气并随大气活动而运动。大气中的水汽主要来自海洋，一部分还来自大陆表面的蒸散发。大气层中水汽的循环是蒸发——凝结——降水——蒸发的周而复始的过程。海洋上空的水汽可被输送到陆地上空凝结降水，称为外来水汽降水；大陆上空的水汽直接凝结降水，称内部水汽降水。一地总降水量与外来水汽降水量的比值称该地的水分循环系数。全球的大气水分交换的周期为10天。在水循环中水汽输送是最活跃的环节之一。

径流是一个地区（流域）的降水量与蒸发量的差值。多年平均的大洋水量平衡方程为：蒸发量＝降水量＋径流量；多年平均的陆地水量平衡方程是：降水量＝径流量＋蒸发量。但是，无论是海洋还是陆地，降水量和蒸发量的地理分布都是不均匀的，这种差异最明显的就是不同纬度的差异。

中国的大气水分循环路径有太平洋、印度洋、南海、鄂霍茨克海及内陆等5个水分循环系统。它们是中国东南、华南、东北及西北内陆的水汽来源。西北内陆地区还有盛行西风和气旋东移而来的少量大西洋水汽。

陆地上（或一个流域内）发生的水循环是降水——地表和地下径流——蒸发的复杂过程。陆地上的大气降水、地表径流及地下径流之间的交换又称三水转化。流域径流是陆地水循环中最重要的现象之一。

地下水的运动主要与分子力、热力、重力及空隙性质有关，其运动是多维的。通过土壤和植被的蒸发、蒸腾向上运动成为大气水分；通过入渗向下运动可补给地下水；通过水平方向运动又可成为河湖水的一部分。地下水储量虽然很大，但却是经过长年累月甚至上千年蓄集而成的，水量交换周期很长，循环极其缓慢。地下水和地表水的相互转换是研究水量关系的主要内容之一，也是现代水资源计算的重要问题。

水是一切生命机体的组成物质，也是生命代谢活动所必需的物质，又是人类进行生产活动的重要资源。地球上的水分布在海洋、湖泊、沼泽、河流、冰川、雪山，以及大气、生物体、土壤和地层。水的总量约为 $1.4×10^{13}m^3$，其中 96.5% 在海洋中，约覆盖地球总面积的 70%。陆地上、大气和生物体中的水只占很少一部分。

（一）水循环的主要作用

水循环的主要作用表现在三个方面：

水是所有营养物质的介质，营养物质的循环和水循化不可分割地联系在一起。

水对物质是很好的溶剂，在生态系统中起着能量传递和利用的作用。

水是地质变化的动因之一，一个地方矿质元素的流失，而另一个地方矿质元素的沉积往往要通过水循环来完成。

（二）水循环的途径

地球上的水，是在不停地运动着的。它无处不在，通过蒸发、冷凝、降水等连续不断地循环。水的循环过程具体可以分为以下三个步骤：

1. 蒸发和蒸腾的水分子进入大气

吸收太阳辐射热后，水分子从海洋、河流、湖泊、潮湿土壤和其他潮湿表面蒸发到大气中去；生长在地表的植物，通过茎叶的蒸发将水扩散到大气中，植物的这种蒸发作用通常又称为蒸腾。据估计，在一个生长季中 0.4 公顷的谷物几乎就可以蒸腾 200 万升的水，等于同等面积内 43cm 深的水层。通过蒸发和蒸腾的水，水质都得到了纯化，是清洁水。

2. 以降水形式返回大地

水分子进入大气后，变为水汽随气流运动，在适当条件下，遇冷凝结形成降水，以雨或雪的形式降落到地面。降水不但给地球带来淡水，养育了千千万万的生命，同时，还能净化空气，把一些天然的和人为的污物从大气中洗去。

降水是陆地水资源的根本来源。我国平均年降水量为 632mm，而全球陆地平均年降水量是 834mm。

3. 重新返回蒸发点

当降水到达地面时，一部分渗入地下，补给地下水；一部分从地表流掉，补给河流。地表的流水，即径流可以带走泥粒，导致侵蚀；也可以带走细菌、灰尘和化肥、农药等，因而径流常常是被污染的。最后千流归大海，水又回到海洋以及河流、湖泊等蒸发点。这就是地球上的水循环。

由于水分循环的存在，使得水成为地球上最活跃的物质，使全球的水量和热量得到均衡调节。正是由于这种年复一年、日复一日永不停息的水分循环，才使得大气圈气象万千，使得地球表面千姿百态，生机盎然。假如水分循环停止，将再也看不到电闪雷鸣、雨雪霜雹；再也没有晴、雨、阴、云的天气变化；再也看不到江、河、湖、沼；当然更不会有森林、草原；动物与人类也将不存在。地球上的水圈是一个永不停息的动态系统。在太阳辐射和地球引力的推动下，水在水圈内各组成部分之间运动着，构成全球范围的海陆间循环（大循环），并把各种水体连接起来，使得各种水体能够长期存在。海洋和陆地之间的水交换是这个循环的主线，意义最重大。在太阳能的作用下，海洋表面的水蒸发到大气中形成水汽，水汽随大气环流运动，一部分进入陆地上空，在一定条件下形成雨雪等降水；大气降水到达地面后转化为地下水、土壤水和地表径流，地下径流和地表径流最终又回到海洋，由此形成淡水的动态循环。这部分水容易被人类社会所利用，具有经济价值，正是我们所说的水资源。

水循环是联系的球各圈和各种水体的"纽带"，是"调节器"，它调节了地球各圈层之间的能量，对冷暖气候变化起到了重要的因素。水循环是"雕塑家"，它通过侵蚀，搬运和堆积，塑造了丰富多彩的地表形象。水循环是"传输带"，它是地表物质迁移的强大动力，和主要载体。更重要的是，通过水循环，海洋不断向陆地输送淡水，补充和更新新陆地上的淡水资源，从而使水成为了可再生的资源。

三、地球上的水量平衡

水量平衡是水文学基本原理之一。指地球任一区域在一定时段内，收入的水量与支出的水量之差等于该区域内的蓄水变量。水量平衡的研究区域可以是某个海洋或某个地区，也可以是整个地球。水量平衡的研究时段可以是日、月，也可以是一年、数十年或更长的时间。蓄水变量指时段始末区域内蓄水量之差。水量平衡是水文循环的数量描述，是质量守恒定律在水文循环中的特定表现形式。

所谓水量平衡，是指任意选择的区域（或水体），在任意时段内，其收入的水量与支出的水量之间差额必等于该时段区域（或水体）内蓄水的变化量，即水在循环过程中，从总体上说收支平衡。

水量平衡概念是建立在现今的宇宙背景下。地球上的总水量接近于一个常数，自然界的水循环持续不断，并具有相对稳定性这一客观的现实基础之上的。

从本质上说，水量平衡是质量守恒原理在水循环过程中的具体体现，也是地球上水循环能够持续不断进行下去的基本前提。一旦水量平衡失控，水循环中某一环节就要发生断裂，整个水循环亦将不复存在。反之，如果自然界根本不存在水循环现象，亦就无所谓平衡了。因而，两者密切不可分。水循环是地球上客观存在的自然现象，水量平衡是水循环内在的规律。水量平衡方程式则是水循环的数学表达式，而且可以根据不同水循环类型，建立不同水量平衡方程。诸如通用水量平衡方程、全球水量平衡方程、海洋水量平衡方程、陆地水量平衡方程、流域水量平衡方程、水体水量平衡方程等。

由于开发利用水资源的需要，已逐渐转向对中小尺度区域，包括流域及国家范围内的水量平衡研究。中国各地区水文和水资源的研究中，均包含有水量平衡各要素如降水、蒸发、径流、地下水等和水量平衡的计算。

（一）水量平衡方程式

1. 计算基础

水量平衡通常用水量平衡方程式表示。方程式中各收入项、支出项和蓄水变量随研究的区域不同而有所不同。利用水量平衡方程式，可以确定各要素（也称水量平衡要素）的数量关系，估计地区数量，也用来鉴别各种水文学方法和研究成果。因此，水量平衡是水文学中最重要的基础理论和基本方法之一。

2. 各大洲

在现代气候条件下，全球水量的多年平均值基本是恒定的。通过全球水文循环，平均每年从海洋和陆地蒸发的水量为577000立方千米，等于平均每年的降水量。

3. 大气

一定地区（陆地或海洋）上空的大气中，在一定时段内收入的水分为：随水平气流输入的水分（I），来自下垫面蒸发的水分（E）；支出的水分为：随水平气流输出的水分（O），降水量（P）。收入与支出水量之差等于该地区上空大气在该时段始末所含水分的变量。就多年平均情况言，一个地区上空大气中所含水分的量基本不变。因此，一定地区上空大气多年平均水量平衡方程为

$$P - E = I - O$$

①与输出的水分（O）之差称为水分净输送或水汽净输送。当某地区上空大气中的水汽净输送量为正值时，该地区降水量大于蒸发量，当某地区上空大气中的水汽净输送量为负值时，该地区蒸发量大于降水量。

4. 流域

闭合流域的水量平衡收入项为研究时段的总降水量（P）；支出项为研究时段的流域总蒸发量（E）和流域出口断面处的总径流量（R）；若研究时段内流域蓄水变量绝对值为ΔS，则任一时段闭合流域水量平衡方程式为

$$P = E + R \pm \Delta S$$

对多年平均而言，ΔS=0。则得闭合流域多年平均水量平衡方程式为 =+ 当不闭合时，应当计入所研究流域与相邻流域间的交换水量。

5. 湖泊

收入项为：湖面降水量，地表径流和地下径流入湖水量；支出项为：湖面蒸发量、地表径流和地下径流出湖水量；湖泊蓄水变量是研究时段始末湖水位的变幅与相应湖水面平均面积的乘积。湖泊水量平衡特点随所在地区气候条件和湖泊类型不同而异。

中国外流湖主要分布在中国的东部、东北和西南地区；这里气候湿润、降水丰沛。这类湖泊水量平衡特点是：收入部分主要是入湖径流量，支出部分主要是出湖径流量，而湖面、和渗漏所占的比例较小；中国内陆湖主要分布在内蒙古、新疆、甘肃、青海和西藏内流地区；这里远离海洋，气候干燥，水量平衡的特点是：收入部分主要是入湖径流，支出部分主要是湖面蒸发，有许多闭口湖甚至没有出湖径流；湖水除渗漏外，几乎全部消耗于蒸发。

6. 沼泽

收入项为：沼泽范围内的直接降水，从上游和邻近地区汇入的地表和地下径流；支出项为：水面蒸发量和沼泽量，地表和地下水流出量。蓄水变量包括：沼泽地下水蓄水变量即研究时段始末沼泽地下水位变幅、相应的沼泽平均面积和沼泽的乘积；沼泽地表积水的变量。在支出项中，蒸发和散发所占比重大，而径流占比重小，这是沼泽水量平衡的重要特点。中国三江平原别拉洪河沼泽地，多年平均蒸发量占总支出水量的79%，多年平均径流量仅占21%。

7. 地下水

地下水水量平衡方程的普遍形式可写成：地下水储量变化等于总补给量与总排泄量之差。地下水总补给量包括：降水入渗补给量、地表和地下径流补给量，土壤解冻补给的水量，人工回灌补给量和越流补给量；地下水总排泄量包括：地下水开采量、潜水蒸发量、向地表自然排出量、地下径流流出量和越流流出量。不同地区，地下水量平衡要素不尽相同，各项平衡要素所占比重也不一样。例如，雨量充沛的平原地区，降雨是主要补给量；地下水位埋藏较浅地区，是主要的排泄水量；山前冲积扇地区，地下径流占收入和支出项很大比重；内陆灌溉区，抽水灌溉和灌溉水入渗补给是主要水平衡要素。

（二）全球水量平衡

由大洋和大陆的水量平衡组成的全球水量平衡，是全球水循环水量平衡的定量描述。从资料的系列和数量看，近期的估算值比较接近实际。全球的水量平衡要素中，大洋与大陆不同，前者蒸发量大于降水量，其差值作为大陆水体的来源，参加降水过程；后者则是降水量大于蒸发量，其差值为径流，成为大洋水量的收入项之一。在大洋多年平均的水量平衡中，出现了淡水平衡的概念，年平均大洋淡水平衡可用下式表示：

$$P+R-E=0$$

式中 P 为年降水量；R 为大陆入海年径流量；E 为年蒸发量。在大洋的海冰中还包含着大量的淡水。大陆湖泊、水库、地下水及大陆冰川的蓄水变化，均会导致海平面的升降，对地球的生态环境有重要意义。

（三）中国水量平衡

与世界大陆相比，中国年降水量偏低，但年径流系数均高，这是中国多山地形和季风气候影响所致。中国内陆区域的降水和蒸发均比世界内陆区域的平均值低，其原因是中国内陆流域地处欧亚大陆的腹地，远离海洋之故。

中国水量平衡要素组成的重要界线，是1200mm年等降水量。年降水量大于1200mm的地区，径流量大于蒸散发量；反之，蒸散发量大于径流量，中国除东南部分地区外，绝大多数地区都是蒸散发量大于径流量。越向西北差异越大。水量平衡要素的相互关系还表明在径流量大于蒸发量的地区，径流与降水的相关性很高，蒸散发对水量平衡的组成影响甚小。在径流量小于蒸发量的地区，蒸散发量则依降水而变化。这些规律可作为年径流建立模型的依据。另外，中国平原区的水量平衡均为径流量小于蒸发量，说明水循环过程以垂直方向的水量交换为主。

（四）水量平衡的研究意义

水量平衡研究是水文、水资源学科的重大基础研究课题，同时又是研究和解决一系列实际问题的手段和方法。因而具有十分重要的理论意义和实际应用价值。

通过水量平衡的研究，可以定量地揭示水循环过程与全球地理环境、自然生态系统之间的相互联系、相互制约的关系；揭示水循环过程对人类社会的深刻影响，以及人类活动对水循环过程的消极影响和积极控制的效果。

水量平衡又是研究水循环系统内在结构和运行机制，分析系统内蒸发，降水及径流等各个环节相互之间的内在联系，揭示自然界水文过程基本规律的主要方法；是人们认识和掌握河流、湖泊、海洋、地下水等各种水体的基本特征、空间分布、时间变化，以及今后发展趋势的重要手段。通过水量平衡分析，还能对水文测验站网的布局，观测资料的代表性、精度及其系统误差等作出判断，并加以改进。

水量平衡分析又是水资源现状评价与供需预测研究工作的核心。从降水、蒸发、径流等基本资料的代表性分析开始，到进行径流还原计算，到研究大气降水、地表水、土壤水、地下水等四水转换的关系，以及区域水资源总量评价，基本上都是根据水量平衡原理进行的。

水资源开发利用现状以及未来供需平衡计算，更是围绕着用水，需水与供水之间能否平衡的研究展开的，所以水量平衡分析是水资源研究的基础。

在流域规划，水资源工程系统规划与设计工作中，同样离不开水量平衡工作，它不仅为工程规划提供基本设计参数，而且可以用来评价工程建成以后可能产生的实际效益。

此外，在水资源工程正式投入运行后，水量平衡方法又往往是合理处理各部门不同用水需要，进行合理调度，科学管理，充分发挥工程效益的重要手段。

第二节　地表水资源的形成

地表水资源指地表水中可以逐年更新的淡水量。是水资源的重要组成部分。包括冰雪水、河川水和湖沼水等。地表水由分布于地球表面的各种水体，如海洋、江河、湖泊、沼泽、冰川、积雪等组成。作为水资源的地表水，一般是指陆地上可实施人为控制、水量调度分配和科学管理的水。

从供水角度讲，地表水资源指那些赋存于江河、湖泊和冰川中的淡水；从航运和养殖角度来讲，地表水资源主要指河道和水域中所赋存的水；从能源利用角度来讲，地表水资源主要指具有一定落差的河川径流。

一、降水

降水是指空气中的水汽冷凝并降落到地表的现象，它包括两部分，一是大气中水汽直接在地面或地物表面及低空的凝结物，如霜、露、雾和雾凇，又称为水平降水；另一部分是由空中降落到地面上的水汽凝结物，如雨、雪、霰雹和雨凇等，又称为垂直降水。但是单纯的霜、露、雾和雾凇等，不作降水量处理。在中国，国家气象局地面观测规范规定，降水量仅指的是垂直降水，水平降水不作为降水量处理，发生降水不一定有降水量，只有有效降水才有降水量。一天之内50mm以上降水为暴雨（豪雨），25mm以上为大雨，10～25mm为中雨，10mm以下为小雨，75mm以上为大暴雨（大豪雨），200mm以上为特大暴雨。

（一）形成原因

水汽在上升过程中，因周围气压逐渐降低，体积膨胀，温度降低而逐渐变为细小的水滴或冰晶漂浮在空中形成云。当云滴增大到能克服空气的阻力和上升气流的顶托，且在降落时不被蒸发掉才能形成降水。水汽分子在云滴表面上的凝聚，大小云滴在不断运动中的合并，使云滴不断凝结（或凝华）而增大。云滴增大为雨滴、雪花或其他降水物，最后降至地面。人工降雨是根据降水形成的原理，人为的向云中播撒催化剂促使云滴迅速凝结、合并增大，形成降水。

（二）形成过程

产生降水的主要过程有：

天气系统的发展，暖而湿的空气与冷空气交汇，促使暖湿空气被冷空气强迫抬升，或由暖湿空气沿锋面斜坡爬升。

夏日的地方性热力对流，使暖湿空气随强对流上升形成小型积雨云和雷阵雨。

地形的起伏，使其迎风坡产生强迫抬升，但这是一个比较次要的因素。多数情况下，它和前两种过程结合影响降水量的地理分布。

（三）分类

1. 锋面雨

在锋面上空气缓慢上升（以每秒厘米的速度计算），在冷气团一侧形成层状降水。

2. 对流雨

如果下垫面高温潮湿，近地面空气强烈受热，引起空气的对流运动，湿热空气在上升过程中，随气温的下降，形成对流云而降水，比如积雨云和浓积云，条件一定时即可降水。特点是强度大，历时短，范围小，还常伴有暴风，雷电，故又称热雷雨。在热带雨林气候区和夏季的亚热带季风气候区多见。

3. 地形雨

暖湿气流在运行的过程中，遇到地形的阻挡，被迫沿着山坡爬行上升，从而引起水汽凝结而形成降水，称为地形雨。地形雨一般只发生在山地迎风坡，背风坡气流存在下沉或者下滑，温度不断增高，形成雨影区，不易形成地形雨。

4. 气旋雨

气旋中心附近气流上升，引起水汽凝结而形成降水，称为气旋雨。常见的有热带气旋和温带气旋带来的降水。

二、径流

径流是指降雨及冰雪融水或者在浇地的时候在重力作用下沿地表或地下流动的水流。径流有不同的类型，按水流来源可有降雨径流和融水径流以及浇水径流；按流动方式可分地表径流和地下径流，地表径流又分坡面流和河槽流。此外，还有水流中含有固体物质（泥沙）形成的固体径流，水流中含有化学溶解物质构成的离子径流等。

流域产流是径流形成的第一环节。同传统的概念相比，产流不只是一个产水的静态概念，而是一个具有时空变化的动态概念。包括产流面积在不同时刻的空间发展及产流强度随降雨过程的时程变化。同时，产流又不只是一个水量的概念，而是一个包括产水、产沙和溶质输移的多相流的形成过程。此外，产流主要发生在流域坡面上，对不同大小的流域而言，坡面面积所占的比重不同，坡面上各种影响产流的因素、包括植被、土壤、坡度、土地利用状况及坡面面积和位置等在不同大小的流域表现不同。

流域的降水，由地面与地下汇入河网，流出流域出口断面的水流，称为径流。液态降水形成降雨径流，固态降水则形成冰雪融水径流。由降水到达地面时起，到水流流经出口断面的整个物理过程，称为径流形成过程。降水的形式不同，径流的形成过程也各异。我国的河流以降雨径流为主，冰雪融水径流只是在西部高山及高纬地区河流的局部地段发生。根据形成过程及径流途径不同，河川径流又可由地面径流、地下径流及壤中流（表层流）三种径流组成。

径流是大气降水形成的，并通过流域内不同路径进入河流、湖泊或海洋的水流。习惯上也表示一定时段内通过河流某一断面的水量，即径流量。按降水形态分为降雨径流和融雪径流。按形成及流经路径分为生成于地面、沿地面流动的地面径流；在土壤中形成并沿土壤表层相对不透水层界面流动的表层流，也称壤中流；形成地下水后从水头高处向水头低处流动的地下水流。广义上，径流还包括固体径流和化学径流。径流是引起河流、湖泊、地下水等水体水情变化的直接因素。其形成过程是一个从降水到水流汇集于流域出口断面的整个过程。降雨径流的形成过程包括降雨、截留、下渗、填洼、流域蒸散发、坡地汇流和河槽汇流等。融雪径流的形成需要有一定的热量，使雪转化为液体。在融雪期间发生降雨，就会形成雨雪混合径流。影响径流的因素有降水、气温、地形、地质、土壤、植被和人类活动等。

（一）类型

按水流来源有降雨径流和融水径流；按流动方式可分地表径流和地下径流，地表径流又分坡面流和河槽流；此外，还有水流中含有固体物质（泥沙）形成的固体径流，水流中含有化学溶解物质构成的离子径流等。

（二）径流的形成

降水是径流形成的首要环节。降在河槽水面上的雨水可以直接形成径流。流域中的降雨如遇植被，要被截留一部分。

降在流域地面上的雨水渗入土壤，当降雨强度超过土壤渗入强度时产生地表积水，并填蓄于大小坑洼，蓄于坑洼中的水渗入土壤或被蒸发。坑洼填满后即形成从高处向低处流动的坡面流。坡面流里许多大小不等、时分时合的细流（沟流）向坡脚流动，当降雨强度很大和坡面平整的条件下，可成片状流动。从坡面流开始至流入河槽的过程称为漫流过程。河槽汇集沿岸坡地的水流，使之纵向流动至控制断面的过程为河槽集流过程。自降雨开始至形成坡面流和河槽集流的过程中，渗入土壤中的水使土壤含水量增加并产生自由重力水，在遇到渗透率相对较小的土壤层或不透水的母岩时，便在此界面上蓄积并沿界面坡向流动，形成地下径流（表层流和深层地下流），最后汇入河槽或湖、海之中。在河槽中的水流称河槽流，通过流量过程线分割可以分出地表径流和地下径流。

1. 形成过程

从降雨到达地面至水流汇集、流经流域出口断面的整个过程，称为径流形成过程。径流的形成是一个极为复杂的过程，为了在概念上有一定的认识，可把它概化为两个阶段，即产流阶段和汇流阶段。

2. 产流阶段

当降雨满足了植物截留、洼地蓄水和表层土壤储存后，后续降雨强度又超过下渗强度，其超过下渗强度的雨量，降到地面以后，开始沿地表坡面流动，称为坡面漫流，是产流的

开始。如果雨量继续增大，漫流的范围也就增大，形成全面漫流，这种超渗雨沿坡面流动注入河槽，称为坡面径流。地面漫流的过程，即为产流阶段。

3. 汇流阶段

降雨产生的径流，汇集到附近河网后，又从上游流向下游，最后全部流经流域出口断面，叫作河网汇流，这种河网汇流过程，即为汇流阶段。

（三）影响因素

径流是流域中气候和下垫面各种自然地理因素综合作用的产物。径流的分布特性首先取决于气候条件。在同一气候区，山区流域径流量一般大于平原；地质、土壤条

件不同，流域的渗水性不同，渗水性强的流域产生的径流量少，反之则多。受高程的影响，径流有垂直差异的特点。流域面积的尺度决定着径流量的大小，植被、湖泊、沼泽则有调节径流的功能。径流的时空变化特性还深受人类活动的影响：砍伐森林会使水土流失加剧，洪峰径流剧增；水库等蓄水工程的兴建，会增加流域的持水能力，调节径流；工业、农田的大量用水会减少河川径流量；跨流域引水能减少被引水流域的径流量，增加引入流域的径流量等。径流是地球表面水循环过程中的重要环节，它的化学、物理特性对地理环境和生态系统有重要的作用。

1. 气候因素

它是影响河川径流最基本和最重要的因素。气候要素中的降水和蒸发直接影响河川径流的形成和变化。降水方面，降水形式、总量、强度、过程以及在空间上的分布，都会影响河川径流的变化。例如，降水量越大，河川径流就越大；降水强度越大，短时间内形成洪水的可能性就越大。蒸发方面，主要受制于空气饱和差和风速。饱和差越大，风速越大，则蒸发越强烈。气候的其他要素如温度、风、湿度等往往也通过降水和蒸发影响河川径流。

2. 流域的下垫面因素

下垫面因素主要包括地貌、地质、植被、湖泊和沼泽等。地貌中山地高程和坡向影响降水的多少，如迎风坡多雨，背风坡少雨。坡地影响流域内汇流和下渗，如山溪的水就容易陡涨陡落。流域内地质和土壤条件往往决定流域的下渗、蒸发和地下最大蓄水量，例如在断层、节理和裂缝发育的地区，地下水丰富，河川径流受地下水的影响较大。植被，特别是森林植被，可以起到蓄水、保水、保土作用，削减洪峰流量，增加枯水流量，使河川径流的年内分配趋于均匀。

3. 人类活动

例如，通过人工降雨、人工融化冰雪、跨流域调水增加河川径流量；通过植树造林、修筑梯田、筑沟开渠调节径流变化；通过修筑水库和蓄洪、分洪、泄洪等工程改变径流的时间和空间分布。

径流是地球表面水循环过程中的重要环节，它的化学、物理特性对地理环境和生态系统有重要的作用。

三、河流

河流是指由一定区域内地表水和地下水补给，经常或间歇地沿着狭长凹地流动的水流。河流是地球上水文循环的重要路径，是泥沙、盐类和化学元素等进入湖泊、海洋的通道。中国对于河流的称谓很多，较大的河流常称江、河、水，如长江、黄河、汉水等。

（一）河流形态特征

河流形态特征一般包括地貌特征和几何特征两方面。

1. 地貌特征

较大的河流上游和中游一般具有山区河流的地貌特征：河谷狭窄，横断面多呈V或U形，两岸山嘴突出，岸线犬牙交错很不规则；河道纵向坡度大，水流急，常形成许多深潭；河岸两侧形成数级阶地。平原河流在松散的冲积层上，地貌特征与山区河流很不相同。横断面宽浅，纵向坡度小，河床上浅滩深槽交替，河道蜿蜒曲折，多曲流与汊河。

2. 几何特征

河流几何特征用以下参数表示：自河口沿干流至支流最远点的长度称为河长。河长基本上反映出河流集水面积的大小。河源与河口的垂直高差称为河流的落差。落差大表明河水能资源丰富。落差与河长的比值称为河流的比降，比降越大河道汇流越快。河流实际长度与河流两端直线距离的比值称为弯曲系数，弯曲系数越大，对洪水宣泄越不利。

（二）河流水文动态

包括河流补给、径流变化、河流热状况、河流化学变化、河流泥沙运动和河水运动等。河流补给主要有雨水、冰雪融水、湖泊、沼泽水和地下水。雨水是热带、亚热带和温带地区河流主要补给源，北温带和寒带地区河流主要靠冰雪融水补给。中国雨水对河流的补给量一般由东南向西北减少。西北内陆地区的河流以高山冰雪融水为主要补给，雨水补给居次要地位。地下水在枯季是河流的主要补给。中国西南广大岩溶地区，地下水补给占有相当大的比重。

四、流域

流域，指由分水线所包围的河流集水区。分地面集水区和地下集水区两类。如果地面集水区和地下集水区相重合，称为闭合流域；如果不重合，则称为非闭合流域。平时所称的流域，一般都指地面集水区。

（一）流域概念

每条河流都有自己的流域，一个大流域可以按照水系等级分成数个小流域，小流域又可以分成更小的流域等。另外，也可以截取河道的一段，单独划分为一个流域。流域之间的分水地带称为分水岭，分水岭上最高点的连线为分水线，即集水区的边界线。处于分水岭最高处的大气降水，以分水线为界分别流向相邻的河系或水系。例如，中国秦岭以南的地面水流向长江水系，秦岭以北的地面水流向黄河水系。分水岭有的是山岭，有的是高原，也可能是平原或湖泊。山区或丘陵地区的分水岭明显，在地形图上容易勾绘出分水线。平原地区分水岭不显著，仅利用地形图勾绘分水线有困难，有时需要进行实地调查确定。

在水文地理研究中，流域面积是一个极为重要的数据。自然条件相似的两个或多个地区，一般是流域面积越大的地区，该地区河流的水量也越丰富。

（二）流域特征

流域特征包括流域面积、河网密度、流域形状、流域高度、流域方向以及干流方向。

1. 流域面积

流域地面分水线和出口断面所包围的面积，在水文上又称集水面积，单位是平方千米。这是河流的重要特征之一，其大小直接影响河流和水量大小及径流的形成过程。

2. 河网密度

流域中干支流总长度和流域面积之比。单位是 km/平方千米。其大小说明水系发育的疏密程度。受到气候、植被、地貌特征、岩石土壤等因素的控制。

3. 流域形状

对河流水量变化有明显影响。

4. 流域高度

主要影响降水形式和流域内的气温，进而影响流域的水量变化。

5. 流域方向

流域方向或干流方向对冰雪消融时间有一定的影响。

流域根据其中的河流最终是否入海可分为内流区（内流流域）和外流区（外流流域）。

五、河川径流

汇集陆地表面和地下而进入河道的水流。包含大气降水和高山冰川积雪融水产生的动态地表水及绝大部分动态地下水，是构成水分循环的重要环节，是水量平衡的基本要素。通常称某一时段（年或日）内流经河道上指定断面的全部水量为径流量，以 m3 计。一条河流的径流量由水文站的实际观测资料计算求得。

河川径流，河床中流动的水流。主要来源于大气降水形成的地表径流，其丰枯变化往往与流经地区的气候变化有关。河川径流最大小与河流的环境容量密切相关。通常，河川径流量大，其环境容量大；反之，则小。因此，有目的地调节河川径流量，可提高环境容量。合理解决水环境污染问题。河川径流是重要的地表水资源，是城市居民饮水与工农业用水的重要水源，应该人为地调节径流使之满足人类生产和生活的需要。

（一）形成过程

1. 降雨过程

降雨是形成地面径流的主要因素，降雨的多少决定径流大小，降雨是以降雨厚度（mm）表示。单位时间内的降雨量称为降雨强度（mm/min 或 mm/h）。每次降雨。降雨量及其在空间和时间上的变化都各不相同。降雨可能笼罩全流域，也可能只降落在流域的局部地区；流域内的降雨强度也有时均匀，有时不均匀，有时还在局部地区形成暴雨中心，并向某一方向移动。降雨的变化过程直接决定径流过程的趋势，降雨过程是径流形成过程的重要环节。

2. 流域蓄渗过程

降雨开始时并不立即形成径流，首先，雨水被流域内的树木、杂草，以及农作物的茎叶截留一部分，不能落到地面上，称为植物截留然后，落到地面上的雨水部分渗入土壤，称为入渗。单位时间内的入渗量（mm），称为入渗强度（mm/min 或 mm/h）。降雨开始时入渗较快，随着降雨量的不断增加，土壤中水分逐渐趋于饱和，入渗强度减缓，达到一个稳定值，称为稳定入渗，另外，还有一部分雨水被蓄留在坡面的坑洼里，称为填洼。植物截留、入渗和填洼的整个过程，称为流域的蓄渗过程这部分雨水不产生地面径流，对降雨径流而言，称为损失，扣除损失后剩余的雨量，称为净雨。

3. 坡面漫流过程

流域蓄渗过程完成以后，剩余雨水沿着坡面流动，称为坡面漫流。流域内各处坡面漫流开始的时间是不一致的，某些区域可能最先完成蓄渗过程而出现坡面漫流，也只是局部区域的坡面漫流然后。完成后渗过程的区域逐渐增多，出现坡面漫流的范围也随之扩大，最后才能形成全流域的坡面漫流。

4. 河槽集流过程

坡面漫流的雨水汇入河槽后、顺着河道由小沟到支流，由支流到下流，最后到达流域出口断面，这个过程称为河槽集流，汇入河槽的水流，方面继续沿河槽迅速向下游流动另一方面也使河槽内的水量增大，水位随之上升，河槽容蓄的这部分水量，在降雨结束后才缓慢地流向下游，最后通过流域出口，使流域出口断面的流量增长过程变得平缓。历时延长，从而起到河槽对洪水的调蓄作用。

总之，地面径流的形成过程，就其水体的运动性质来看，可分为产流过程和汇流过程，就其发生的区域来看，可分为流域面上进行的过程和河槽内进行的过程。

降雨、蓄渗、坡面漫流和河槽集流，是从降雨开始到出口断面产生径流所经历的全过程，它们在时间上并无截然的分界，而是同时交错进行的。

（二）特征

中国地表径流的形成、分布和变化，主要受气候和地形的影响，人类改造自然的活动影响也不可忽视。各地河川径流均具有一定的区域特性，彼此不尽相同。概括地说，中国河川径流的主要特征是径流资源地区分布很不均匀；径流的季节分配和年际变化深受东亚季风气候影响，变率较大地表水流侵蚀强烈，多数河川固体径流较多。

（三）影响因素

从径流形成过程来看，影响径流变化的自然因素，可分为气候因素和下垫面因素两类。

1. 气候因素

（1）降雨

空气中的水汽随气流上升时，因冷却而凝结成水滴降落到地面上，形成降雨。降雨是径流形成的主要因素，降雨强度、降雨历时和降雨面积对径流量及其变化过程都有很大影响。降雨强度大、雨水来不及入渗而流走，使径流量增大降雨强度小，则雨水大部分渗入土壤而使径流量减小。降雨历时长，降雨面积又大，产生的径流量必然也大，反之则小。大流域内的降雨，在地区上的分布是很不均匀的，流域内一次降雨强度最大的地方，称为暴雨中心。暴雨中心在流域下游时，出口断面的洪峰流量就大些暴雨中心在流域上游时，则洪峰流最就小些。次降雨的暴雨中心是不断移动的，当暴雨中心从流域上游向下游移动时，出口的洪峰流量就大些，反之则小些。

（2）蒸发

流域内的蒸发是指水面蒸发、陆面蒸发、植物散发等各种蒸发的总和。在一次降雨过程中蒸发对径流影响不大，但它对降雨前期的流域蓄水影响很大如蒸发强度大，则雨前土壤合水率就小，降雨的入渗损失量就增大，而径流量减小。因此，蒸发也是影响径流变化的重要因素。

降雨和蒸发在地区分布上呈现一定的规律性，因而径流变化也具有一定的地区性规律。

2．下垫面因素

流域的地形、土壤、地质、植被、湖泊等自然地理因素，相对于气候因素而言、称为下垫面因素。流域的地理位置直接影响降雨量的多少，流域的地形对降雨、蒸发、蓄渗和汇流过程都有影响，流域面积的大小、形状又与径流量有直接关系。土壤和地质因素决定着入渗和地下径流的状况。植物茎叶截留部分降雨，植物根系又能贮藏大量水分，可改造土壤和气候，湖泊也有贮存水量、调节径流的作用。

3．人类活动因素

人类活动对河川径流也有重要影响，封山育林和水土保持将增加降雨的截留和入渗。减少汛期水量和洪峰流量同时增大地下径流，能补充枯水期的水址。修建水库对河流起蓄洪调节作用，并使流域内的蒸发而积增大，从而加大蒸发量。

（四）河川径流的补给来源

1．雨水

一般以夏秋季两季为主。雨水是大多数河流的补给源。热带、亚热带和温带的河流多由雨水补给。雨季到来，河流进入汛期。旱季则出现枯水期。雨水补给的河流的主要水情特点是，河水的涨落与流域上雨量大小和分布密切有关，河流径流的年内分配很不均匀，年际变化很大。在我国普遍分布，以东部季风区最为典型，我国东部季风区河流洪水期与夏秋多雨相一致，枯水期与冬春少雨相符合，河流年径流量，雨水补给占 70～90%。

2．冰雪融水

主要存在于夏季。由冰雪融水补给的河流的水文情势主要取决于流域内冰川、积雪的储量及分布，也取决于流域内气温的变化。干旱年份冰雪消融多，多雨年份冰雪消融少，河流丰、枯水年径流得到良好调节，因此年际变化较小。中国发源于祁连山、天山、昆仑山、喀喇昆仑山和喜马拉雅山等地的河流，都不同程度地接纳了冰雪融水的补给。在我国分布于西北以及青藏高原地区。例如，我国东北松花江就有明显的春汛，流量有所增大。在高山永久积雪区，冰雪夏日消融，成为河流主要补给来源。例如，青藏高原上的某些河流冰雪融水补给量占60%以上；天山、祁连山等山区河流，以及塔里木、柴达木、河西走廊地区的河流主要靠高山冰雪融水补给。以高山冰雪消融补给的河流，水量比较稳定，这是因为冰雪消融与气温关系密切，而这些地区气温年际变化是很小的。

3. 湖泊和沼泽水

有些河流发源于湖泊和沼泽。有些湖泊一方面接纳若干河流来水，另一方面又注入更大的河流。中国鄱阳湖接纳赣江、信水、修水和抚水等水系来水，后注入长江。湖泊和沼泽对河流径流有明显的调节作用，因此由湖泊和沼泽补给的河流具有水量变化缓慢，变化幅度较小的特点。

4. 地下水

这是河流补给的普遍形式，中国西南岩溶发育地区，河水中地下水补给量比重尤其大。例如，西江水量丰富，除大气降水丰富外，还有丰富的地下水补给。地下水对河流的补给量的大小，取决于流域的水文地质条件和河流下切的深度。地下水有潜水和承压水；潜水埋藏较浅，与降水关系密切，承压水水量丰富，变化缓慢。河流下切越深，切穿含水层越多，获得的地下水补给也越多，以地下水补给为主的河流水量的年内分配和年际变化都十分均匀。不过，地下水与河流补给关系比较复杂，例如有的是地下水单向补给河流；有的是洪水期河流补给地下水，枯水期地下水补给河流；有的是河流与地下水相互补给。

5. 积雪融水

主要发生在春季。这类补给的特点具有连续性和时间性，比雨水补给河流的水量变化来得平缓。

不同地区的河流、同一地区的不同河流和同一河流在不同季节的主要补给形式和补给数量各不相同。在高山和高原地带，河流水源还具有明显的地带性。在我国主要分布于东北地区。

6. 混合补给

河水补给来源实际上是多方面的，大多数河流以雨水和地下水补给为主；有些大河，上游发源于高山高原，中下游流经温暖湿润地区，这样，雨水、冰雪融水、地下水都参与河流补给；有的河流除上述补给来源外，还有湖泊补给，例如白头山顶天池补给松花江；长江中游许多湖泊补给长江，对长江水量有巨大的调节作用。

第三节 地下水的储存与循环

地下水资源是指存在于地下可以为人类所利用的水资源，是全球水资源的一部分，并且与大气水资源和地表水资源密切联系、互相转化。既有一定的地下储存空间，又参加自然界水循环，具有流动性和可恢复性的特点。地下水资源的形成，主要来自现代和以前的地质年代的降水入渗和地表水的入渗，资源丰富程度与气候、地质条件等有关，利用地下水资源前，必须对其进行水质评价和水量评价。

一、地下水形成与循环

（一）地下水形成

地下水资源主要是由于大气降水的直接入渗和地表水渗透到地下形成的。因此，一个地区的地下水资源丰富与否，首先和地下水所能获得的补给量与可开采的储存量的多少有关。在雨量充沛的地方，在适宜的地质条件下，地下水能获得大量的入渗补给，则地下水资源丰富。在干旱地区，雨量稀少，地下水资源相对贫乏些。中国西北干旱区的地下水有许多是高山融雪水在山前地带入渗形成的。

地下水资源由大气降水和地表水转化而来，在地下运移，往往再排出地表成为地表水体的源泉。有时在一个地区发生多次的地表水和地下水的相互转化。故进行区域水资源评价时，应防止重复计算。

（二）地下水循环

地下水循环是指地下水的补给、径流和排泄过程。地下水补给径流—排泄的方向主要有垂直方向循环和水平方向循环两种。

1. 垂直方向循环

垂直方向循环即大气降水、地表水渗入地下，形成地下水，地下水又通过包气带蒸发向大气排泄，如潜水的补给与排泄。

2. 水平方向循环

水平方向循环是指含水层上游得到补给形成地下水，在含水层中长时间长距离地径流，而在下游的排泄区排出地表，如承压水的补给与排泄。

实际上，在陆地的大多数情况下，二者兼而有之，只不过不同地区以某种方向的运动为主而已。地下水的补给方式一般有天然补给和人工补给两种形式：天然补给量包括大气降水的渗入、地表水的渗入、地下水上游的侧向渗入；人工补给包括农田灌溉水的渗入、人工回灌地下水等。地下水的排泄方式有天然排泄和人工采水排泄两种。

天然的地下水排泄方式有地下水潜水蒸发、泉水排出、地下水流向河渠、地下水向下游径流流出等；人工排泄方式主要是打井挖渠开采地下水。当过量开采地下水，使地下水排泄量远大于补给量时，地下水平衡就会遭到破坏，造成地下水长期下降。只有合理开发地下水，当开采量等于地下水总补给量与总排泄量差值时，才能保证地下水的动态平衡，使地下水处于良性循环状态。

二、地下水分布与类型

（一）地下水分布

我国地下水分布区域性差异显著。就区域水文地质条件而言，中部的秦岭山脉是我国地下水不同分布规律的南北界线。北方地区（15个省、区）总面积约占全国面积的60%，地下水资源量约占全国地下水资源总量的30%，但地下水开采资源约占全国地下水开采资源量的49%。

南北分布不同的地下水类型，在东西方向上也有明显的变化。

我国南部和北部即昆仑山秦岭——淮河一线以北大型盆地，是松散沉积物孔隙水的主要分布区。在西部各内陆盆地中，由于盆地四周高山区年降水量大、终年积雪融化，使得盆地边缘山前地带巨厚的沙砾石层蓄水与径流条件良好，成为良好的地下水补给源；而盆地中部多为沙丘所覆盖，气候干旱，极为缺水；盆地东部分布着辽阔的黄淮海平原、松辽平原及长江三角洲平原为目前我国地下水资源开发利用程度较深的地区。该地区沉积层巨厚、地下水蕴藏丰富、富水程度相对均匀。在东部和西部之间的黄河中游地区分布着黄土高原黄土孔隙水。

基岩裂隙水分布面积较广。在我国北方地区侵入岩裂隙水分布面积大，南方地区除在东南沿海丘陵地区分布外，其余呈零星分布。从东西方向上看，东部沿海及大、小兴安岭等广大地区。表层风化裂隙的风化壳厚度一般为10～30m，因此地下水主要贮存于浅部，其富水程度较弱，仅风化程度较强，构造破碎剧烈的地带蕴藏有丰富的地下水。在我国西北干旱地区的高山地带，山区降水量大，对基岩裂隙水的渗入补给量较大，这对山区供水和盆地周边山前地带地下水的补给具有重要意义。

在阿尔泰山和大兴安岭北端的南纬度地区有多年冻土分布，并随着我国西部地区地势由东向西逐步增高，西部青藏高原出现世界罕见的中低纬度高原多年冻土区地下水。

（二）地下水分类

在供水中，补给量提供水源，因而起主导作用。储存量则起调节作用，把补给期间得到的水储存在含水层中，供干旱时期取用。当补给量和储存量配合恰当时，有较大的允许开采量。反之，如只有补给量而无储存量，干旱时期就无水可供开采；只有储存量而无补给量，开采后水量不断消耗，导致水源枯竭。

也有些学者把地下水资源分为天然资源和开采资源，在天然条件下可供利用的可恢复的地下水资源称为天然资源，而实际能开采利用的地下水资源称为开采资源。

三、储存与补给

地下水资源分为补给资源与储存资源补给资源：指参与现代水循环、不断更新再生的水量。补给资源是地下含水系统能够不断供应的最大可能水量；补给资源愈大，供水能力愈强。含水系统的补给资源是其多年平均补给量。储存资源：指在地质历史时期中不断累积贮存于含水体系之中的，不参与现代水循环、（实际上）不能更新再生的水量。地下水资源是由地下水的储存量和补给量组成的，评价时还须考虑排泄量和开采量。

（一）储存量

当前储存在地下岩层中的水的总量（以体积计）。它是在长期的补给和排泄作用下，逐渐在地层中储积起来的。与其他流体矿藏不同，地下水的储存量经常处于流动中，但速度极为缓慢，甚至一年地下水流动不到一米远。当补给和排泄处于平衡时，储存量的数量保持不变；而当补给呈周期性变化时，储存量则相应地呈周期变化。储存量的大小，主要取决于含水层的分布面积与其充水和释水的体积百分比。还与地下水的排泄类型（垂直蒸发、水平溢出）和排泄基准面（地下水蒸发的极限深度，地下水溢出面的标高或抽水井、渠的开采水位，统称排泄基准面）的高低有关。在排泄基准面以下的储存量，即使断绝了补给源也能长期保存，故称之为最小储存量。

（二）补给量

通过多种途径（如降水入渗，地表水渗漏等），自外界进入含水层并转化为储存量的水量（以单位时间体积计）。补给量既随气象、水文条件的变化及人类生产活动的影响而改变，又随排泄条件的变化而改变。只是当补给和排泄条件相对稳定时，补给量才能保持常量。

（三）排泄量

通过溢出、蒸发等形式从含水层中排出的流量（以单位时间体积计），虽然这一部分水量已脱离含水层而不再归属于地下水的范畴，但它主要来源于地下水的补给量，故可用以反推补给量。当地下水动态稳定时，排泄量恰等于补给量，储存量不变。当地下水的动态呈周期性变化时，则每一周期的补给量应等于排泄量和储存量的增量（正或负）之和。

（四）开采量

通过井、渠从含水层中取出的流量。开采地下水可改变地下水的天然流向，使部分排泄量改从井、渠中排出。也可扩大地下水的消耗总量，有可能促使补给量增加。例如在下渗和蒸发的补给排泄类型中，因开发将地下水位降低到极限蒸发深度之下，可使原来蒸发损失的地下水转化为开采量，而为人们所用。又如在河水补给地下水的情况下，因开采而使原来的地下水位大幅度降低，促使河水更多补给地下水。当存在着这种相互影响时，地下水资源评价必须和地下水开采设计一起进行。开采量又分稳定的和不稳定的两种，前者是指流量和水位均稳定不变，或仅作周期性的波动；后者是指流量或水位持续变小或下降情况下的开采量。不引起地面沉降、地下水水质恶化或其他不良现象的稳定开采量称允许开采量。

四、评价

地下水资源评价包括两方面内容,即水质评价和水量评价。

(一)水质评价

用取样分析化验的方法查清地下水的水质,对照水质标准评价其适用性。

若在水文地质勘察过程中发现水质已受污染或有受污染的可能,则应查清污染物质及其来源、污染途径与污染规律,在此基础上预测将来水质的变化趋势和对水源地的影响。

水质变化的预测,须通过由弥散方程、连续方程、运动方程和状态方程组成的数学模型,即弥散系统,用数值法解算出污染物质的浓度随时间和地点的变化,从而提出地下水资源的防护措施。

在岩土中赋存和运移的、质和量具有一定利用价值的水。是地球水资源的一部分,与大气降水资源和地表水资源密切联系,互相转化。

(二)水量评价

地下水资源评价和地下水资源计算(或地下水水量计算)是两个词义相近但在实质上又有区别的概念。地下水资源计算,实际上就是选用某种公式,计算出某种类型水资源的数量。而地下水资源评价,应该包括计算区水文地质模型的概化、水量计算模型的选取和水量计算、对计算结果可靠性的评价和允许开采资源级别的确定等一系列的内容。

地下水资源计算方法种类繁多,从简单的水文地质比拟法到复杂的地下水数值模拟;从理论计算到实际抽水方法。常用的地下水资源计算方法有经验方法(水文地质比拟法)、Q-S 曲线方程法、数值法、水均衡法、动态均衡法、解析法等。中国许多水文地质工作者把地下水看作一种矿产资源,广泛地采用地下水储量这一概念来表示某一个地区的地下水量的丰富程度。按照这一概念,地下水储量分为静储量、调节储量、动储量和开采储量。静储量指储存于地下水最低水位以下的含水层中重力水的体积,即该含水层全部疏干后所能获得的地下水的数量。它不随水文、气象因素的变化而变化,只随地质年代发生变化,也称永久储量。静储量的数值等于多年最低的地下水位以下的含水层体积和给水度的乘积。调节储量指储存于潜水水位变动带(年变动带或多年变动带)中重力水的体积,亦即全部疏干该带后所能获得的地下水的数量。它与水文、气象因素密切相关,其数值等于潜水位变动带的含水层体积乘以给水度。动储量也称地下水的天然流量,是单位时间内通过垂直于流向的含水层断面的地下水体积。通过测定含水层的平均渗透系数、地下水流的水力坡度和过水断面面积,用达西公式进行计算。静储量、调节储量和动储量合称地下水的天然储量,它反映天然条件下地下水的水量状况。开采储量是指考虑到合理的技术经济条件,并且在集水建筑物运转的预定期限内不产生开采条件和水质恶化的情况下，从含水层中可能取得的水量。地下水的开采储量，一方面取决于水文地质条件特别是地下水的补给条件，另一方面取决于集水建筑物的类型、结构和布置方式。其含义是和允许开采量相当的。

五、开发与管理

（一）开发与利用

地下水开发利用力求费用低廉、方案优化、技术先进、效益显著而又不引起环境问题。这些要以查明水文地质条件和正确评价地下水资源为基础。要做到合理开发利用地下水，应注意以下几点：

不过量开采。开采量要小于开采条件下的补给量，否则将造成地下水位持续下降，区域降落漏斗形成并不断扩大、加深，水井出水量减少甚至于水资源枯竭。

远离污染源，否则将造成地下水污染，水质恶化以至于不能使用。

不能造成海水或高矿化水入侵到淡水含水层。

不能引起大量的地面沉降和坍陷，否则将造成建筑物的破坏，引起巨大的经济损失。

按地下水流域进行地下水开发利用的全面规划，合理布井，防止争水。

地表水资源和地下水资源统一考虑、联合调度。

全面考虑供需数量、开源与节流、供水与排水、水资源重复利用、水源地保护等问题，使得有限的水资源获得最大的利用效益。

（二）管理

为了做到合理地开发利用地下水资源，必须进行有效的管理。地下水资源管理的方法和措施分为：

1. 法律方面

由中央政府和地方政府制定和颁布实施有关水资源（包括地下水资源）的法律。这些法律和条例是地下水资源管理的依据。

2. 行政方面

建立水资源（包括地下水资源）的统一管理机构。如中国北方各省市都已建立了水资源管理委员会，设有水资源管理办事机构。

3. 科学技术措施方面

建立最优化的数学模型，使得在一定的水力的、经济的、法律的、社会的约束条件下，目标函数达到最优，即开采的成本最低，或开采的水量最多，或开采地下水所获得的经济效益最大等，为决策提供依据。

4. 经济方面

明确地下水资源有偿使用的原则，征收水资源费，对于超量开采和浪费水资源者处以罚款等。

水资源实时监控与管理系统水资源实时监控与管理系统适用于水务部门对地下

水、地表水的水量、水位和水质进行监测，有助于水务局掌握本区域水资源现状、水资源使用情况、加强水资源费回收力度、实现对水资源正确评价、合理调度及有效控制的目的。

第四节 水资源开发度

随着可持续发展思想在各个领域的渗透和发展，水资源的合理开发也应是可持续的。但如何评价其是否可持续，目前大多通过构建指标体系用层次分析法、模糊评判法等进行评价，其指标的筛选和权重的分配带有很大的主观随意性，因此，很难客观地评价水资源的持续开发性。为此，从确保生态环境良性循环的角度，用定量的评价方法对其进行评价，为流域水资源可持续开发的评价提供理论和方法依据，对流域或区域的可持续起到促进作用。

一、水资源可持续开发

（一）水资源开发阶段

水资源的开发利用发展过程大致可分为三个阶段：

1. 水资源开发利用的初级阶段

水资源开发利用初级阶段的主要特点是对水资源进行单目标开发，主要是灌溉、航运、防洪等。其决策依据常限于某一地区或局部的直接利益，很少进行以整条河流或整个流域为目标的开发利用规划。由于在初期阶段，水资源可利用量远远大于社会经济发展对水的需求量，因此给人们一种水是"取之不尽，用之不竭"的印象。这阶段大致可从大禹治水到新中国成立。

2. 水资源开发利用的第二阶段

水资源的开发利用目标由单一目标发展到多目标的综合利用，开始强调水资源的统一规划、兴利除害、综合利用。在技术发面，通过一定数量的方案比较，来确定流域或区域的开发方式、提出工程措施的实施程序。淡水资源开发的侧重点和规划目标及评价方法，大多以区域经济的需求为前提，以工程或方案的技术经济指标最优为依据，未涉及经济以外的其他方面，如节约用水、水资源保护、生态环境、合理配置等问题。在第二阶段中，由于大规模的水资源开发利用工程建设，可利用水资源量与社会经济发展的各项用水逐步趋于平衡，或天然水体环境容量与排水的污染负荷逐渐趋于平衡，个别地区在枯水年份，枯水期出现供需不平衡的缺水现象。这一阶段可从新中国成立到70年代末。

3. 水资源开发利用的第三阶段

在此阶段，期望水资源在开发时不引起生态环境的恶化和破坏，使开发强度小于水资源的承载能力，保证水资源的连续性和持续性，为社会经济的持续稳定发展提供保证。在水资源开发利用中开始强调要与水土资源规划和国民经济生产力布局及产业结构的调整等紧密结合，进行统一的管理和可持续开发利用。规划的目标从宏观上，统筹考虑社会、经济、环境等各个方面的因素，是水资源开发、保护和管理有机结合，使水资源与人口、经济、环境协调发展，通过合理开发、区域调配、节约利用、有效保护，实现水资源总供给与总需求的基本平衡。

人类对水资源需求会越来越多，如果仍然采取目前形式进行掠夺性的水资源开发，则后果会不堪设想，并且与当今世界可持续发展的思想背道而驰。要实现可持续发展就是实现人类生存和经济社会的可持续发展，自然资源的永续利用和良好的生态环境是最为基本的物质基础。而水资源的可持续利用是自然资源永续利用中最重要的问题之一。作为人类生存和发展必不可少的资源，水资源的开发利用，不仅保障了生活用水需求，而且有力地促进了社会的进步和发展。因此，水资源的合理开发利用是提供数量充足、质量优良水资源和良好生态环境的根本保障，是实现我国政府 21 世纪可持续发展战略的重要条件之一。根据可持续发展的思想，水资源的合理开发应是可持续的。那么水资源可持续开发的内涵是什么？如何评价它？

（二）水资源可持续开发的内涵

对于开发的可持续性，结合气象和水文的特点给予如下阐述：（1）无论进行何种活动，都不能损害地球上的生命支持系统，如空气、水、土壤及生态环境系统。（2）开发活动必须是在经济上能持续提供从地球自然资源中获取的源源不断的物质流和供应。（3）需要又一个能保证持续发展的、具有从国际上到个人家庭的各种水平的社会系统，以保证物资的生产和供应等利益得到公平的分配，同时，保证持续的生命支持系统带来的利益也能得到公平的分配。

在自然资源的开发中，更重要的是应当注意开发的平衡技术，即指通过人们的努力，期望开发引起的不利影响能与预期的社会效益相平衡。在水资源的开发中，为保持这种平衡就应当遵守以下三个方面不受损害的原则：（1）供饮用的地下水源和土地生产力得到保护的原则。（2）保护生物多样性不受干扰的原则。（3）不可过度开发可更新的淡水资源的原则。

因此，要想客观地评价水资源是否是可持续开发，首先要弄清水资源可持续开发的内涵。根据可持续发展思想中"满足当代人的需求，又不损害后代人满足其需求能力的发展"。水资源可持续开发也应是既满足当代人对水资源的需求，又不危及后代人对水资源的需求，并能满足其需求能力的发展。也就是说水资源可持续开发要体现代际间的公平，由于人类赖以生存的水资源是有限的，当代人不能为自己的需求而损害后代人满足需求的条件，应给后代人公平利用水资源的权利。要想实现这种公平，就要在水资源的开发过程中，不要超过水资源生态系统的承受能力限度，保证水资源生态环境的稳定和改善及水循环可再生性的维持，使因水引起的自然灾害降到最低，最终保证人类生存发展的基本自然条件。这样才能实现水资源的可持续开发，保障人类社会的可持续发展。

水资源可持续开发的主要内涵有：（1）时空内涵：从水资源可持续开发的定义可以看出，水资源可持续开发具有时序性和空间性。首先水资源可持续开发具有时序内涵，因水资源可持续开发应既满足"当代人"，又要满足"后代人"，具有特定的时间尺度。空间内涵表现在不同流域或区域相同数量的水资源在不同的天然生态系统中，其满足天然生态系统稳定所需的生态需水量是不同的；同样，在不同流域或区域不同数量的水资源在相同或相似的天然生态系统中，其满足天然生态系统稳定所需的生态需水量是也不同的。（2）社会经济内涵：水资源可持续开发的最终目的是为了人类的生存发展，人类属于社会系统，而人类的生存和发展又和生产、消费等经济活动分不开，因此其具有社会经济内涵。（3）持续发展的内涵：实现水资源可持续开发的前提条件是"不对天然生态系统稳定构成危害"，对社会经济发展的支持方式是"持续提供"。因此具有持续发展的内涵。

所以，水资源可持续开发是一个动态的多维的大系统问题，只有水资源、社会、经济和生态环境之间互相支撑和约束，并使之协调健康发展，才能真正实现水资源可持续开发。

虽然，水资源可持续开发与整个社会、经济、文化和开发环境密切相关，是一项复杂的任务。但是，水资源可持续开发和生态环境有着密切的关系，生态环境质量应当通过水资源的开发受到保护和改善。为此，这里侧重从水文水力学、生态学的范畴，探讨水资源的可持续开发。

（三）水资源可持续开发的原则

1. 根据可持续发展内涵的界定，应包括三个重要原则，即：

（1）公平性原则

公平性原则包括三层含义：

①本代人的公平。可持续发展要满足全体人民的基本需求和满足他们要求能过较好生活的愿望。因此，要有公平的分配权和发展权，把消除贫困作为可持续发展中优先考虑的问题。

②代际间的公平。人类赖以生存的自然资源使有限的，当代人不能为自己的需求而损害后代人满足需求的条件，给后代人公平利用自然资源的权利。

③有限资源的分配的公平。

（2）持续性原则

持续性原则的核心是人类的经济和社会发展不能超越资源与环境的承载能力。

（3）共同性原则

共同性原则主张环境与发展在地球范围内的相互依存性和整体性。也就是可持续发展都应具有三大特征：可持续发展鼓励经济增长，因为它是国家或地区社会财富的体现；可持续发展要与资源和环境的承载能力相协调；可持续发展要以改善和提高生活质量为目的，与社会进步相适应。

2. 根据上述水资源可持续开发的内涵及可持续发展的原则，水资源可持续开发应遵循以下原则：

（1）公平性原则

水资源作为一种自然资源，不论是当代人还是后代人都有使用它的权利，这种权利是公平的，对等的。

（2）持续性原则

因为水资源是一种有限的部分可再生的自然资源，因此在开发利用它时不应超过水资源承载能力和环境承载能力。否则就会使生态环境遭到破坏。

（3）共同性原则

水资源的开发利用应以流域或区域来进行整体规划和评价，保证流域或区域的整体利益。

二、水资源开发度界定

（一）开发度的界定

为了更好的评价水资源是否可持续开发，提出用水资源开发度来评价水资源可持续开发。

开发度是指被开发的流域或区域在满足其天然生态需水，保证天然生态系统稳定时，天然水资源系统可最大提供的水资源量的程度。是从生态学的范畴，考虑天然生态需水量，从保证天然生态环境稳定上来定义开发度，这与水资源可持续开发的内涵一致，因此，可以用开发度来评价水资源可持续开发。

（二）开发度的内涵分析

1. 开发度是一个阈值

由于任何一个资源生态系统内部都具有一种自我调节的功能，以保持自己的稳定性，同时，这种自我调节能力是有限的。当外界干扰的程度在这个限度之内时，系统的平衡才能维持，否则，生态系统的平衡受到影响。因此，保证天然生态系统稳定所需水量，是受生态系统内部和外部因素的共同影响，也有一个有限的调节能力以保持自己的稳定性，即生态需水有一个阈值。所以，由定义而知开发度也有个阈值。

2. 开发度具有动态性

一方面生态需水有个阈值是动态的；另一方面天然水资源系统的供水能力也是动态的。由于它受气候、自然地理条件等下垫面因素影响，当气候湿润，降雨量多时，天然水资源系统的供水能力就强；当气候干燥，降雨量少时，天然水资源系统的供水能力就弱。因此，开发度是动态的。

3. 与技术等人为因素无关

开发度是从生态学范畴界定的，它受水资源生态系统自我调节能力和水资源系统的供水能力的制约，而不受技术能力、经济水平和社会发展对水资源需求的影响。

因此，根据上述开发度的定义及其内涵分析，要建立开发度模型必须先进行生态环境需水量的研究。

（三）开发度与开发程度的区别

水资源的开发程度是指某流域（或区域）现状年地表水（或地下水）供水量与地表水（或地下水）水资源总量的比值。

开发程度的大小取决于当代的技术能力、经济水平和对水资源的需求情况。如果随着技术能力、经济水平的提高，一味地满足对水资源的需求，则会造成水资源过度开发，造成对生态环境的破坏，而生态环境是关系到人类生存发展的基本自然条件。人类的生存环境得不到保护和改善，更难以保证人类的可持续发展。因此，它不能评价水资源是否是可持续开发，它只是以往在水资源评价中的一个指标。

开发度的大小取决于天然水资源系统水资源量和维持生态系统稳定所需水量。天然水资源系统水资源量主要取决于气候因素和自然地理条件等因素。生态系统稳定所需水量，一方面是受生态系统外部因素影响，当生态系统外界的干扰在其调节能力之内时，生态系统仍能保持其稳定；当其外界的干扰频率过大，每次的干扰强度过高时，就会使其内部调节能力降低，以至于使其失去调节能力，使生态系统遭到破坏。另外，不同的生态系统它受外界的干扰强度和自身内部调节能力是不同的。因此，不同流域或区域的开发度是不同的，并且它不受技术能力、经济水平等影响。

三、地表水体生态需求及开发度的确定

由于地表水体所处的地理位置不同，因此，它的水文、气象及下垫面等自然条件不同，并且河流生态系统所在的自然生态系统和所受外界干扰的情况也会不同。所以，分别根据干旱／半干旱地区和湿润区／半湿润地区的具体情况来研究地表水体生态需水及开发度。

（一）干旱／半干旱地区地表水体生态需水及开发度的确定

对地表水体来说其生态需水是维护地表水体特定的生态功能，所需要的一定水质标准下的水量，具有时间和空间上的变化。它一般是指维护河流系统正常的生态结构和功能，所需要的水量，即河流系统生态需水。保障生态需水，有助于流域水循环的可再生性维持，它是实现水资源可持续利用的重要基础。

根据其定义河流系统生态需水，又可分为防止河道断流、湖泊萎缩所需的生态需水量；防止河流泥沙淤积所需水量；水面蒸发需水等。

1. 防止河道断流、湖泊萎缩所需的生态需水

当河道断流后，河槽或湖泊将逐渐退化，丧失其应有的功能。在闸控河流，当上游水闸长时间关闸后，河湖水位将逐渐下降，直至河床干枯，这将使河湖原有的生态环境受到严重破坏。因此为维持河湖自身的功能，应使河道保持一个较小基本流量，使湖泊维持一定的水位，这一较小的基本流量就是防止河道断流、湖泊萎缩所需的生态需水量。为了保证常年性河流不出现断流等可能导致河流生态环境功能破坏的现象。为此，以河流最小月平均实测径流量的多年平均值作为防止河道断流、湖泊萎缩

所需的生态需水量。

2. 防止河流泥沙淤积所需水量

由河流动力学知识知道，水流的携沙能力与水流速度的平方成比例；当泥沙不断在河流淤积时，河流将退化而失去其应有的功能。为维持水流和泥沙的生态平衡：河流需维持一定的水流流量，这一流量可用分析设计典型年河流中泥沙含量和输送量、河床泥沙淤积速度等确定，从而确定河流排沙需水量。在这里考虑到河流系统，汛期的输沙量约占全年输沙总量的 80% 以上，因此把汛期用于输沙的水量计算为河流生态环境需水量的一部分。

3. 水面蒸发生态需水量

为了维持河流系统正常生态功能，当水面蒸发高于降水时，必须从河流河道水面系统接纳的以外的水体来弥补，我们把这部分水量成为水面蒸发生态需水量。当降水量大于蒸发量时，就认为蒸发生态需水量为零。根据水面积、降水量、水面蒸发量，可求得相应蒸发生态需水量。

(二) 湿润区/半湿润地区地表水体生态需水及开发度的确定

由于湿润区/半湿润地区，降雨量丰富，多年平均降雨量大于河流水面蒸发量，而且除了不当开发利用等人为因素外，在自然条件下一般不会出现河道断流、湖泊萎缩等现象，因此，该地区的生态需水主要是冲沙压减所需最小水量与维持河流水生生物正常生存及生长所需最小水量之和，并减去两者重复水量。

四、地下水的合理开发及开发度的确定

(一) 地下水开发对生态环境的影响

作为地球环境的一个重要组成部分的地下水，在天然情况下，其水量和溶质成分的状态，以及水、土间的应力状态一般都是均衡的。有时，它们可能随着某些自然因素（如降水量、蒸发量及地壳的升降运动等）的变化而变化，但其变化过程一般是非常缓慢的，并且这种在天然条件下的变化，一般不会给环境造成突发性的严重后果。但是如果我们不能正确认识地下水与环境之间的内在关系，任意破坏其均衡关系，则会导致与地下水有关的环境、生态的急剧恶化。地下水的不合理开采会引起区域地下水位持续大幅度的下降，导致含水层被疏干，取水工程处水量减少，抽水成本增加等一系列生态环境问题。

由于地下水位大幅度下降，改变了地表水和地下水之间及含水层之间的天然补给关系，使原有水利工程规划的效益降低。区域地下水位的大幅度下降，导致一些在天然条件下接受地下水补给的河流，变成了地下水的补给源。

由于区域地下水位的下降，导致环境、生态条件的恶化。区域地下水位下降，对干旱地区以吸收土壤和潜水而赖以生存的植被系统来说构成了极大的威胁。

区域性的地下水水位下降对土地含水量、沙化程度、地表水体分布范围，以致局

部气候都有影响。

当开采区的地下水位低于与其有水力联系的劣质地表水体或相对劣质含水层的水位时，其地下水水动力条件也发生了变化，使劣质水体直接或间接进入开采含水层造成水质恶化。例如滨海地区，因开采区域的地下水位大幅度下降，使咸、淡水的天然均衡条件受到破坏，导致海水入侵，地下水质恶化。

大量抽取地下水所导致的区域地下水位大幅度下降，不仅引起含水层水动力条件发生改变，同时也将促使含水层水文地球化学条件的变化。其中的变化也可能导致含水层地下水水质的恶化。例如，在我国北方干旱和半干旱地区，潜水含水层一般处于弱还原环境，在大量抽取地下水后，随着地下水位的下降，大气进入被疏干的含水层，该层将变成强氧化环境。

地下水是维持土体应力平衡的一个重要因素。大量开采地下水，使水体从含水层空隙中排出或使地下水水头压力降低，改变了土体原来的应力状态和平衡条件，从而使土体结构和稳定性遭到破坏，导致地面沉降、开裂及塌陷等有害地质作用的发生。

从上述地下水不合理开发引起的环境、地质问题及由其诱发导致的环境、生态等恶化，归根到底是由于地下水位大幅度下降造成。因此，合理地控制开采区域的地下水位对生态环境保护和区域社会、经济的可持续发展起着重要的作用。为此，对区域地下水的可持续开发，从保证地下水合理水位角度来探讨，从确定水位与水量的关系，来确定地下水的开发度。

（二）开发地下水时的合理水位的确定

在以往的地下水资源评价中，对地下水资源的开发是以确定地下水资源可开采量为合理的开采条件的，即地下水的开采量不超过地下水的补给量。这是从水文学的角度以开采量与补给量能够保持大体平衡的条件下，以保证地下水循环。如果按上述开采条件，对于地下水埋深较浅的西北干旱和半干旱地区来说，由于潜水埋深浅，并且蒸发量大，易使土地渍生盐碱化，生态环境并没有得到保护和改善；同样对地下水埋深较深的区域来说，如果对开采区的水文、地质等情况不能全面的了解和掌握，可开采量就不能科学合理的计算出来，这样对该区域进行地下水的开发，就会造成上面所讲生态环境问题。因此，在这里从生态学的角度，从保证生态系统稳定及其改善的角度来确定开发地下水的合理水位，从而确定区域地下水资源的开发度。

1. 干旱、半干旱地区合理水位的确定

为了保证生态系统的稳定及其改善，必须保证其生态需水，对开发地下水的区域来说其生态需水是指在水资源开发时，不引起地面沉降、植被荒漠化，保证生态环境的稳定所需的水资源量。由于不同的区域生态系统不同，因此保证其生态系统稳定的生态需水也不同。从生态系统形成的角度来说又分为天然生态需水和人工生态需水。天然生态需水是指基本不受人工作用的生态所消耗水量，包括天然水域和天然植被需水；人工生态需水是指由人工直接或间接作用维持的生态所耗水量，包括由于放牧和防风的人工林草所需水量、维持城市景观所需水量、农业灌溉抬高水位支撑的生态需水量及水土保持造林种草所需水量等。从生态系统的水分来源来说，其包括降雨、地表径流、地下水潜水蒸发等。从补给来源说，生态需水分为降水性生态需水和径流性生态需水。地带性植被所在的天然生态系统完全消耗降水量，非地带性植被所在的天然生态系统消耗径流量为主、降水为补充，处于地带性和非地带性的交错过渡带以消耗降水为主、径流为补充。因此，在研究地下水开发的合理水位时，应首先研究被开发区域生态系统情况及其补给来源，才能确定该区域开采地下水的合理水位，从而确定该区域地下水的开发度。干旱、半干旱地区合理水位的确定

由于不同区域生态系统情况不同，其补给来源也不同，因此，确定趋于合理开采的地下合理水位也不同。像西北内陆地区属于干旱、半干旱地区，降雨量少、蒸发量大，植被属于非地带性植物，其保证生态系统稳定的生态需水主要是靠潜水。影响植被生长的主要因素是土壤水分和盐分，土壤中的水分和盐分都与地下水位有关，地下水位过高，在蒸发作用下，溶解于地下水中的盐分可在表层土中聚集，不利于植物的生长。地下水位过低，地下水不能通过毛管上升来补充损失的土壤水分，使土壤变干，导致植被的衰败和退化。由此可知，确定既不使土壤中的盐分聚集影响植物生长又不会使土壤变干导致植被衰退的地下水位是十分重要的。所以，在这里把维持天然植被生长所需水分的地下水埋深称为合理的地下水位。一个区域的合理的地下水位，应在一个范围内，即有一个合理的阈值。根据前人所做的研究：当地下水埋深在 4.0m 以下时，潜水位以上的土壤水分损失就不能由潜水供给，土壤发生干旱，植被生长受到影响，因此，可以把 4m 作为潜水蒸发的极限深度，即水位的合理闭值下限；当潜水埋深小于 4.0m 时，土壤水分蒸散发的损失量就能由潜水通过毛管上升不断补充，使土壤免于干旱。但是，当地下水埋深小于 2.0m 时，潜水蒸发强度随着地下水埋深的减小急剧增长。因此，把 2.0m 作为水位的合理阈值上限。这样根据区域保证典型植被生态系统稳定所需的合理水位情况，来确定地下水的开发度。

2. 湿润、半湿润地区合理水位的确定

对于湿润、半湿润地区来说，降雨充沛，生态系统的耗水主要是靠降雨，因此在这里就不能单纯得以保证该区域典型植被生态系统稳定来确定开发地下水的合理水位，而是以开采地下水时不引起环境、地质情况的破坏（像地面沉降、开裂及塌陷等有害地质作用的发生）而确定合理的地下水位。像苏锡常地区由于超采地下水使地下水位急剧下降，结果造成大区域的降落漏斗，引起地面沉降。为了不再引起生态环境进一步恶化，该地区政府部门强制性下令要关闭所有的地下开采井，使地下水位不再继续下降或随着该地区降雨量的增加，会使地下水位逐步上升使该地区的生态环境得到改善和恢复。例如上海也是由于超采地下水使得地下水位大幅度下降，结果造成大幅度的地面沉降，为了解决这种矛盾上海地区采取地下回灌的方式，使地下水位能够有所上升或维持，不再使地面沉降的幅度和范围扩大。通过对这些地区地下水位的降幅与引起地面沉降的降幅关系研究，来确定与上述地区相同或近似水文、地质等条件下，其他区域地下水开采时的合理的地下水位。

第三章 水资源保护

第一节 水资源保护概述

水是生命的源泉,它滋润了万物,哺育了生命。我们赖以生存的地球有70%是被水覆盖着,而其中97%为海水,与我们生活关系最为密切的淡水,只有3%,而淡水中又有70%～80%为川淡水,目前很难利用。因此,我们能利用的淡水资源是十分有限的,并且受到污染的威胁。

中国水资源分布存在如下特点:总量不丰富,人均占有量更低;地区分布不均,水土资源不相匹配;年内年际分配不匀,旱涝灾害频繁。而水资源开发利用中的供需矛盾日益加剧。首先是农业干旱缺水,随着经济的发展和气候的变化,中国农业,特别是北方地区农业干旱缺水状况加重,干旱缺水成为影响农业发展和粮食安全的主要制约因素。其次是城市缺水,中国城市缺水,特别是改革开放以来,城市缺水愈来愈严重。同时,农业灌溉造成水的浪费,工业用水浪费也很严重,城市生活污水浪费惊人。

目前,我国的水资源环境污染已经十分严重,根据我国环保局的有关报道:我国的主要河流有机污染严重,水源污染日益突出。大型淡水湖泊中大多数湖泊处在富营养状态,水质较差。另外,全国大多数城市的地下水受到污染,局部地区的部分指标超标。由于一些地区过度开采地下水,导致地下水位下降,引发地面的坍塌和沉陷、地裂缝和海水入侵等地质问题,并形成地下水位降落漏斗。

农业、工业和城市供水需求量不断提高导致了有限的淡水资源更为紧张。为了避免水危机,我们必须保护水资源。水资源保护是指为防止因水资源不恰当利用造成的水源污染和破坏而采取的法律、行政、经济、技术、教育等措施的总和。水资源保护的主要内容包括水量保护和水质保护两个方面。在水量保护方面，主要是对水资源统筹规划、涵养水源、调节水量、科学用水、节约用水、建设节水型工农业和节水型社会。在水质保护方面，主要是制定水质规划，提出防治措施。具体工作内容是制定水环境保护法规和标准；进行水质调查、监测与评价；研究水体中污染物质迁移、污染物质转化和污染物质降解与水体自净作用的规律；建立水质模型，制定水环境规划；实行科学的水质管理。

水资源保护的核心是根据水资源时空分布、演化规律，调整和控制人类的各种取用水行为，使水资源系统维持一种良性循环的状态，以达到水资源的可持续利用。水资源保护不是以恢复或保持地表水、地下水天然状态为目的的活动，而是一种积极的、促进水资源开发利用更合理、更科学的问题。水资源保护与水资源开发利用是对立统一的，两者既相互制约，又相互促进。保护工作做得好，水资源才能可持续开发利用；开发利用科学合理了，也就达到了保护的目的。

水资源保护工作应贯穿在人与水的各个环节中。从更广泛地意义上讲，正确客观地调查、评价水资源，合理地规划和管理水资源，都是水资源保护的重要手段，因为这些工作是水资源保护的基础。从管理的角度来看，水资源保护主要是"开源节流"、防治和控制水源污染。它一方面涉及水资源、经济、环境三者平衡与协调发展的问题，另一方面还涉及各地区、各部门、集体和个人用水利益的分配与调整。这里面既有工程技术问题，也有经济学和社会学问题。同时，还要广大群众积极响应，共同参与，就这一点来说，水资源保护也是一项社会性的公益事业。

第二节 天然水的组成与性质

一、水的基本性质

1. 水的分子结构

水分子是由一个氧原子和两个氢原子过共价键键合所形成。通过对水分子结构的测定分析，两个O-H键之间的夹角为104.5°，H-O键的键长为96pm。由于氧原子的电负性大于氢原子，O-H的成键电子对更趋向于氧原子而偏离氢原子，从而氧原子的电子云密度大于氢原子，使得水分水资源保护与管理子具有较大的偶极矩（$\mu=1.84D$），是一种极性分子。水分子的这种性质使得自然界中具有极性的化合物容易溶解在水中。水分子中氧原子的电负性大，O-H的偶极矩大，使得氢原子部分正电荷，可以把另一个水分子中的氧原子吸引到很近的距离形成氢键。水分子间氢键能为18.81KJ/mol，约为O-H共价键的1/20氢键的存在，增强了水分子之间的作用力。冰融化成水或者水汽化生成水蒸气，都需要环境中吸收能量来破坏氢键。

2. 水的物理性质

水是一种无色、无味、透明的液体，主要以液态、固态、气态三种形式存在。水本身也是良好的溶剂，大部分无机化合物可溶于水。由于水分子之间氢键的存在，使水具有许多不同于其他液体的物理、化学性质，从而决定了水在人类生命过程和生活环境中无可替代的作用。

（1）凝固（熔）点和沸点

在常压条件下，水的凝固点为0℃，沸点为100℃。水的凝固点和沸点与同一主族元素的其他氢化物熔点、沸点的递变规律不相符，这是由于水分子间存在氢键的作用。水的分子间形成的氢键会使物质的熔点和沸点升高，这是因为固体熔化或液体汽化时必须破坏分子间的氢键，从而需要消耗较多能量的缘故。水的沸点会随着大气压力的增加而升高，而水的凝固点随着压力的增加而降低。

（2）密度

在大气压条件下，水的密度在4℃时最大，为1xL。3kg/m³，温度高于4℃时，水的密度随温度升高而减小，在0～4℃时，密度随温度的升高而增加。

水分子之间能通过氢键作用发生缔合现象。水分子的缔合作用是一种放热过程，温度降低，水分子之间的缔合程度增大。当温度≤0℃，水以固态的冰的形式存在时，水分子缔合在一起成为一个大的分子。冰晶体中，水分子中的氧原子周围有四个氢原子，水分子之间构成了一个四面体状的骨架结构。冰的结构中有较大的空隙，所以冰的密度反比同温度的水小。当冰从环境中吸收热量，熔化生成水时，冰晶体中一部分氢键开始发生断裂，晶体结构崩溃，体积减小，密度增大。当进一步升高温度时，水分子间的氢键被进一步破坏，体积进而继续减小，使得密度增大；同时，温度的升高增加了水分子的动能，分子振动加剧，水具有体积增加而密度减小的趋势。在这两种因素的作用下，水的密度在4℃时最大。

水的这种反常的膨胀性质对水生生物的生存发挥了重要的作用。因为寒冷的冬季，河面的温度可以降低到冰点或者更低，这是无法适合动植物生存的。当水结冰的时候，冰的密度小，浮在水面，4Y的水由于密度最大，而沉降到河底或者湖底，可以保水下生物的生存。而当天暖的时候，冰在上面也是最先熔化。

（3）高比热容、高汽化热

水的比热容为4.18x103J/（kg·K），是常见液体和固体中最大的。水的汽化热也极高，在2℃下为2.4×10^3（KJ/kg）。正是由于这种高比热容、高汽化热的特性，地球上的海洋、湖泊、河流等水体白天吸收到达地表的太阳光热能，夜晚又将热能释放到大气中，避免了剧烈的温度变化，使地表温度长期保持在一个相对恒定的范围内。通常生产上使用水做传热介质，除了它分布广外，主要是利用水的高比热容的特性。

（4）高介电常数

水的介电常数在所有的液体中是最高的，可使大多数蛋白质、核酸和无机盐能够在其中溶解并发生最大程度的电离，这对营养物质的吸收和生物体内各种生化反应的进行具有重要意义。

（5）水的依数性

水的稀溶液中，由于溶质微粒数与水分子数的比值的变化，会导致水溶液的蒸汽压、凝固点、沸点和渗透压发生变化。

（6）透光性

水是无色透明的，太阳光中可见光和波长较长的近紫外光部分可以透过，使水生植物光合作用所需的光能够到达水面以下的一定深度，而对生物体有害的短波远紫外光则几乎不能通过。这在地球上生命的产生和进化过程中起到了关键性的作用，对生活在水中的各种生物具有至关重要的意义。

3. 水的化学性质

（1）水的化学稳定性

在常温常压下，水是化学稳定的，很难分解产生氢气和氧气。在高温和

催化剂存在的条件下，水会发生分解，同时电解也是水分解的一种常用方式。水在直流电作用下，分解生成氢气和氧气，工业上用此法制纯氢和纯氧。

（2）水合作用

溶于水的离子和极性分子能够与水分子发生水合作用，相互结合，生成水合离子或者水合分子。这一过程属于放热过程。水合作用是物质溶于水时必然发生的一个化学过程，只是不同的物质水合作用方式和结果不同。

（3）水的电离

水能够发生微弱的电离，产生 H^+ 和 HO^-。纯净水的 pH 值理论上为 7，天然水体的 pH 值一般为 6～9。水体中同时存在 H^+ 和 HO^- 呈现出两性物质的特性。

（4）水解反应

物质溶于水所形成的金属离子或者弱酸根离子能够与水发生水解反应，弱酸根离子发生水解反应，生成相应的共轭酸。

二、天然水的组成

（一）天然水的组成

天然水在形成和迁移的过程中与许多具有一定溶解性的物质相接触，由于溶解和交换作用，使得天然水体富含有各种化学组分。天然水体所含有的物质主要包括无机离子、溶解性气体、微量元素、水生生物、有机物以及泥沙和黏土等。

1. 天然水中的主要离子

天然水体中常见的离子为 Na^+、K^+、Ca^{2+}、Mg^{2+}、HCO_3^-、CO_3^{2-}、Cl^-、SO_4^{2-}。它们的含量占天然水离子总量的 95%～99% 以上。

重碳酸根离子和碳酸根离子在天然水体中的分布很广，几乎所有水体都有它的存在，主要来源于碳酸盐矿物的溶解。一般河水与湖水中超过 250mg/L，在地下水中的含量略高。造成这种现象的原因在于在水中如果要保持大量的重碳酸根离子，则必须要有大量的二氧化碳，而空气中二氧化碳的分压很小、二氧化碳很容易从水中逸出。

天然水中的氯离子是水体中常见的一种阴离子，主要来源于火成岩的风化产物和蒸发盐矿物。它在水中有广泛分布，在水中含量变化范围很大，一般河流和湖泊中含量很小，要用 mg/L 来表示。但随着水矿化度的增加，氯离子的含量也在增加，在海水以及部分盐湖中，氯离子含量达到十几 g/L 以上，而且成为主要阴离子。

硫酸根离子是天然水中重要的阴离子，主要来源于石膏的溶解、自然硫的氧化、硫化物的氧化、火山喷发产物、含硫植物及动物体的分解和氧化。硫酸根离子分布在各种水体中，河水中硫酸根离子含量在 0.8～199mg/L 之间；大多数的淡水湖泊，其硫酸根离子含量比河水中含量高；在干旱地区的地表及地下水中，硫酸根离子的含量往往可达到几 g/L；海水中硫酸根离子含量为 2～3g/L 而在海洋的深部，由于还原作用，硫酸根离子有时甚至不存在。硫酸盐含量不高时，对人体健康几乎没有影响，但是当含量超过 250mg/L 时，有致泻作用，同时高浓度的硫酸盐会使水有微苦涩味，因此，国家饮用水水质标准规定饮用水中的硫酸盐含量不超过 250mg/L。

钙离子是大多数天然淡水的主要阳离子。钙广泛地分布于岩石中，沉积岩中方解石、石膏和萤石的溶解是钙离子的主要来源。河水中的钙离子含量一般为 20mg/L 左右。镁离子主要来自白云岩以及其他岩石的风化产物的溶解，大多数天然水中镁离子的含量在 1～40mg/L，一般很少有以镁离子为主要阳离子的天然水。通常在淡水中的阳离子以钙离子为主；在咸水中则以钠离子为主。水中的钙离子和镁离子的总量称为水体的总硬度。硬度的单位为度，硬度为 1 度的水体相当于含有 10mg/L 的 CaO。

水体过软时，会引起或加剧身体骨骼的某些疾病，因此，水体中适当的钙含量是人类生活不可或缺的。但水体的硬度过高时，饮用会引起人体的肠胃不适，同时也不利于人们生活中的洗涤和烹饪；当高硬度水用于锅炉时，会在锅炉的内壁结成水垢，影响传热效率，严重时还会引起爆炸，所以高硬度水用于工业生产中应该进行必要的软化处理。

钠离子主要来自火成岩的风化产物，天然水中的含量在 1～500mg/L 范围内变化。含钠盐过高的水体用于灌溉时，会造成土壤的盐渍化，危害农作物的生长。同时，钠离子具有固定水分的作用，高血压病人和浮肿病人需要限制钠盐的摄取量。钾离子主要分布于酸性岩浆岩及石英岩中，在天然水中的含量要远低于钠离子。在大多数饮用水中，钾离子的含量一般小于 20mg/L；而某些溶解性固体含量高的水和温泉中，钾离子的含量可高达到 100～1000mg/L。

2. 溶解性气体

天然水体中的溶解性气体主要有氧气、二氧化碳、硫化氢等。

天然水中的溶解性氧气主要来自大气的复氧作用和水生植物的光合作用。溶解在水体中的分子氧称为溶解氧，溶解氧在天然水中起着非常重要的作用。水中动植物及微生物需要溶解氧来维持生命，同时溶解氧是水体中发生的氧化还原反应的主要氧化剂，此外水体中有机物的分解也是好氧微生物在溶解氧的参与下进行的。水体的溶解氧是一项重要的水质参数，溶解氧的数值不仅受大气复氧速率和水生植物的光合速率影响，还受水体中微生物代谢有机污染物的速率影响。当水体中可降解的有机污染物浓度不是很高时，好氧细菌消耗溶解氧分解有机物，溶解氧的数值降低到一定程度后不再下降；而当水体中可降解的有机污染物较高，超出了水体自然净化的能力时，水体中的溶解氧可能会被耗尽，厌氧细菌的分解作用占主导地位，从而产生臭味。

天然水中的二氧化碳主要来自水生动植物的呼吸作用。从空气中获取的二氧化碳几乎只发生在海洋中，陆地上的水体很少从空气中获取二氧化碳，因为陆地水中的二氧化碳含量经常超过它与空气中二氧化碳保持平衡时的含量，水中的二氧化碳会逸出。河流和湖泊中二氧化碳的含量一般不超过 20～30mg/L。

天然水中的硫化氢来自水体底层中各种物残骸腐烂过程中含硫蛋白质的分解，水中的无机硫化物或硫酸盐在缺氧条件下，也可还原成硫化氢。一般来说硫化氢位于水体的底层，当水体受到扰动时，硫化氢气体就会从水体中逸出。当水体中的硫化氢含量达到 10mg/L 时，水体就会发出难闻的臭味。

3. 微量元素

所谓微量元素是指在水中含量小于 0.1% 的元素。在这些微量元素中比较重要的有卤素（氟、溴、碘）、重金属（铜、锌、铅、钴、镍、钛、汞、镉）和放射性元素等。尽管微量元素的含量很低，但与人的生存和健康息息相关，对人的生命起至关重要的作用。它们的摄入过量、不足、不平衡或缺乏都会不同程度地引起人体生理的异常或发生疾病。

4. 水生生物

天然水体中的水生生物种类繁多，有微生物、藻类以及水生高等植物、各种无脊椎动物和脊椎动物。水体中的微生物是包括细菌、病毒、真菌以及一些小型的原生动物、微藻类等在内的一大类生物群体，它个体微小，却与水体净化能力关系密切。微生物通过自身的代谢作用（异化作用和同化作用）使水中悬浮和溶解在水里的有机物污染物分解成简单、稳定的无机物二氧化碳。水体中的藻类和高级水生植物通过吸附、利用和浓缩作用去除或者降低水体中的重金属元素和水体中的氮、磷元素。生活在水中的较高级动物如鱼类，对水体的化学性质影响较小，但是水质对鱼类的生存影响却很大。

5. 有机物

天然水体的有机物主要来源于水体和土壤中的生物的分泌物和生物残体以及人类生产生活所产生的污水，包括碳水化合物、蛋质、氨基酸、脂肪酸、色素、纤维素、腐殖质等。水中的可降解有机物的含量较高时，有机物的降解过程中会消耗大量的溶解氧，导致水体腐败变臭。当饮用水源水有机物含量比较高时，会降低水处理工艺的处理效果，并且会增加消毒副产物的生成量。

（二）天然水的分类

天然水体在形成和迁移的过程中不断地与周围环境相互作用，其化学成分组成也多种多样，这就需要采用某种方式对水体进行分类，从而反映天然水体水质的形成和演化过程，为水资源的评价、利用和保护提供依据。

1. 按水体中的总盐量分类

按水体中的总盐量对水体进行分类,在这种分类法中,把淡水的总含盐量范围确定在 1.0g/kg 之内,是基于人的感觉。当水的总盐量大于该值时便具有咸味;微咸水与咸水的总含盐量界线确定为 25g/kg,是因为在该总盐量下,水的冻结温度与其最大密度时的温度相同;咸水与盐水界线为 50g/kg,则是根据海水中还未出现过总盐量大于该值的情况来确定的。

2. 按水体中主要无机离子分类

首先按照含量最多的阴离子将水体分为三类:重碳酸盐类、硫酸盐类、氯化物,并分别用 C、S、Cl 三种符号表示。然后按照含量最多的阳离子把每类水体再进一步划分为三组,即钙组、镁组、和钠组。最后按阴离子和阳离子间的相对关系,把各组分为 4 种水型。

Ⅰ型是低矿化水体,主要是含有大量 Na^+ 和 K^+ 的水体,水中含有相当数量的 $NaHCO_3$;Ⅱ型是低矿化水体和中矿化水体,河水、湖水和地下水都属于这种类型;Ⅲ型水体有很高的矿化度,海洋水和海湾水及高矿化度的地下水属于这一类型;Ⅳ型水体属于酸性水体,其特点是没有 HCO_3,酸性沼泽水和硫化矿床水体属于这一类水体。另外在硫酸盐和氯化物的钙组和镁组中不可出现Ⅰ型水,只能由Ⅳ型水代替。

第三节 水体污染

一、天然水的污染及主要污染物

(一) 水体污染

水污染主要是由于人类排放的各种外源性物质进入水体后,而导致其化学、物理、生物或者放射性等方面特性的改变,超出了水体本身自净作用所能承受的范围,造成水质恶化的现象。

(二) 污染源

造成水体污染的因素是多方面的,如向水体排放未经妥善处理的城市污水和工业废水;施用化肥、农药及城市地面的污染物被水冲刷而进入水体;随大气扩散的有毒物质通过重力沉降或降水过程而进入水体等。

按照污染源的成因进行分类,可以分成自然污染源和人为污染源两类。自然污染源是因自然因素引起污染的,如某些特殊地质条件(特殊矿藏、地热等)、火山爆发等。由于现代人们还无法完全对许多自然现象实行强有力的控制,因此也难控制自然污染源。人为污染源是指由于人类活动所形成的污染源,包括工业、农业和生活等所产生的污染源。人为污染源是可以控制的,但是不加控制的人为污染源对水体的污染远比自然污染源所引起的水体污染程度严重。人为污染源产生的污染频率高、污染的数量大、污染的种类多、污染的危害深，是造成水环境污染的主要因素。

按污染源的存在形态进行分类，可以分为点源污染和面源污染。点源污染是以点状形式排放而使水体造成污染，如工业生产水和城市生活污水。它的特点是排污经常，污染物量多且成分复杂，依据工业生产废水和城市生活污水的排放规律，具有季节性和随机性，它的量可以直接测定或者定量化，其影响可以直接评价。而面源污染则是以面积形式分布和排放污染物而造成水体污染，如城市地面、农田、林田等。面源污染的排放是以扩散方式进行的，时断时续，并与气象因素有联系，其排放量不易调查清楚。

（三）天然水体的主要污染物

天然水体中的污染物质成分极为复杂，从化学角度分为四大类：

无机无毒物：酸、碱、一般无机盐、氮、磷等植物营养物质。

无机有毒物：重金属、砷、氰化物、氟化物等。

有机无毒物：碳水化合物、脂肪、蛋白质等。

有机有毒物：苯酚、多环芳烃、PCB、有机氯农药等。

水体中的污染物从环境科学角度可以分为耗氧有机物、重金属、营养物质、有毒有机污染物、酸碱及一般无机盐类、病原微生物、放射性物质、热污染等。

1. 耗氧有机物

生活污水、牲畜饲料及污水和造纸、制革、奶制品等工业废水中含有大量的碳水化合物、蛋白质、脂肪、木质素等有机物，他们属于无毒有机物。但是如果不经处理直接排入自然水体中，经过微生物的生化作用，最终分解为二氧化碳和水等简单的无机物。在有机物的微生物降解过程中，会消耗水体中大量的溶解氧，水中溶解氧浓度下降。当水中的溶解氧被耗尽时，会导致水体中的鱼类及他需氧生物因缺氧而死亡，同时在水中厌氧微生物的作用下，会产生有害的物质如甲烷、氨和硫化氢等，使水体发臭变黑。

一般采用下面几个参数来表示有机物的相对浓度：

生物化学需氧量（BOD）：指水中有机物经微生物分解所需的氧量，用BOD来表示，其测定结果用mg/L。2表示。因为微生物的活动与温度有关，一般以20℃作为测定的标准温度。当温度20℃时，一般生活污水的有机物需要20天左右才能基本完成氧化分解过程，但这在实际工作中是有困难的，通常都以5天作为测定生化需氧量的标准时间，简称5日生化需氧量，用BOD_5来表示。

化学需氧量（COD）：指用化学氧化剂氧水中的还原性物质，消耗的氧化剂的量折换成氧当量（mg/L），用COD表示。COD越高，表示污水中还原性有机物越多。

总需氧量（TOD）：指在高温下燃烧有机物所耗去的氧量（mg/L），用TOD表示一般用仪器测定，可在几分钟内完成。

总有机碳（TOC）：用TOC表示。通常是将水样在高温下燃烧，使有机碳氧化成CO_2，然后测量所产生的CO_2的量，进而计算污水中有机碳的数量。一般也用仪器测定，速度很快。

2. 重金属污染物

矿石与水体的相互作用以及采矿、冶炼、电镀等工业废水的泄漏会使得水体中有一定量的重金属物质，如汞、铅、铜、锌、镉等。这些重金属物质在水中达到很低的浓度便会产生危害，这是由于它们在水体中不能被微生物降解，而只能发生各种形态相互转化和迁移。重金属物质除被悬浮物带走外，会由于沉淀作用和吸附作用而富集于水体的底泥中，成为长期的次生污染源；同时，水中氯离子、硫酸离子、氢氧离子、腐殖质等无机和有机配位体会与其生成络合物或螯合物，导致重金属有更大的水溶解度而从底泥中重新释放出来。人类如果长期饮用重金属污染的水、农作物、鱼类、贝类，有害重金属为人体所摄取，积累于体内，对身体健康产生不良影响，致病甚至危害生命。人长期饮用被镉污染的河水或者食用含镉河水浇灌生产的稻谷，就会得"骨痛病"。病人骨骼严重畸形、剧痛，身长缩短，骨脆易折。

3. 植物营养物质

营养性污染物是指水体中含有的可被水体中微型藻类吸收利用并可能造成水体中藻类大量繁殖的植物营养元素，通常是指含有氮元素和磷元素的化合物。

4. 有毒有机物

有毒有机污染物指酚、多环芳烃和各种人工合成的并具有积累性生物毒性的物质，如多氯农药、有机氯化物等持久性有机毒物，以及石油类污染物质等。

5. 酸碱及一般无机盐类

这类污染物主要是使水体 pH 值发生变化，抑制细菌及微生物的生长，降低水体自净能力。同时，增加水中无机盐类和水的硬度，给工业和生活用水带来不利因素，也会引起土壤盐渍化。

酸性物质主要来自酸雨和工厂酸洗水、硫酸、粘胶纤维、酸法造纸厂等产生的酸性工业废水。碱性物质主要来自造纸、化纤、炼油、皮革等工业废水。酸碱污染不仅可腐蚀船舶和水上构筑物，而且改变水生生物的生活条件，影响水的用途，增加工业用水处理费用等。含盐的水在公共用水及配水管留下水垢，增加水流的阻力和降低水管的过水能力。硬水将影响纺织工业的染色、啤酒酿造及食品罐头产品的质量。碳酸盐硬度容易产生锅垢，因而降低锅炉效率。酸性和碱性物质会影响水处理过程中絮体的形成，降低水处理效果。长期灌溉 pH＞9 的水，会使蔬菜死亡。可见水体中的酸性、碱性以及盐类含量过高会给人类的生产和生活带来危害。但水体中盐类是人体不可缺少的成分，对于维持细胞的渗透压和调节人体的活动起到重要意义，同时，适量的盐类亦会改善水体的口感。

6. 病原微生物污染物

病原微生物污染物主要是指病毒、病菌、寄生虫等，主要来源于制革厂、生物制品厂、洗毛厂、屠宰厂、医疗单位及城市生活污水等。危害主要表现为传播疾病：病菌可引起痢疾、伤寒、霍乱等；病毒可引起病毒性肝炎、小儿麻痹等；寄生虫可引起血吸虫病，钩端螺旋体病等。

7. 放射性污染物

放射性污染物是指由于人类活动排放的放射性物质。随着核能、核素在诸多领域中的应用，放射性废物的排放量在不断增加，已对环境和人类构成严重威胁。

自然界中本身就存在着微量的放射性物质。天然放射性核素分为两大类：一类由宇宙射线的粒子与大气中的物质相互作用产生；另一类是地球在形成过程中存在的核素及其衰变产物，如238U（铀）、40K（钾）、87Rb（铷）等。天然放射性物质在自然界中分布很广，存在于矿石、土壤、天然水、大气及动植物所有组织中。目前已经确定并已做出鉴定的天然放射性物质已超过40种。一般认为，天然放射性本底基本上不会影响人体和动物的健康。

人为放射性物质主要来源于核试验、核爆炸的沉降物，核工业放射性核素废物的排放，医疗、机械、科研等单位在应用放性同位素时排放的含放射性物质的粉尘、废水和废弃物，以及意外事故造成的环境污等。人们对于放射性的危害既熟悉又陌生，它通常是与威力无比的原子弹、氢弹的爆炸关联在一起的，随着全世界和平利用核能呼声的高涨，核武器的禁止使用，核试验已大大减少，人们似乎已经远离放射性危害。然而近年来，随着放射性同位素及射线装置在工农业、医疗、科研等各个领域的广泛应用，放射线危害的可能性却在增大。

环境放射性污染物通过牧草、饲草和饮水等途径进入家禽体内，并蓄积于组织器官中。放射性物质能够直接或者间接地破坏机体内某些大分子如脱氧核糖核酸、核糖核酸蛋白质分子及一些重要的酶结构。结果使这些分子的共价键断裂，也可能将它们打成碎片。放射性物质辐射还能够产生远期的危害效应，包括辐射致癌、白血病、白内障、寿命缩短等方面的损害以及遗传效应等。

8. 热污染

水体热污染主要来源于工矿企业向江河排放的冷却水，其中以电力工业为主，其次是冶金、化工、石油、造纸、建材和机械等工业。它主要的影响是：使水体中溶解氧减少提高某些有毒物质的毒性，抑制鱼类的繁殖，破坏水生生态环境进而引起水质恶化。

二、水体自净

污染物随污水排入水体后，经过物理、化学与生物的作用，使污染物的浓度降低，受污染的水体部分地或完全地恢复到受污染前的状态，这种现象称为水体自净。

（一）水体自净作用

水体自净过程非常复杂，按其机理可分为物理净化作用、化学及物理化学净化作用和生物净化作用。水体的自净过程是三种净化过程的综合，其中以生物净化过程为主。水体的地形和水文条件、水中微生物的种类和数量、水温和溶解氧的浓度、污染物的性质和浓度都会影响水体自净过程。

1. 物理净化作用

水体中的污染物质由于稀释、扩散、挥发、沉淀等物理作用而使水体污染物质浓度降低的过程，其中稀释作用是一项重要的物理净化过程。

2. 化学及物理化学作用

水体中污染物通过氧化、还原、吸附、酸碱中和等反应而使其浓度降低的过程。

3. 生物净化作用

由于水生生物的活动，特别是微生物对有机物的代谢作用，使得污染物的浓度降低的过程。

影响水体自净能力的主要因素有污染物的种类和浓度、溶解氧、水温、流速、流量、水生生物等。当排放至水体中的污染物浓度不高时，水体能够通过水体自净功能使水体的水质部分或者完全恢复到受污染前的状态。但是当排入水体的污染物的量很大时，在没有外界干涉的情况下，有机物的分解会造成水体严重缺氧，形成厌氧条件，在有机物的厌氧分解过程中会产生硫化氢等有毒臭气。水中溶解氧是维持水生生物生存和净化能力的基本条件，往往也是衡量水体自净能力的主要指标。水温影响水中饱和溶解氧浓度和污染物的降解速率。水体的流量、流速等水文水力学条件，直接影响水体的稀释、扩散能力和水体复氧能力。水体中的生物种类和数量与水体自净能力关系密切，同时也反映了水体污染自净的程度和变化趋势。

（二）水环境容量

水环境容量指在不影响水的正常用途的情况下，水体所能容纳污染物的最大负荷量，因此又称为水体负荷量或纳污能力。水环境容量是制定地方性、专业性水域排放标准的依据之一，环境管理部门还利用它确定在固定水域到底允许排入多少污染物。水环境容量由两部分组成，一是稀释容量也称差值容量，二是自净容量也称同化容量。稀释容量是由于水的稀释作用所致，水量起决定作用。自净容量是水的各种自净作用综合的去污容量。对于水环境容量，水体的运动特性和污染物的排放方式起决定作用。

第四节 水环境标准

一、水质指标

各种天然水体是工业、农业和生活用水的水源。作为一种资源来说，水质、水量和水能是度量水资源可利用价值的三个重要指标，其中与水环境污染密切相关的则是水质指标。在水的社会循环中，天然水体作为人类生产、生活用水的水源，需要经过一系列的净化处理，满足人类生产、生活用水的相应的水质标准；当水体作为人类社会产生的污水的受纳水体时，为降低对天然水体的污染，排放的污水都需要进行相应的处理，使水质指标达到排放标准。

水质指标是指水中除去水分子外所含杂的种类和数量，它是描述水质状况的一系列指标，可分为物理指标、化学指标、生物指标和放射性指标。有些指标用某一物质的浓度来表示，如溶解氧、铁等；而有些指标则是根据某一类物质的共同特性来间接反映其含量，称为综合指标，如化学需氧量、总需氧量、硬度等。

（一）物理指标

1. 水温

水的物理化学性质与水温密切相关。水中的溶解性气体（如氧、二氧化碳等）的溶解度、水中生物和微生物的活动、非离子态、盐度、pH 值以及碳酸钙饱和度等都受水温变化的影响。

温度为现场监测项目之一，常用的测量仪器有水温计和颠倒温度计，前者用于地表水、污水等浅层水温的测量，后者用于湖、水库、海洋等深层水温的测量。此外，还有热敏电阻温度计等。

2. 臭

臭是一种感官性指标，是检验原水和处理水质的必测指标之一，可借以判断某些杂质或者有害成分是否存在。水体产生臭的一些有机物和无机物，主要是由于生活污水和工业废水的污染物和天然物质的分解或细菌动的结果。某些物质的浓度只要达到零点几微克/升时即可察觉。然而，很难鉴定臭物质的组成。

臭一般是依靠检查人员的嗅觉进行检测，目前尚无标准单位。臭阈值是指用无臭水将水样稀释至可闻出最低可辨别臭气的浓度时的稀释倍数，如水样最低取 25mL 稀释至 200mL 时，可闻到臭气，其臭阈值为 8。

3. 色度

色度是反映水体外观的指标。纯水为无透明，天然水中存在腐殖酸、泥土、浮游植物、铁和锭等金属离子能够使水体呈现一定的颜色。纺织、印染、造纸、食品、有机合成等工业废水中，常含有大量的染料、生物色素和有色悬浮微粒等，通常是环境水体颜色的主要来源。有色废水排入环境水体后，使天然水体着色，降低水体的透光性，影响水生生物的生长。

水的颜色定义为改变透射可见光光谱组成的光学性质。水中呈色的物质可处于悬浮态、胶体和溶解态，水体的颜色可以真色和表色来描述。真色是指水体中悬浮物质完全移去后水体所呈现的颜色。水质分析中所表示的颜色是指水的真色，即水的色度是对水的真色进行测定的一项水质指标。表色是指有去除悬浮物质时水体所呈现的颜色，包括悬浮态、胶体和溶解态物质所产生的颜色，只能用文字定性描述，如工业废水或受污染的地表水呈现黄色、灰色等，并以稀释倍数法测定颜色的强度。

我国生活饮用水的水质标准规定色度小于 15 度，工业用水对水的色度要求更严格，如染色用水色度小于 5 度，纺织用水色度小于 10～12 度等。水的颜色的测定方法有钳钴标准比色法、稀释倍数法、分光光度法。水的颜色受 pH 值的影响，因此测定时需要注明水样的 pH 值。

4. 浊度

浊度是表现水中悬浮性物质和胶体对光线透过时所发生的阻碍程度，是天然水和饮用水的一个重要水质指标。浊度是由于水含有泥土、粉砂、有机物、无机物、浮游生物和其他微生物等悬浮物和胶体物质所造成的。我国饮用水标准规定浊度不超过 1 度，特殊情况不超过 3 度。测定浊度的方法有分光光度法、目视比浊法、浊度计法。

5. 残渣

残渣分为总残渣（总固体）、可滤残渣（溶解性总固体）和不可滤残渣（悬浮物）3 种。它们是表征水中溶解性物质、不溶性物质含量的指标。

残渣在许多方面对水和排出水的水质有不利影响。残渣高的水不适于饮用，高矿化度的水对许多工业用水也不适用。我国饮用水中规定总可滤残渣不得大于 1000mg/L。含有大量不可滤残渣的水，外观上也不能满足洗浴等使用。残渣采用重量法测定，适用于饮用水、地面水、盐水、生活污水和工业废水的测定。

总残渣是将混合均匀的水样，在称至恒重的蒸发皿中置于水浴上，蒸干并于 103～105℃烘干至恒重的残留物质，它是可滤残渣和不可滤残渣的总和。可滤残渣（可溶性固体）指过滤后的滤液于蒸发皿中蒸发，并在 103～105℃或 180±2℃烘干至恒重的固体包括 103～105℃烘干的可滤残渣和 180℃烘干的可滤残渣两种。不可滤残渣又称悬浮物不可滤残渣含量一般可表示废水污染的程度。将充分混合均匀的水样过滤后，截留在标准玻璃纤维滤膜（0.45μm）上的物质，在 103～105℃烘干至恒重。如果悬浮物堵塞滤膜并难于过滤，不可滤残渣可由总残渣与可滤残渣之差计算。

6. 电导率

电导率是表示水溶液传导电流的能力。因为电导率与溶液中离子含量大致呈比例的变化，电导率的测定可以间接地推测离解物总浓度。电导率用电导率仪测定，通常用于检验蒸馏水、去离子水或高纯水的纯度、监测水质受污染情况以及用于锅炉水和纯水制备中的自动控制等。

（二）化学指标

1. pH 值

pH 值是水体中氢离子活度的负对数。pH 值是最常用的水质指标之一。由于 pH 值受水温影响而变化，测定时应在规定的温度下进行，或者校正温度。通常采用玻璃电极法和比色法测定 pH 值。天然水的 pH 值多在 6～9 范围内，这也是我国污水排放标准中的 pH 值控制范围。饮用水的 pH 值规定在 6.5～8.5 范围内，锅炉用水的 pH 值要求大于 7。

2. 酸度和碱度

酸度和碱度是水质综合性特征指标之一，水中酸度和碱度的测定在评价水环境中污染物质的迁移转化规律和研究水体的缓冲容量等方面有重要的意义。

水体的酸度是水中给出质子物质的总量，水的碱度是水中接受质子物质的总量。

只有当水样中的化学成分已知时,它才被解释为具体的物质。酸度和碱度均采用酸碱指示剂滴定法或电位滴定法测定。

地表水中由于溶入二氧化碳或由于机械、选矿、电镀、农药、印染、化工等行业排放的含酸废水的进入,致使水体的pH值降低。由于酸的腐蚀性,破坏了鱼类及其他水生生物和农作物的正常生存条件,造成鱼类及农作物等死亡。含酸废水可腐蚀管道,破坏建筑物。因此,酸度是衡量水体变化的一项重要指标。

水体碱度的来源较多,地表水的碱度主要由碳酸盐和重碳酸盐以及氢氧化物组成,所以总碱度被当作这些成分浓度的总和。当中含有硼酸盐、磷酸盐或硅酸盐等时,则总碱度的测定值也包含它们所起的作用。废水及其他复杂体系的水体中,还含有有机碱类、金属水解性盐等,均为碱度组成部分小有些情况下,碱度就成为一种水体的综合性指标代表能被强酸滴定物质的总和。

3. 硬度

总硬度指水体中Ca^{2+},Mg^{2+}离子的总量。水的硬度分为碳酸盐硬度和非碳酸盐硬度两类,总硬度即为二者之和。碳酸盐硬度也称暂时硬度。钙、镁以碳酸盐和重碳酸盐的形式存在,一般通过加热煮沸生成沉淀除去。非碳酸盐硬度也称永久硬度。钙、镁以硫酸盐、氯化物或硝酸盐的形式存在时,该硬度不能用加热的方法除去,只能采用蒸馏、离子交换等方法处理,才能使其软化。

水中硬度的测定是一项重要的水质分析指标,与日常生活和工业生产的关系十分密切。如长期饮用硬度过大的水会影响人们的身体健康,甚至引发各种疾病;含有硬度的水洗衣服会造成肥皂浪费,锅炉若长期使用高硬度的水,会形成水垢,既浪费燃料还可能引起锅炉爆炸等。因此对各种用途的水的硬度作了规定,如饮用水的硬度规定不大于450mg/L(以$CaCO_3$计)。

4. 总含盐量

总含量盐又称矿化度,表示水中全部阴离子总量,是农田灌溉用水适用性评价的主要指标之一。一般只用于天然水的测定,常用的测定方法为重量法。

5. 有机污染物综合指标

因为水中的有机物质种类繁多、组成复杂、分子量范围大、环境中的含量较低,所以分别测定比较困难。常用综合指标来间接测定水中的有机物总量。有机污染物综合指标主要有高锰酸盐指数、化学需氧量(COD)、生物化学需氧量(BOD)、总有机碳(TOC)、总需氧量(TOD)和氯仿萃取物等。这些综合指标可作为水中有机物总量的水质指标在水质分析中有着重要意义。

(三)生物指标

水中微生物学指标主要有细菌总数、总肠菌群、游离性余氯等。

1. 细菌总数

细菌总数是指1mL水样在营养琼脂培养基中,37℃培养24h后生长出来的细菌菌落总数。主要作为判断生活饮用水、水源水、地表水等的污染程度。我国规定生活饮用水中细菌总数≤100CFU/mL。

2. 总大肠菌群

大肠菌群是指那些能在37℃、48h内发酵乳糖产酸产气的、兼性厌氧、无芽孢的革兰氏阴性菌。总大肠菌群的测定方法有多管发酵法和滤膜法。水中存在病原菌的可能性很小，其他各种细菌的种类却很多，要排除一切细菌而单独直接检出某种病原菌来，在培养技术上较为复杂，需要较多的人力和较长的时间。大肠菌群作为肠道正常菌的代表其在水中的存活时间和对氯的抵抗力与肠道致病菌相似，将其作为间接指标判断水体受粪便污染的程度。我国饮用水中规定大肠菌群不得检出。

3. 游离性余氯

游离性余氯是指饮用水氯消毒后剩余的游离性有效氯。饮用水消毒后为保证对水有持续消毒的效果，我国规定出厂水中的限值为4mg/L，集中式给水厂出水游离性余氯不得低于0.3mg/L，管网末梢水不低于0.05mg/L。

4. 放射性指标

水中放射性物质主要来源于天然放射性核素和人工放射性核素。放射性物质在核衰变过程中会放射出α和β射线，而这些放射线对人体都是有害的。放射性物质除引起体外照射外，还可以通过呼吸道吸入、消化道摄入、皮肤或黏膜侵入等不同途径进入人体并在体内蓄积，导致放射性损伤、病变甚至死亡。我国饮用水规定总α放射性强度不得大于0.5Bq/L，总β放射性强度不得大于1Bq/L。

二、水质标准

水质标准是由国家或地方政府对水中污染物或其他物质的最大容许浓度或最小容许浓度所作的规定，是对各种水质指标作出的定量规范。水质标准实际上是水的物理、化学和生物学的质量标准，为保障人类健康的最基本卫生分为水环境质量标准、污水排放标准、饮用水水质标准、工业用水水质标准。

（一）水环境质量标准

地表水标准项目分为地表水环境质量标准项目、集中式生活饮用水地表水源地补充项目和集中式生活饮用水地表水源地特定项目。地表水环境质量标准基本项目适用于全国江河、湖泊、运河、渠道、水库等具有使用功能的地表水水域；集中式生活饮用水地表水源地补充项目和特定项目适用于集中式生活饮用水地表水源地一级保护区和二级保护区。依据地表水水域环境功能和保护目标，按功能高低依次划分为5类。

Ⅰ类：主要适用于源头水、国家自然保护区。

Ⅱ类：主要适用于集中式生活饮用水地表水源地一级保护区、珍稀水生生物栖息地、鱼虾类产场、仔稚幼鱼的索饵场等。

Ⅲ类：主要适用于集中式生活饮用水地表水源地二级保护区、鱼虾类越冬场、洄游通道、水产养殖区等渔业水域及游泳区。

Ⅳ类：主要适用于一般工业用水区及人体非直接接触的娱乐用水区。

Ⅴ类：主要适用于农业用水区及一般景观要求水域。

对应地表水上述5类水域功能，将地表水环境质量标准基本项目标准值分为5类，不同功能类别分别执行相应类别的标准值。水域功能类别高的标准值严于水域功能类别低的标准值。同一水域兼有多类使用功能的，执行最高功能类别对应的标准值。海域各类使用功能的水质要求。该标准按照海域的不同使用功能和保护目标，海水水质分为四类。

Ⅰ类：适用于海洋渔业水域，海上自然保护区和珍稀濒危海洋生物保护区。

Ⅱ类：适用于水产养殖区、海水浴场、人体直接接触海水的海上运动或娱乐区，以及与人类食用直接有关的工业用水区。

Ⅲ类：适用于一般工业用水、海滨风景旅游区。

Ⅳ类：适用于海洋港口水域、海洋开发作业区。

对地下水制定的质量标准适用于一般地下水，不适用于地下热水、矿水、盐卤水。根据我国地下水水质现状、人体健康基准值及地下水质量保护目标，并参照了生活饮用水、工业用水水质要求，将地下水质量划分为五类。

Ⅰ类：主要反映地下水化学组分的天然低背景含量，适用于各种用途。

Ⅱ类：主要反映地下水化学组分的天然背景含量，适用于各种用途。

Ⅲ类：以人体健康基准值为依据，主要适用于集中式生活饮用水水源及工农业用水。

Ⅳ类：以农业和工业用水要求为依据，除适用于农业和部分工业用水外，适当处理后可作生活饮用水。

Ⅴ类：不宜饮用，其他用水可根据使用目的选用。

（二）污水排放标准

为了控制水体污染，保护江河、湖泊、运河、渠道、水库和海洋等地面水以及地下水水质的良好状态，保障人体健康，维护生态环境平衡，污染物按照其性质及控制方式分为两类，第一类污染物不分行业和污水排放方式，也不分受纳水体的功能类别，一律在车间或车间处理设施排放口采样，最高允许浓度必须达到该标准要求；第二类污染物在排污单位排放口采样其最高允许排放浓度必须达到本标准要求。

根据污染物的来源及性质，将污染物控制项目分为基本控制项目和选择控制项目两类。根据城镇污水处理厂排入地表水域环境功能和保护目标，以及污水处理厂的处理工艺，将基本控制项目的常规污染物标准值分为一级标准、二级标准、三级标准。一级标准分为A标准和B标准。一类重金属污染物和选择控制项目不分级。

（三）生活饮用水

水质标准规定生活饮用水水质卫生要求、生活饮用水水源水质卫生要求、集中式供水单位卫生要求、二次供水卫生要求、涉及生活饮用水卫生安全产品卫生要求、水质监测和水质检验方法。

该标准主要从以下几方面考虑保证饮用水的水质安全：生活饮用水中不得含有病原微生物；饮用水中化学物质不得危害人体健康；饮用水中放射性物质不得危害人体

健康；饮用水的感官性状良好；饮用水应经消毒处理；水质应该符合生活饮用水水质常规指标及非常规指标的卫生要求。

（四）农业用水与渔业用水

农业用水主要是灌溉用水，要求在农田灌溉后，水中各种盐类被植物吸收后，不会因食用中毒或引起其他影响，并且其含盐量不得过多，否则会导致土壤盐碱化。渔业用水除保证鱼类的正常生存、繁殖以外，还要防止有毒有害物质通过食物链在水体内积累、转化而导致食用者中毒。

第五节 水质监测与评价

水质是指水与其中所含杂质共同表现出来的物理、化学和生物学的综合特性。水质是水环境要素之一，其物理指标主要包括：温度、色度、浊度、透明度、悬浮物、电导率、嗅和味等；化学指标主要包括pH值、溶解氧、溶解性固体、灼烧残渣、化学耗氧量、生化需氧量、游离氯、酸度、碱度、硬度、钾、钠、钙、镁、二价和三价铁、锰、铝、氯化物、硫酸根、磷酸根、氟、碘、氨、硝酸根、亚硝酸根、游离二氧化碳、碳酸根、重碳酸根、侵蚀性二氧化碳、二氧化硅、表面活性物质、硫化氢、重金属离子（如铜、铅、锌镉、汞、铭）等；生物指标主要指浮游生物、底栖生物和微生物（如大肠杆菌和细菌）等。根据水的用途及科学管理的要求，可将水质指标进行分类。例如，饮用水的水质指标可分为微生物指标、毒理指标、感观性状和一般化学指标、放射性指标；为了进行水污染防治，可将水质指标分为易降解有机污染物、难降解有机污染物、悬浮固体及漂浮固体物、可溶性盐类、重金属污染物、病原微生物、热污染、放射性污染等指标。分析研究各类水质指标在水体中的数量、比例、相互作用、迁移、转化、地理分布、历年变化以及同社会经济、生态平衡等的关系，是开发、利用和保护水资源的基础。

为了保护各类水体免受污染危害或治理已受污染的水体环境，首先必须了解需要研究的水体的各项物理、化学及生物特性，污染现状和污染来源。水体污染调查与监测就是采用一定的途径和方法，调查和量测水体中污染物的浓度和总量，研究其分布规律、研究对水体的污染过程及其变化规律。对各种来水（包括支流和排入水体的各类废水）进行监测，并调查各种污染物质的来源。及时、准确地掌握水体环境质量的现状和发展趋势，为开展水体环境的质量评价、预测预报、管理与规划等工作提供可靠的科学资料。这是我们进行水体污染调查与监测的基本目的。显然，这对于保障人民健康和促进我国现代化建设的发展具有重要意义。

一、水质监测

水质监测是为了掌握水体质量动态，对水质参数进行的测定和分析。作为水源保护的项重要内容是对各种水体的水质情况进行监测，定期采样分析有毒物质含量和动态，包括水温、pH 值、COD、溶解氧、氨氮、酚、砷、汞、铬、总硬度、氟化物、氯化物、细菌、大肠菌群等。依监测目的可分为常规监测和专门监测两类。

常规监测是为了判别、评价水体环境质量，掌握水体质量变化规律，预测发展趋势和积累本底值资料等，需对水体水质进行定点、定时的监测。常规监测是水质监测的主体，具有长期性和连续性。专门监测：为某一特定研究服务的监测。通常，监测项目与影响水质因素同时观察，需要周密设计，合理安排，多学科协作。

水质监测的主要内容有水环境监测站网布设、水样的采集与保存、确定监测项目、选用分析方法及水质分析、数据处理与资料整理等。

（一）水环境监测站网的布设

建立水环境监测站网应具有代表性、完整。站点密度要适宜，以能全面控制水系水质基本状况为原则，并应与投入的人力、财力相适应。

1. 水质监测站及分类

水质监测站是进行水环境监测采样和现场测定以及定期收集和提供水质、水量等水环境资料的基本单元，可由一个或者多个采样断面或采样点组成。

水质监测站根据设置的目的和作用分为基本站和专用站。基本站是为水资源开发利用与保护提供水质、水量基本资料，并与水文站、雨量站、地下水水位观测井等统一规划设置的站。基本站长期掌握水系水质的历年变化，搜集和积累水质基本资料而设立的，其测定项目和次数均较多。专用站是为某种专门用途而设置的，其监测项目和次数根据站的用途和要求而确定。

水质监测站根据运行方式可分为：固定监测站、流动监测站和自动监测站。固定监测站是利用桥、船、缆道或其他工具，在固定的位置上采样。流动监测站是利用装载检测仪器的车、船或飞行工具，进行移动式监测，搜集固定监测站以外的有关资料，以弥补固定监测站的不足。自动监测站主要设置在重要供水水源地或重要打破常规地点，依据管理标准，进行连续自动监测，以控制供水、用水或排污的水质。

水质监测站根据水体类型可分为地表水水质监测站、地下水水质监测站和大气降水水质监测站。地表水水质监测站是以地表水为监测对象的水质监测站。地表水水质监测站可分为河流水质监测站和湖泊（水库）水质监测站。地下水水质监测站是以地下水为监测对象的水质监测站。大气降水水质监测是以大气降水为监测对象的水质监测站。

2. 水质监测站的布设

水质监测站的布设关系着水质监测工作的成败。水质在空间上和时间上的分布是不均匀的，具有时空性。水质监测站的布设是在区域的不同位置布设各种监测站，控制水质在区域的变化。在一定范围内布设的测站数量越多，则越能反映水体的质量状况，但需要较高的经济代价；测站数量越少，则经济上越节约，但不能正确地反映水体的质量状况。所以，布设的测站数量既要能正确地反映水体的质量状况，又要满足经济性。

在设置水质监测站前,应调查并收集本地区有关基本资料,如水质、水量、地质、地理、工业、城市规划布局,主要污染源与入河排污口以及水利工程和水产等资料,用作设置具有代表性水质监测站的依据。

(1) 地表水水质监测站的布设

河流水质监测站的布设。背景水质应该布设于河流的上游河段,受人类活动的影响较小。干支流的水质站一般设在下列水域、区域:干流控制河段,包括主要一、二级支流汇入处、重要水源地和主要退水区;大中城市河段或主要城市河段和工矿企业集中区;已建或即将兴建大型水利设施河段、大型灌区或引水工程渠首处;入海河口水域;不同水文地质或植被区、土壤盐碱化区、地方病发病区、地球化学异常区、总矿化度或总硬度变化率超过50%的地区。

湖泊(水库)水质监测站的布设。湖泊(水库)水质监测站应设在下列水域:面积大于 $100km^2$ 的湖泊;梯级水库和库容大于1亿 m^3 的水库;具有重要供水、水产养殖旅游等功能或污染严重的湖泊(水库);重要国际河流、湖泊,流入、流出行政区界的主要河流、湖泊(水库),以及水环境敏感水域,应布设界河(湖、库)水质站。

(2) 地下水水质监测到站的布设

地下水水质监测站的布设应根据本地区水文地质条件及污染源分布状况,与地下水水位观测井结合起来进行设置。

地下水类型不同的区域、地下水开采度不同的区域应分别设置水质监测站。

(3) 降水水质监测站的布设

应根据水文气象、风向、地形、地貌及城市大气污染源分布状况等,与现有雨量观测站相结合设置。下列区域应设置降水水质监测站:不同水文气象条件、不同地形与地貌区;大型城市区与工业集中区;大型水库、湖泊区。

3. 水环境监测站网

水环境监测站网是按一定的目的与要求,由适量的各类水质监测站组成的水环境监测网络。水环境监测站网可分为地表水、地下水和大气降水三种基本类型。根据监测目的或服务对象的不同,各类水质监测站可成不同类型的专业监测网或专用监测网。水环境监测站网规划应遵循以下原则:

以流域为单元进行统一规划,与水文站网、地下水水位观测井网、雨量观测站网相结合;各行政区站网规划应与流域站网规划相结合。各省、市、自治区环境站网规划应不断进行优化调整,力求做到多用途、多功能,具有较强的代表性。目前,我国地表水的监测主要由水利和环保部门承担。

(二) 水样的采集与保存

水样的代表性关系着水质监测结果的正确性。采样位置、时间、频率、方法及保存等都影响着水质监测的结果。我国水利部门规定:基本测站至少每月采样一次;湖泊(水库)一般每两个月采样一次;污染严重的水体,每年应采样8~12次;底泥和水生生物,每年在枯水期采样一次。

水样采集后，由于环境的改变、微生物及化学作用，水样水质会受到不同程度的影响，所以，应尽快进行分析测定，以免在存放过程中引起较大的水质变化。有的监测项目要在采样现场采用相应方法立即测定，如水温、pH值、溶解氧、电导率、透明度、色嗅及感官性状等。有的监测项目不能很快测定，需要保存一段时间。水样保存的期限取决于水样的性质、测定要求和保存条件。未采取任何保存措施的水样，允许存放的时间分别为：清洁水样72h；轻度污染的水样48h；严重污染的水样12h。为了最大限度地减少水样水质的变化，须采取正确有效的保存措施。

（三）监测项目和分析方法

水质监测项目包括反映水质状况的各项物理指标、化学指标、微生物指标等。选测项目过多可造成人力、物力的浪费，过少则不能正确反映水体水质状况。所以，必须合理地确定监测项目，使之能正确地反映水质状况。确定监测项目时要根据被测水体和监测目的综合考虑。通常按以下原则确定监测项目。

水质分析的基本方法有化学分析法（滴定分析、重量分析等）、仪器分析法（光学分析法、色谱分析法、电化学分析法等），分析方法的选用应根据样品类型、污染物含量以及方法适用范围等确定。

（四）数据处理与资料整理

水质监测所测得的化学、物理以及生物学的监测数据，是描述和评价水环境质量，进行环境管理的基本依据，必须进行科学的计算和处理，并按照要求的形式在监测报告中表达出来。水质资料的整编包括两个阶段：一是资料的初步整编；二是水质资料的复审汇编。习惯上称前者为整编，后者为汇编。

1. 水质资料整编

水质资料整编工作是以基层水环境监测中心为单位进行的，是对水质资料的初步整理，是整编全过程中最主要最基础的工作，它的工作内容有搜集原始资料（包括监测任务书、采样记录、送样单至最终监测报告及有关说明等一切原始记录资料）、审核原始资料编制有关整编图表（水质监测站监测情况说明表及位置图、监测成果表、监测成果特征值年统计表）。

2. 水质资料汇编

水质资料汇编工作一般以流域为单位，是流域水环境监测中心对所辖区内基层水环境监测中心已整编的水质资料的进一步复查审核。它的工作内容有抽样、资料合理性检查及审核、编制汇编图表。汇编成果一般包括的内容有资料索引表、编制说明、水质监测站及监测断面一览表、水质监测站及监测断面分布图、水质监测站监测情况说明表及位置图、监测成果表、监测成果特征值年统计表。经过整编和汇编的水质资料可以用纸质、磁盘和光盘保存起来，如水质监测年鉴、水环境监测报告、水质监测数据库、水质检测档案库等。

二、水质评价

水质评价是水环境质量评价的简称，是根据水的不同用途，选定评价参数，按照一定的质量标准和评价方法，对水体质量定性或定量评定的过程。目的在于准确地反映水质的情况，指出发展趋势，为水资源的规划、管理、开发、利用和污染防治提供依据。

水质评价是环境质量评价的重要组成部分，其内容很广泛，工作目的和研究角度的不同，分类的方法不同。

1. 水质评价分类

水质评价分类：水质评价按时间分，有回顾评价、预断评价；按水体用途分，有生活饮用水质评价、渔业水质评价、工业水质评价、农田灌溉水质评价、风景和游览水质评价；按水体类别分，有江河水质评价、湖泊（水库）水质评价、海洋水质评价、地下水水质评价；按评价参数分，有单要素评价和综合评价。

2. 水质评价步骤

水质评价步骤一般包括：提出问题、污染源调查及评价、收集资料与水质监测、参数选择和取值、选择评价标准、确定评价内容和方法、编制评价图表和报告书等。

（1）提出问题

这包括明确评价对象、评价目的、评价范围和评价精度等。

（2）污染源调查及评价

查明污染物排放地点、形式、数量、种类和排放规律，并在此基础上，结合污染物毒性，确定影响水体质量的主要污染物和主要污染源，作出相应的评价。

（3）收集资料与水质监测

水质评价要收集和监测足以代表研究水域水体质量的各种数据。将数据整理验证后，用适当方法进行统计计算，以获得各种必要的参数统计特征值。监测数据的准确性和精确度以及统计方法的合理性，是决定评价结果可靠程度的重要因素。

（4）参数选择和取值

水体污染的物质很多，一般可根据评的目的和要求，选择对生物、人类及社会经济危害大的污染物作为主要评价参数。常选用的参数有水温、pH 值、化学耗氧量、生化需氧量、悬浮物、氨、氮、酚、汞、砷、铬、铜、镉、铅、氟化物、硫化物、有机氯有机磷、油类、大肠杆菌等。参数一般取算术平均值或几何平均值。水质参数受水文条件和污染源条件影响，具有随机性，故从统计学角度看，参数按概率取值较为合理。

（5）选择评价标准

水质评价标准是进行水质评价的主要依据。根据水体用途和评价目的，选择相应的评价标准。一般地表水评价可选用地表水环境质量标准；海洋评价可选用海洋水质标准；专业用途水体评价可分别选用生活饮用水卫生标准、渔业水质标准、农田灌溉水质标准、工业用水水质标准以及有关流域或地区制定的各类地方水质标准等。地质目前还缺乏统一评价标准，通常可参照清洁区土壤自然含量调查资料或地球化学背景值来拟定。

（6）确定评价内容及方法

评价内容一般包括感观性、氧平衡、化学指标、生物学指标等。评价方法的种类繁多，常用的有：生物学评价法、以化学指标为主的水质指数评价法、模糊数学评价法等。

（7）编制评价图表及报告书

评价图表可以直观反映水体质量好坏。图表的内容可根据评价目的确定，一般包括评价范围图、水系图、污染源分布图、监测断面（或监测点）位置图、污染物含量等值线图、水质、底质、水生物质量评价图、水体质量综合评价图等。图表的绘制一般采用：符号法、定位图法、类型图法、等值线法、网格法等。评价报告书编制内容包括：评价对象、范围、目的和要求，评价程序，环境概况，污染源调查及评价，水体质量评价，评价结论及建议等。

第六节　水资源保护措施

砷中毒是国内一种"最严重的地方性疾病"，其慢性不良反应包括癌症、糖尿病和心血管病。我国一直在对水井进行耗时的检测，不过这个过程需要数十年时间才能完成。这也促使相关研究人员制作有效的电脑模型，以便能预测出哪些地区最有可能处于危险当中。

一、加强节约用水管理

（一）落实建设项目节水"三同时"制度

即新建、扩建、改建的建设项目，应当制订节水措施方案并配套建设节水设施；节水设施与主体工程同时设计、同时施工同时投产；今后新、改、扩建项目，先向水务部门报送节水措施方案，经审查同意后，项目主管部门才批准建设，项目完工后，对节水设施验收合格后才能投入使用，否则供水企业不予供水。

（二）大力推广节水工艺，节水设备和节水器具

新建、改建、扩建的工业项目，项目主管部门在批准建设和水行政主管部门批准取水许可时，以生产工艺达到省规定的取水定额要求为标准；对新建居民生活用水、机关事业及商业服务业等用水强制推广使用节水型用水器具，凡不符合要求的，不得投入使用。通过多种方式促进现有非节水型器具改造，对现有居民住宅供水计量设施全部实行户表外移改造，所需资金由地方财政、供水企业和用户承担，对新建居民住宅要严格按照"供水计量设施户外设置"的要求进行建设。

（三）调整农业结构，建设节水型高效农业

推广抗旱、优质农作物品种，推广工程措施、管理措施、农艺措施和生物措施相结合的高效节水农业配套技术，农业用水逐步实行计量管理、总量控制，实行节奖超罚的制度，适时开征农业水资源费，由工程节水向制度节水转变。

（四）启动节水型社会试点建设工作

突出抓好水权分配、定额制定、结构调整、计量监测和制度建设，通过用水制度改革，建立与用水指标控制相适应的水资源管理体制，大力开展节水型社区和节水型企业创建活动。

二、合理开发利用水资源

（一）严格限制自备井的开采和使用

已被划定为深层地下水严重超采区的城市，今后除为解决农村饮水困难确需取水的不再审批开凿新的自备井，市区供水管网覆盖范围内的自备井，限时全部关停；对于公共供水不能满足用户需求的自备井，安装监控设施，实行定额限量开采，适时关停。

（二）贯彻水资源论证制度

国民经济和社会发展规划以及城市总体规划的编制，重大建设项目的布局，应与当地水资源条件相适应，并进行科学论证。项目取水先期进行水资源论证，论证通过后方能由项目主管部门立项。调整产业结构、产品结构和空间布局，切实做到以水定产业，以水定规模，以水定发展，确保用水安全，以水资源可持续利用支撑经济可持续发展。

（三）做好水资源优化配置

鼓励使用再生水、微咸水、汛期雨水等非传统水资源；优先利用浅层地下水，控制开采深层地下水，综合采取行政和经济手段，实现水资源优化配置。

三、加大污水处理力度，改善水环境

（一）对现有入河排污口进行登记，建立入河排污口管理档案

此后设置入河排污口的，应当在向环境保护行政主管部门报送建设项目环境影响报告书之前，向水行政主管部门提出入河排污口设置申请，水行政主管部门审查同意后，合理设置。

（二）积极推进城镇居民区、机关事业及商业服务业等再生水设施建设

建筑面积在万平方米以上的居民住宅小区及新建大型文化、教育、宾馆、饭店设施，都必须配套建设再生水利用设施；没有再生水利用设施的在用大型公建工程，也要完善再生水配套设施。

（三）足额征收污水处理费

各省、市应当根据特定情况，制定并出台相关规定。要加大污水处理费征收力度，为污水处理设施运行提供资金支持。

（四）加快城市排水管网建设

要按照"先排水管网、后污水处理设施"的建设原则，加快城市排水管网建设。在新建设时，必须建设雨水管网和污水管网，推行雨污分流排水体系；要在城市道路建设改造的同时，对城市排水管网进行雨、污分流改造和完善，提高污水收水率。

四、深化水价改革，建立科学的水价体系

（一）利用价格杠杆促进节约用水、保护水资源

逐步提高城市供水价格，不仅包括供水合理成本和利润，还要包括户表改造费用、居住区供水管网改造等费用。

（二）合理确定非传统水源的供水价格

再生水价格以补偿成本和合理收益原则，结合水质、用途等情况，按城市供水价格的一定比例确定。要根据非传统水源的开发利用进展情况，及时制定合理的供水价格。

（三）积极推行"阶梯式水价（含水资源费）"

电力、钢铁、石油、纺织、造纸、啤酒、酒精七个高耗水行业，应当实施"定额用水"和"阶梯式水价（水资源费）"。

五、加强水资源费征管和使用

（一）加大水资源费征收力度

征收水资源费是优化配置水资源、促进节约用水的重要措施。使用自备井（农村生活和农业用水除外）的单位和个人都应当按规定缴纳水资源费。水资源费主要用于水资源管理、节约、保护工作和南水北调工程建设，不得挪作他用。

（二）加强取水的科学管理工作

全面推动水资源远程监控系统建设、智能水表等科技含量高的计量设施安装工作，所有自备井都要安装计量设施，实现水资源计量，收费和管理科学化、现代化、规范化。

六、加强领导，落实责任，保障各项制度落实到位

水资源管理、水价改革和节约用水涉及面广、政策性强、实施难度大，各部门要进一步提高认识，确保责任到位、政策到位。落实建设项目节水措施"三同时"和建设项目水资源论证制度，取水许可和入河排污口审批、污水处理费和水资源费征收、

节水工艺和节水器具的推广都需要有法律、法规做保障，对违法、违规行为要依法查处，确保各项制度措施落实到位。要大力做好宣传工作，使人民群众充分认识我国水资源的严峻形势，增强水资源的忧患意识和节约意识，形成"节水光荣，浪费可耻"的良好社会风尚，形成共建节约型社会的合力。

第四章 水资源评价

第一节 水资源评价的要求和内容

一、水资源评价的一般要求

（一）水资源评价是水资源规划的一项基础工作

首先应该调查、搜集、整理、分析利用已有资料，在必要时再辅以观测和试验工作。水资源评价使用的各项基础资料应具有可靠性、合理性与一致性。

（二）水资源评价应分区进行

各单项评价工作在统一分区的基础上，可根据该项评价的特点与具体要求，再划分计算区或评价单元。首先，水资源评价应按江河水系的地域分布进行流域分区。全国性水资源评价要求进行一级流域分区和二级流域分区；区域性水资源评价可在二级流域分区的基础上，进一步分出三级流域分区和四级流域分区。另外，水资源评价还应按行政区划进行行政分区。全国性水资源评价的行政分区要求按省（自治区、直辖市）和地区（市、自治州、盟）两级划分；区域性水资源评价的行政分区可按省（自治区、直辖市）、地区（市、自治州、盟）和县（市、自治县、旗、区）三级划分。

（三）全国及区域水资源评价

应采用日历年，专项工作中的水资源评价可根据需要采用水文年。计算时段应根据评价目的和要求选取。

（四）结合社会环境进行水资源评价

应根据经济社会发展需要及环境变化情况，每隔一定时期对前次水资源评价成果进行全面补充修订或再评价。

二、水资源评价的内容及分区

水资源评价应包括以下主要内容：

（一）水资源评价的背景与基础

主要是指评价区的自然概况、社会经济现状、水利工程及水资源利用现状等。

（二）水资源数量评价

主要对评价区域地表水、地下水的数量及其水资源总量进行估算和评价，属基础水资源评价。

（三）水资源质量评价

根据用水要求和水的物理、化学和生物性质对水体质量做出评价，我国水资源评价主要应对河流泥沙、天然水化学特征及水资源污染状况等进行调查和评价。

（四）水资源开发利用及其影响评价

通过对社会经济、供水基础设施和供用水现状的调查，对供用水效率、存在问题和水资源开发利用现状对环境的影响进行分析。

（五）水资源综合评价

采用全面综合和类比的方法，从定性和定量两个角度对水资源时空分布特征、利用状况，以及与社会经济发展的协调程度做出综合评价，主要内容包括水资源供需发展趋势分析、水资源条件综合分析和水资源与社会经济协调程度分析等。

为准确掌握不同区域水资源的数量和质量以及水量转换关系，区分水资源要素在地区间的差异，揭示各区域水资源供需特点和矛盾，水资源评价应分区进行。其目的是把区内错综复杂的自然条件和社会经济条件，根据不同的分析要求，选用相应的特征指标，进行分区概化，使分区单元的自然地理、气候、水文和社会经济、水利设施等各方面条件基本一致，便于因地制宜有针对性地进行开发利用。水资源评价分区的主要原则如下。

尽可能按流域水系划分，保持大江大河干支流的完整性，对自然条件差异显著的干流和较大支流可分段划区。山区和平原区要根据地下水补给和排泄特点加以区分。

分区基本上能反映水资源条件在地区上的差别，自然地理条件和水资源开发利用条件基本相同或相似的区域划归同一分区，同一供水系统划归同一分区。

边界条件清楚，区域基本封闭，尽量照顾行政区划的完整性，以便于资料收集和整理，且可以与水资源开发利用与管理相结合。

各级别的水资源评价分区应统一，上下级别的分区相一致，下一级别的分区应参考上一级别的分区结果。

第二节 水资源数量评价

水资源数量评价是指对评价区内的地表水资源、地下水资源及水资源总量进行估算和评价，是水资源评价的基础部分，因此也称为基础水资源评价。

一、地表水资源数量评价的内容和要求

（1）单站径流资料统计分析。
（2）主要河流（一般指流域面积大于5000km^{2}的大河）年径流量计算。
（3）分区地表水资源数量计算。
（4）地表水资源时空分布特征分析。
（5）入海、出境、入境水量计算。
（6）地表水资源可利用量估算。
（7）人类活动对河川径流的影响分析。

单站径流资料的统计分析应符合下列要求。

（1）凡资料质量较好、观测系列较长的水文站均可作为选用站，包括国家基本站、专用站和委托观测站。各河流控制性观测站为必须选用站。

（2）受水利工程、用水消耗、分洪决口影响而改变径流情势的观测站，应进行还原计算，将实测径流系列修正为天然径流系列。

（3）统计大河控制站、区域代表站历年逐月的天然径流量，分别计算长系列和同步系列年径流量的统计参数；统计其他选用站的同步期天然年径流量系列，并计算其统计参数。

（4）主要河流年径流量计算。选择河流出山口控制站的长系列径流量资料，分别计算长系列和同步系列的平均值及不同频率的年径流量。

分区地表水资源量计算应符合下列要求。

（1）针对各分区的不同情况，采用不同方法计算分区年径流量系列；当区内河流有水文站控制时，根据控制站天然年径流量系列，按面积比修正为该地区年径流系列；在没有测站控制的地区，可利用水文模型或自然地理特征相似地区的降雨径流关系，由降水系列推求径流系列；还可通过绘制年径流深等值线图，从图上量算分区年径流量系列，经合理性分析后采用。

（2）计算各分区和全评价区同步系列的统计参数和不同频率（F=20%、50%、75%、95%）的年径流量。

（3）应在求得年径流系列的基础上进行分区地表水资源量的计算。入海、出境、入境水量的计算应选取河流入海口或评价区边界附近的水文站，根据实测径流资料，

采用不同方法换算为入海断面或出、入境断面的逐年水量,并分析其年际变化趋势。

地表水资源时空分布特征分析应符合下列要求。

(1)选择集水面积为300～5000km2的水文站(在测站稀少地区可适当放宽要求),根据还原后的天然年径流系列,绘制同步期平均年径流深等值线图,以此反映地表水资源的地区分布特征。

(2)按不同类型自然地理区选取受人类活动影响较小的代表站,分析天然径流量的年内分配情况。

(3)选择具有长系列年径流资料的大河控制站和区域代表站,分析天然径流的多年变化。

二、地表水资源量的计算

地表水资源量一般通过河川径流量的分析计算来表示。河川径流量是指一段时间内河流某一过水断面的过水量,它包括地表产水量和部分或全部地下产水量,是水资源总量的主体。在无实测径流资料的地区,降水量和蒸发量是间接估算水资源的依据。在多年平均情况下,一个封闭流域的河川年径流量是区域年降水量扣除区域年总蒸散发量后的产水量,因此河川径流量的分析计算,必然涉及降水量和蒸发量。水资源的时空分布特点也可通过降水、蒸发等水量平衡要素的时空分布来反映。因此要计算地表水资源数量,需要了解降水、蒸发以及河川径流量的计算方法,下面对其进行简要说明。

(一)降水量计算

降水量计算应以雨量观测站的观测资料为依据,且观测站和资料的选用应符合下列要求:(1)选用的雨量观测站,其资料质量较好、系列较长、面上分布较均匀。在降水量变化梯度大的地区,选用的雨量观测站要适当加密,同时应满足分区计算的要求。(2)采用的降水资料应为经过整编和审查的成果。(3)计算分区降水量和分析其空间分布特征时,应采用同步资料系列;而分析降水的时间变化规律时,应采用尽可能长的资料系列。(4)资料系列长度的选定,既要考虑评价区大多数观测站的观测年数,避免过多地插补延长,又要兼顾系列的代表性和一致性,并做到降水系列与径流系列同步。(5)选定的资料系列如有缺测和不足的年、月降水量,应根据具体情况采用多种方法插补延长,经合理性分析后确定采用值。降水量用降落到不透水平面上的雨水(或融化后的雪水)的深度来表示,该深度以mm计,观测降水量的仪器有雨量器和自记雨量计两种。其基本点是用一定的仪器观测记录下一定时间段内的降水深度,作为降水量的观测值。

降水量计算应包括下列内容。(1)计算各分区及全评价区同步期的年降水量系列、统计参数和不同频率的年降水量。(2)以同步期均值和S点据为主,不足时辅之以较短系列的均值和4点据,绘制同步期平均年降水量和等值线图,分析降水的地区分布特征。(3)选取各分区月、年资料齐全且系列较长的代表站,分析计算多年平均连续最大 4 个月降水量占全年降水量的百分率及其发生月份,并统计不同频率典型年的降水月分配。(4)选择长系列观测站,分析年降水量的年际变化,包括丰枯周期、连枯连丰、变差系数、极值比等。(5)根据需要,选择一定数量的有代表性测站的同步资料,分析各流域或地区之间的年降水量丰枯遭遇情况,并可用少数长系列测站资料进行补充分析。

根据实际观测,一次降水在其笼罩范围内各地点的大小并不一样,表现了降水量分布的不均匀性。这是由于复杂的气候因素和地理因素在各方面互相影响所致。因此,工程设计所需要的降水量资料都有一个空间和时间上的分布问题。流域平均降水量的常用计算方法有算术平均法、等值线法和泰森多边形法。当流域内雨量站实测降水量资料充分时,可以根据各雨量站实测年降水量资料,用算术平均法或者泰森多边形法算出逐年的流域平均降水量和多年评价年降水量,对降水量系列进行频率分析,可求得不同频率的年降水量。当流域实测降水量资料较少时,可用降水量等值线图法计算。对于年降水量的年内分配通常采用典型年法,按实测年降水量与某一频率的年降水量相近的原则选择典型年,按同倍比或者同频率法将典型年的降雨量年内分配过程乘以缩放系数得到。

(二)蒸发量计算

蒸发是影响水资源数量的重要水文要素,其评价内容应包括水面蒸发、陆面蒸发和干旱指数。

1. 水面蒸发

是反映蒸发能力的一个指标,它的分析计算对于探讨水量平衡要素分析和水资源总量计算都有重要作用。水量蒸发量的计算常用水面蒸发器折算法。选取资料质量较好、面上分布均匀且观测年数较长的蒸发站作为统计分析的依据,选取的测站应尽量与降水选用站相同,不同型号蒸发器观测的水面蒸发量,应统一换算为 E-601 型蒸发器的蒸发量。其折算关系为

$$E = \varphi E'$$

式中,E —— 水面实际蒸发量;

E' —— 蒸发器观测值;

φ —— 折算系数。

水面蒸发器折算系数随时间而变,年际和年内折算系数不同,一般呈秋高春低,晴雨天、昼夜间也有差别。折算系数在地区分布上也有差异,在我国,有从东南沿海向内陆逐渐递减的趋势。

2. 陆面蒸发

指特定区域天然情况下的实际总蒸散发量,又称流域蒸发。陆面蒸发量常采用闭合流域同步期的平均年降水量与年径流量的差值来计算。亦即水量平衡法,对任意时

段的区域水量平衡方程有如下基本形式：

$$E_i = P_i - R_i \pm \Delta W$$

式中，E_i —— 时段内陆面蒸发量；
P_i —— 时段内平均降水量；
R_i —— 时段内平均径流量；
ΔW —— 时段内蓄水变化量。

3. 干旱指数

是反映气候干湿程度的指标，是指年蒸发能力与年降水量的比值，公式为

$$r = E / P$$

式中，r —— 干旱指数；
E —— 年蒸发能力，常以 E-601 水面蒸发量代替；
P —— 年降水量。

当 $r<1.0$ 时，表示该区域蒸发能力小于降水量，该地区为湿润气候，r 越小，湿润程度就越大；当 $r>1.0$ 时，表示该区域蒸发能力大于降水量，该地区为干燥气候，r 越大，干燥程度就越重。我国用干旱指数将全国分为 5 个气候带：十分湿润带（$r<0.5$）、湿润带（$0.5 \leqslant r<1.0$）、半湿润带（$1.0 \leqslant r<3.0$）、半干旱带（$3.0 \leqslant r<7.0$）和干旱带（$r \geqslant 7.0$）。

（三）河川径流量计算

根据水资源评价要求，河川径流量的分析与计算，主要是分析研究区域的河川径流量及其时空变化规律，阐明径流年内变化和年际变化的特点，推求区域不同频率代表年的年径流量及其年内时程分配。河川径流量的计算方法有代表站法、等值线法、年降水—径流函数关系法、水文模型法等，下面对这四种方法进行简要说明。

1. 代表站法

在计算区域内，如果能够选择一个或几个基本能控制区域大部分面积、实测径流资料系列较长、精度满足要求的代表性水文站，且区域内上、下游自然地理条件比较一致时，可以用代表性水文站年径流量推算区域多年平均径流量。

若计算区内各河流的进口和出口均有控制站，可有出口断面与进口断面的年径流量之差，再加上区间的还原水量，得出计算区的河川径流量。若计算区仅有一个控制站，且上、下游的降水量差别较大，自然地理条件也不太一致，但下垫面却相差不大，这样，可以用降水量作为权重来计算区域多年平均年径流量，即：

$$R = R_a \left(1 + \frac{P_b f_b}{P_a f_a} \right)$$

式中，R —— 区域多年平均年径流量；

R_a —— 控制站控制面积的实测径流量；

P_a、f_a —— 控制站控制面积的平均年降水量、集水面积；

P_b、f_b —— 控制站控制面积以外的平均年降水量、集水面积。

2. 等值线法

在区域面积不大且缺乏实测径流资料的情况下，或者是在有实测径流资料但区域面积较大且不能控制全区的情况下，可以借用包括该区在内的较大面积的多年平均年径流深等值线图，从图上查算出区域内的平均年径流深，乘以区域面积，来计算区域多年平均年径流量。有时，为了确保计算结果的可靠性，还可以用邻区有实测径流资料的相似流域，采用均值比法进行适当修正和验算。

3. 年降水 —— 径流函数关系法

假如本区域有足够年份的实测降水、径流资料或相邻相似代表区域有足够年份的实测降水、径流资料，可建立年降水 —— 径流函数关系。这样，就可以用年降水资料来推算年径流量。通常可用的数学模型：

$$R = Ae^{BP}$$

式中，A、B —— 模型经验参数；

P —— 年降水量；

R —— 径流量；

e —— 自然对数的底。

这种方法的关键是要根据大量的实测资料来建立降水 —— 径流函数关系模型。

4. 水文模型法

在研究区域上，选择具有实测降水径流资料的代表站，建立降雨径流模型，用于研究区域的水资源评价。常用的水文模型有萨克拉门托模型、水箱模型、新安江水文模型等。

第三节 水资源质量评价

一、评价的内容和要求

水资源质量的评价，应根据评价的目的、水体用途、水质特性，选用相关的参数和相应的国家、行业或地方水质标准进行评价。内容包括：河流泥沙分析、天然水化学特征分析、水资源污染状况评价。

河流泥沙是反映河川径流质量的重要指标，主要评价河川径流中的悬移质泥沙。

天然水化学特征是指未受人类活动影响的各类水体在自然界水循环过程中形成的水质特征，是水资源质量的本底值。水资源污染状况评价是指地表水、地下水资源质量的现状及预测，其内容包括污染源调查与评价、地表水资源质量现状评价，地表水污染负荷总量控制分析、地下水资源质量现状评价、水资源质量变化趋势分析及预测、水资源污染危害及经济损失分析、不同质量的可供水量估算及适用性分析。

对水质评价，可按时间分为回顾评价、预断评价；按用途分为生活饮用水评价、渔业水质评价、工业水质评价、农田灌溉水质评价、风景和游览水质评价；按水体类别分为江河水质评价、湖泊水库水质评价、海洋水质评价、地下水水质评价；按评价参数分为单要素评价和综合评价；对同一水体更可以分别对水、水生物和底质评价。地表水资源质量评价应符合下列要求。

（1）在评价区内，应根据河道地理特征、污染源分布、水质监测站网，划分成不同河段（湖、库区）作为评价单元。

（2）在评价大江、大河水资源质量时，应划分水域，分别进行评价。

（3）应描述地表水资源质量的时空变化及地区分布特征。

（4）在人口稠密、工业集中、污染物排放量大的水域，应进行水体污染负荷总量控制分析。

地下水资源质量评价应符合下列要求。

（1）选用的监测井（孔）应具有代表性。

（2）应将地表水、地下水作为一个整体，分析地表水污染、纳污水库、污水灌溉和固体废弃物的堆放、填埋等对地下水资源质量的影响。

（3）应描述地下水资源质量的时空变化及地区分布特征。

二、评价方法介绍

水资源质量评价是水资源评价的一个重要方面，是对水资源质量等级的一种客观评价。无论是地表水还是地下水，水资源质量评价都是以水质调查分析资料为基础，可以分为单项组分评价和综合评价。单项组分评价是将水质指标直接与水质标准比较，判断水质属于哪一等级。综合评价是根据一定评价方法和评价标准综合考虑多因素进行的评价。

水资源质量评价因子的选择是评价的基础，一般应按国家标准和当地的实际情况来确定评价因子。

评价标准的选择，一般应依据国家标准和行业或地方标准来确定。同时还应参照该地区污染起始值或背景值。

对于水资源质量综合评价，有多种方法，大体可以分为：评分法、污染综合指数法、一般统计法、数理统计法、模糊数学综合评判法、多级关联评价方法、Hamming 贴近法等，不同的方法各有优缺点。现介绍几种常用的方法。

（一）评分法

这是水资源质量综合评价的常用方法。其具体要求与步骤如下。

（1）首先进行各单项组分评价，划分组分所属质量类别。

（2）对各类别分别确定单项组分评价分值 F_i，见表 4-1。

表 4-1　各类别分值 F_i 表

类别	Ⅰ	Ⅱ	Ⅲ	Ⅳ	Ⅴ
F_i	0	1	3	5	10

（3）按式计算综合评价分值 F_i：

$$F = \sqrt{\frac{\overline{F}^2 + F_{\max}^2}{2}}$$

$$\overline{F} = \frac{1}{n}\sum_{i=1}^{n} F_i$$

式中，$\overline{F_i}$——各单项组分评分值 F_i 的平均值；

$F_{\max}$——单项组分评分值 F_i 中的最大值；

n——项数。

（4）根据 F 值，按表 4-2 的规定划分水资源质量级别，如"优良（Ⅰ类）""较好（Ⅲ类）"等。

表 4-2　F 值与水质级别的划分

级别	优良	良好	较好	较差	极差
F	<0.80	0.80~2.50	2.50~4.25	4.25~7.20	≥7.20

（二）污染综合指数法

污染综合指数法是以某一污染要素为基础，计算污染指数，以此为判断依据进行评价。

计算公式为

$$I = \frac{C_i}{C_0}$$

式中，C_i——水中某组分的实测浓度；

I——单要素污染综合指数；

C_0——背景值或对照值。

当背景值为一区间值时，采用下式计算 I 值：

$$I = \left|C_i - \bar{C}_0\right| / \left(C_{0\max} - \bar{C}_0\right)$$

$$\text{或 } I = \left|C_i - \bar{C}_0\right| / \left(\bar{C}_0 - C_{0\min}\right)$$

式中，$C_{0\max}$、$C_{0\min}$——背景值或对照值的区间最大和最小值；

$\bar{C}_0$——背景值或对照值的区间中值；

其他符号意义同前。

这种方法可以对各种污染组分在不同时段（如枯、丰水期）分别进行评价。当 $I \leqslant 1$ 时为未污染；当 $I \geqslant 1$ 时为污染，并可根据 I 值进行污染程度分级。该方法因其直观、简便，被广泛应用。

（三）一般统计成

这种方法是以检测点的检出值与背景值或饮用水卫生标准做比较，统计其检出数、检出率、超标率等。一般以表格法来反映，最后根据统计结果来评价水资源质量。其中，检出率是指污染组成占全部检测数的百分数。超标率是指检出污染浓度超过水质标准的数量占全部检测数的百分数。对于受污染的水体，可以根据检出率确定其污染程度，比如单项检出率超过 50%，即为严重污染。

（四）多级关联评价方法

多级关联评价是一种复杂系统的综合评价方法。它是依据监测样本与质量标准序列间的几何相似分析与关联测度，来度量监测样本中多个序列相对某一级别质量序列的关联性。关联度越高，就说明该样本序列越贴近参照级别，这就是多级关联综合评价的信息和依据。它的特点是：（1）评价的对象可以是一个多层结构的动态系统，即同时包括多个子系统；（2）评价标准的级别可以用连续函数表达，也可以在标准区间内做更细致的分级；（3）方法简单可行，易与现行方法对比。

第四节 水资源综合评价

一、水资源综合评价的内容

水资源综合评价是在水资源数量、质量和开发利用现状评价以及环境影响评价的基础上，遵循生态良性循环、资源永续利用、经济可持续发展的原则，对水资源时空分布特征、利用状况与社会经济发展的协调程度所做的综合评价，主要包括水资源供需发展趋势分析、评价区水资源条件综合分析和分区水资源与社会经济协调程度分析三方面的内容。

水资源供需发展趋势分析，是指在将评价区划分为若干计算分区，摸清水资源利用现状和存在问题的基础上，进行不同水平年、不同保证率或水资源调节计算期的需水和可供水量的预测以及水资源供需平衡计算，分析水资源的余缺程度，进而研究分析评价区社会和经济发展中水的供需关系。

水资源条件综合分析是对评价区水资源状况及开发利用程度的总括性评价，应从不同方面、不同角度进行全面综合和类比，并进行定性和定量的整体描述。

分区水资源与社会经济协调程度分析包括建立评价指标体系、进行分区分类排序等内容。评价指标应能反映分区水资源对社会经济可持续发展的影响程度、水资源问题的类型及解决水资源问题的难易程度。另外，应对所选指标进行筛选和关联分析，确定重要程度，并在确定评价指标体系后，采用适当的理论和方法，建立数学模型对评价分区水资源与社会经济协调发展情况进行综合评判。

水资源不足在我国普遍存在，只是严重程度有所不同，不少地区水资源已成为经济和社会发展的重要制约因素。在水资源综合评价的基础上，应提出解决当地水资源问题的对策或决策，包括可行的开源节流措施或方案，对开源的可能性和规模、节流的措施和潜力应予以科学的分析和评价；同时，对评价区内因水资源开发利用可能发生的负效应特别是对生态环境的影响进行分析和预测。进行正负效应的比较分析，从而提出避免和减少负效应的对策，供决策者参考。

二、水资源综合评价的评价体系

水资源评价结果，以一系列的定量指标加以表示，称为评价指标体系，由此可对评价区的水资源及水资源供需的特点进行分析、评估和比较。

（一）综合评价指标

1. 耕地率。
2. 耕地灌溉率。
3. 人口密度。
4. 工业产值模数，工业总产值与土地面积之比。
5. 需水量模数，现状计算需水量与土地面积之比。
6. 供水量模数，现状 P=75% 供水量与土地面积之比。
7. 人均供水量，现状 P=75% 供水量与总人数之比。
8. 水资源利用率，现状 P=75% 供水量与水资源总量之比。
9. 现状缺水率，现状水平年 P=75% 的缺水量与需水量之比。
10. 远景缺水率，远景水平年 P=75% 的缺水量与需水量之比。

（二）综合评分

通过综合评分，可以分析评价区是否缺水。对上述10项指标，按其变化幅度分级，每级给定一评分值作为评分标准。

根据评分标准，对评价区进行综合评分。综合评分值按式计算：

$$J^* = \sum_{i=1}^{10} a_i J_i$$

式中，J^* ——综合评分值；
J_i ——第 i 项指标的评分；
a_i ——第 i 主项指标的权重。

（三）分类分析

1. 缺水率及其变化

缺水率大于 10% 的地区，可认为是缺水地区。从现状到远景的缺水率变化趋势分析，缺水率增加的地区，缺水矛盾趋于严重，而缺水率减少地区，缺水矛盾有所缓和，在一定程度上可认为不缺水。如果现状需水指标水平定得过高，或未考虑新建水源工程已开始兴建即将生效，虽然现状缺水率高，也不列为缺水区。

2. 人均供需水量对比

首先根据自然及社会经济条件，拟订出各地区人均需求量范围。如全国山地、高原及北方丘陵，一般在 200～400m3/人；北方平原、盆地及南方丘陵区一般在 300～60m3/人；南方平原及东北三江平原在 500～800m3/人；而西北干旱地区，没有水就没有绿洲，人均需水量最大，达 2000m3/人以上。如果实际人均供水量小于人均需水量的下限，则认为该地区缺水。

3. 水资源利用率程度

一般说来，当水资源利用率已超过 50%，用水比较紧张，水资源继续开发利用比较困难的地区；绝大部分应属于缺水类型。某些开发条件较差的地区，其水资源利用率已大于 25% 的，也可能存在缺水现象。

第五节 水资源开发利用评价

水资源开发利用评价主要是对水资源开发利用现状及其影响的评价，是对过去水利建设成就与经验的总结，是对如何合理进行水资源的综合开发利用和保护规划的基础性前期工作，其目的是增强流域或区域水资源规划时的全局观念和宏观指导思想，是水资源评价工作中的重要组成部分。

一、水资源开发利用现状分析的任务

水资源开发利用现状分析主要包括两方面任务：一是开发现状分析；二是利用现状分析。

水资源开发现状分析，是分析现状水平年情况下，水利工程在流域开发中的作用。这一工作需要调查分析这些工程的建设发展过程、使用情况和存在的问题；分析其供水能力、供水对象和工程之间的相互影响，并主要分析流域水资源的开发程度和进一步开发的潜力。

水资源利用现状分析，是分析现状水平年情况下，流域用水结构、用水部门的发展过程和目前的需水水平、存在问题及今后的发展变化趋势。重点分析现状情况下的水资源利用效率。

水资源开发现状分析和水资源利用现状分析二者既有联系又有区别，水资源开发现状分析侧重于对流域开发工程的分析，主要研究流域水资源的开发程度和进一步开发的潜力；水资源利用现状分析，侧重于对流域内用水效率的分析，主要研究流域水资源的利用率。水资源开发现状分析与水资源利用现状分析是相辅相成的，因而有时难以对二者内容严格区分。

二、水资源开发利用现状分析的内容

水资源开发利用现状分析是评价一个地区水资源利用的合理程度，找出所存在的问题，并有针对性地采取措施促进水资源合理利用的有效手段。下面按照水资源开发利用现状分析的主要内容进行叙述。

（一）供水基础设施及供水能力调查统计分析

供水基础设施及供水能力调查统计分析以现状水平年为基准年，分别调查统计研究区地表水源、地下水源和其他水源供水工程的数量和供水能力，以反映当地供水基础设施的现状情况。在统计工作的基础上，通常还应分类分析它们的现状情况、主要作用及存在的主要问题。

（二）供水量调查统计分析

供水量是指各种水源工程为用水户提供的包括输水损失在内的毛供水水量。对跨流域跨省区的长距离地表水调水工程，以省（自治区、直辖市）收水口作为毛供水量的计算点。

在受水区内，可按取水水源分为地表水源供水量、地下水源供水量进行统计。地表水源供水量以实测引水量或提水量作为统计依据，无实测水量资料时可根据灌溉面积、工业产值、实际毛用水定额等资料进行估算。地下水源供水量是指水井工程的开采量，按浅层淡水、深层承压水和微咸水分别统计。供水量统计工作，是分析水资源开发利用的关键环节，也是水资源供需平衡分析计算的基础。

（三）供水水质调查统计分析

供水水量评价计算仅仅是其中的一方面，还应该对供水的水质进行评价。原则上应依照供水水质标准进行评价。

（四）用水量调查统计及用水效率分析

用水量是指分配给用水户、包括输水损失在内的毛用水量。用水量调查统计分析可按照农业、工业、生活三大类进行统计，并把城（镇）乡分开。在用水调查统计的基础上，计算农业用水指标、工业用水指标、生活用水指标以及综合用水指标，以评价用水效率。

（五）实际消耗水量计算

实际消耗水量是指毛用水量在输水、用水过程中，通过蒸散发、土壤吸收、产品带走、居民和牲畜饮用等多种途径消耗掉而不能回归到地表水体或地下水体的水量。

农业灌溉耗水量包括作物蒸腾、棵间蒸散发、渠系水面蒸发和浸润损失等水量。可以通过灌区水量平衡分析方法进行推求。也可以采用耗水机理建立水量模型进行计算。工业耗水量包括输水和生产过程中的蒸发损失量、产品带走水量、厂区生活耗水量等。可以用工业取水量减去废污水排放量来计算，也可以用万元产值耗水量来估算。生活耗水量包括城镇、农村生活用水消耗量，牲畜饮水量以及输水过程中的消耗量。其计算可以采用引水量减去污水排放量来计算，也可以采用人均或牲畜标准头日用水量来推求。

（六）水资源开发利用引起不良后果的调查与分析

天然状态的水资源系统是未经污染和人类破坏影响的天然系统。人类活动或多或少对水资源系统产生一定影响，这种影响可能是负面的，也可能是正面的，影响的程度也有大有小。如果人类对水资源的开发不当或过度开发，必然导致一定的不良后果，比如，废污水的排放导致水体污染；地下水过度开发导致水位下降、地面沉降、海水入侵；生产生活用水挤占生态用水导致生态破坏等。因此，在水资源开发利用现状分析过程中，要对水资源开发利用导致的不良后果进行全面的调查与分析。

（七）水资源开发利用程度综合评价

在上述调查分析的基础上，需要对区域水资源的开发利用程度做一个综合评价。具体计算指标包括：地表水资源开发率、平原区浅层地下水开采率、水资源利用消耗率。其中，地表水资源开发率是指地表水源供水量占地表水资源量的百分比；平原区浅层地下水开采率是指地下水开采量占地下水资源量的百分比；水资源利用消耗率是指用水消耗量占水资源总量的百分比。

在这些指标计算的基础上，综合水资源利用现状，分析评价水资源开发利用程度，说明水资源开发利用程度是高等、中等还是低等。

第五章 水资源规划与优化配置

第一节 水资源规划的内容

一、水资源规划的基本内容

水资源规划的概念形成由来已久，它是人类长期水事活动的产物，是人类在漫长的历史长河中通过防洪、抗旱、开源、供水等一系列的水利活动逐步形成的理论成果，并且随着人类认识的提高和科技的进步而不断得以充实和发展。

（一）水资源规划的概念

水资源规划就是在开发利用水资源的活动中，对水资源的开发目标及其功能在相互协调的前提下做出的总体安排。陈家琦教授则认为，水资源规划是指在统一的方针、任务和目标约束下，对有关水资源的评价、分配和供需平衡分析及对策，以及方案实施后可能对经济、社会和环境的影响方面制订的总体安排。由此可见，水资源规划的概念和内涵随着研究者的认识、侧重点和实际情况不同而有所差异。水资源规划是以水资源利用、调配为对象，在一定区域内为开发水资源、防治水患、保护生态环境、提高水资源综合利用效益而制订的总体措施、计划与安排。

水资源规划为将来的水资源开发利用提供指导性建议，它小到江河湖泊、城镇乡村的水资源供需分配，大到流域、国家范围内的水资源综合规划、配置，具有广泛的应用价值和重要的指导意义。

（二）水资源规划的目的、任务和内容

水资源规划的目的是合理评价、分配和调度水资源，支持经济社会发展，改善生态环境质量，以做到有计划地开发利用水资源，并实现水资源开发、经济社会发展及生态环境保护相互协调的良好效果。

水资源规划的基本任务是：根据国家或地区的经济发展计划、生态环境保护要求以及各行各业对水资源的需求，结合区域内或区域间水资源条件和特点，选定规划目标，拟定水资源开发治理方案，提出工程规模和开发次序方案，并对生态环境保护、社会发展规模、经济发展速度与经济结构调整提出建议。其规划成果将作为区域内各项水利工程设计的基础和编制国家水利建设长远计划的依据。

水资源规划的主要内容包括：水资源量与质的计算与评估、水功能区划分与保护目标确定、水资源的供需平衡分析与水量合理分配、水资源保护与水灾害防治规划以及相应的水利工程规划方案设计及论证等。水资源规划涉及的内容包括水文学、水资源学、社会学、经济学、环境科学、管理学以及水利经济学等多门学科，涉及国家或地区范围内一切与水有关的行政管理部门。因此，如何使水资源规划方案既科学合理，又能被各级政府和水行政主管部门乃至基层用水单位或个人所接受，确实是一个难题。特别是随着社会的发展，人们思想观念以及对水资源的需求在不断变化，如何面对未来变化的社会以及变化的自然环境，如何面对不断调整的区域可持续发展新需求，这都对水资源规划提出了严峻挑战。

（三）水资源规划的类型

根据规划的对象和要求不同，水资源规划可分为以下几种类型。

1. 流域水资源规划

流域水资源规划是指以整个江河流域为研究对象的水资源规划，包括大型江河流域的水资源规划和中小型河流流域的水资源规划，简称为流域规划。其研究区域一般是按照地表水系空间地理位置划分的、以流域分水岭为界线的流域水系单元或水资源分区。流域水资源规划的内容涉及国民经济发展、地区开发、自然资源与环境保护、社会福利与人民生活水平提高以及其他与水资源有关的问题，研究范畴一般包括防洪、灌溉、排涝、发电、航运、供水、养殖、旅游、水环境保护、水土保持等工作内容。针对不同的流域规划，其规划的侧重点有所不同。比如，黄河流域规划的重点是水土保持；淮河流域规划的重点是水资源保护；塔里木河流域规划的重点是水生态保护与修复。

2. 跨流域水资源规划

跨流域水资源规划是指以一个以上的流域为对象，以跨流域调水为目的的水资源规划。例如，为"南水北调"工程实施进行的水资源规划，为"引黄（河）济青（岛）""引（长）江济淮（河）"工程实施进行的水资源规划。跨流域调水，涉及多个流域的经济社会发展、水资源利用和生态环境保护等问题。因此，其规划考虑的问题要比单个流域规划更广泛、更深入，既需要探讨水资源的再分配可能对各个流域带来的经济社

会影响、生态环境影响，又需要探讨水资源利用的可持续性以及对后代人的影响及相应对策。

3. 地区水资源规划

地区水资源规划是指以行政区或经济区、工程影响区为对象的水资源规划。其研究内容基本与流域水资源规划相近，其规划重点则视具体区域和水资源功能的差异而有所侧重。

比如，有些地区是洪灾多发区，水资源规划应以防洪排涝为重点；有些地区是缺水的干旱区，则水资源规划应以水资源合理配置、实施节水措施与水资源科学管理为重点。在做地区水资源规划时，应该既要重点关注本地区实际情况，又要兼顾更大范围或流域尺度的水资源总体规划，不能只顾当地局部利益而不顾整体利益。

4. 水资源专项规划

水资源专项规划是指以流域或地区某一专项任务为对象或某一行业所做的水资源规划。比如，防洪规划、抗旱规划、节水规划、水力发电规划、水资源保护规划、生态水系规划、城市供水规划、水污染防治规划以及某一重大水利工程规划（如三峡工程规划、小浪底工程规划）等。这类规划针对性比较强，就是针对某一专项问题，但在规划时不能只盯住要研究解决的专项问题，还要考虑对区域（或流域）的影响以及区域（或流域）水资源利用总体战略。

5. 水资源综合规划

水资源综合规划是指以流域或地区水资源综合开发利用和保护为对象的水资源规划。与水资源专项规划不同，水资源综合规划的任务不是单一的，而是针对水资源开发利用和保护的各个方面，是为水资源综合管理和可持续利用提供技术指导的有效手段。水资源综合规划是在查清水资源及其开发利用现状、分析和评价水资源承载能力的基础上，根据经济社会可持续发展和生态系统保护对水资源的要求，提出水资源合理开发、高效利用、有效节约、优化配置、积极保护和综合治理的总体布局及实施方案，促进流域或区域人口、资源、环境和经济的协调发展，以水资源的可持续利用支持经济社会的可持续发展。

（四）水资源规划的原则

水资源规划是根据国家的经济社会、资源、环境发展计划、战略目标和任务，同时结合研究区域的水文水资源状况来开展工作的。这是关系着国计民生、社会稳定和人类长远发展的一件大事。在制订水资源规划时，水行政主管部门一定要给予高度的重视，在力所能及的范围内，尽可能充分考虑经济社会发展、水资源开发利用和生态环境保护的相互协调；尽可能满足各方面的需求，以最小的投入获取最满意的社会效益、经济效益和环境效益。水资源规划一般应遵守以下原则。

1. 全局统筹、兼顾局部的原则

水资源规划实际上是对水资源本身的一次人为再分配，因此，只有把水资源看成一个系统，从整体的高度、全局的观点来分析水资源系统、评价水资源系统，才能保证总体最优的目标。一切片面追求某一地区、某一方面作用的规划都是不可取的。当然，"从全局出发"并不是不考虑某些局部要求的特殊性，而应是从全局出发，统筹兼顾某些局部需求，使全局与局部辩证统一。如在对西北干旱地区做水资源规划时，既要考虑到地区之间、城乡之间以及流域上下游之间的水量合理分配，又要考虑到一些局部地区的特殊用水需求。

2. 系统分析与综合利用的原则

水资源规划涉及多个方面、多个部门和多个行业。同时，由于客观因素的制约导致水资源供与需很难完全一致。这就要求在做水资源规划时，既要对问题进行系统分析，又要采取综合措施，尽可能做到一水多用、一库多用、一物多能，最大限度地满足各方面的需求，让水资源创造更多的效益，为人类做更多的贡献。

3. 因时因地制订规划方案的原则

水资源系统不是一个孤立的系统，它不断受到人类活动、社会进步、科技发展等外部环境要素的作用和影响，因此它是一个动态的、变化的系统，具有较强的适应性。在做水资源规划时，要考虑到水资源的这些特性，既要因时因地合理选择开发方案，又要留出适当的余地，考虑各种可能的新情况的出现，让方案具有一定"应对"变化的能力。同时，要采用"发展"的观点，随时吸收新的资料和科学技术，发现新出现的问题，及时调整水资源规划方案，以满足不同时间、不同地点对水资源规划的需要。

4. 实施的可行性原则

无论是什么类型的水资源规划，在最终选择水资源规划方案时，都既要考虑所选方案的经济效益，又要考虑方案实施的可行性，包括技术上可行、经济上可行、时间上可行。如果不考虑"实施的可行性"这一原则，往往制订出来的方案不可操作，成为一纸空文，毫无意义。

（五）水资源规划方法

1. 水资源规划方案比选

规划方案的选取及最终方案的制订，是水资源规划工作的最终要求。规划方案有多种多样，其产生的效益及优缺点也各不相同，到底采用哪种方式，需要综合分析并根据实际情况而定。因此，水资源规划方案比选是一项十分重要而又复杂的工作。至少需要考虑以下几种因素：

要能够满足不同发展阶段经济发展的需要。水是经济发展的重要资源，水利是重要的基础产业，水资源往往制约着经济发展。因此，在制订水资源规划方案时，要针对具体问题采用不同的措施。工程性缺水，主要解决工程问题，把水资源转化为生产部门可以利用的可供水源。资源性缺水，主要解决资源问题，如建设跨流域调水工程，以增加本区域水资源量。

要协调好水资源系统空间分布与水资源配置空间不协调之间的矛盾。水资源系统在空间分布上随着地形、地貌和水文气象等条件的变化有较大差异。而经济社会发展状况在地域上分布往往又与水资源空间分布不一致。这时，在制订水资源配置方案时，必然会出现两者不协调的矛盾。这在水资源规划方案制订时需要给予考虑。

要满足技术可行的要求，方案中的各项工程必须能够实施，才能获得规划方案的效益。如果其中某一项工程从技术上不可行，以至于不能实施，那么，必然会影响整个规划方案的效益，从而导致规划方案不成立。

要满足经济可行的要求，使工程投资在社会可承受能力范围内，从而使规划方案得以实施规划方案只有满足以上各种要求，才能保证该方案经济合理、技术可行，综合效益也在可接受的范围内。但在众多的规划方案中，到底推荐哪个方案，要认真推敲、分析、研究。关于水资源规划方案比选，主要有两类方法：

一类是对拟定的多个可选择规划方案进行对比分析。采用的方法，可以是定性与定量结合的综合分析；也可以是采用综合评价方法，通过综合评价计算，得到最佳的方案。综合评价方法很多，比如，模糊综合评价、主成分分析法、层次分析法、综合指数法等。

另一类可以依据介绍的水资源优化配置模型，各个选择方案需要满足优化配置模型的约束条件，在此基础上选择综合效益最大的方案。可以通过水资源优化配置模型求解，得到水资源规划方案；也可以通过计算机模拟技术，把水资源优化配置模型编制成计算机程序，通过模拟各种不同配水方案，选择模型约束条件范围内的最佳综合效益的方案，以此为依据选择最佳配水方案。

2. 水资源配置方法

水资源配置是指在流域或特定的区域范围内，遵循高效、公平和可持续的原则，通过各种工程与非工程措施，考虑市场经济的规律和资源配置准则，通过合理抑制需求、有效增加供水、积极保护生态环境等手段和措施，对多种可利用的水源在区域间和各用水部门间进行的调配。水资源配置应通过对区域之间、用水目标之间、用水部门之间进行水量和水环境容量的合理调配，实现水资源开发利用、流域和区域经济社会发展与生态环境保护的协调，促进水资源的高效利用，提高水资源的承载能力，缓解水资源供需矛盾，遏制生态环境恶化的趋势，支持经济社会的可持续发展。

水资源配置以水资源供需分析为手段，在现状供需分析和对各种合理抑制需求、有效增加供水、积极保护生态环境的可能措施进行组合及分析的基础上，对各种可行的水资源配置方案进行生成、评价和比选，提出推荐方案。提出的推荐方案应作为制订总体布局与实施方案的基础。在分析计算中，数据的分类口径和数值应保持协调，成果互为输入与反馈，方案与各项规划措施相互协调。水资源配置的主要内容包括基准年供需分析、方案生成、规划水平年供需分析、方案比选和评价、特殊干旱期应急对策制订等。

水资源配置应对各种不同组合方案或某一确定方案的水资源需求、投资、综合管理措施（如水价、结构调整）等因素的变化进行风险和不确定性分析。在对各种工程与非工程等措施所组成的供需分析方案集进行技术、经济、社会、环境等指标比较的基础上，对各项措施的投资规模及其组成进行分析，提出推荐方案。推荐方案应考虑市场经济对资源配置的基础性作用，如提高水价对需水的抑制作用，产业结构调整及其对需水的影响等,按照水资源承载能力和水环境容量的要求,最终应实现水资源供需的基本平衡。

3. 水资源供需分析方法

水资源供需分析概念、目的和主要内容：水资源供需分析,是指在一定区域、一定时段内,对某一水平年（如现状或规划水平年）及某一保证率的各部门供水量和需水量平衡关系的分析。水资源供需分析的实质是对水的供给和需求进行平衡计算,揭示现状水平年和规划水平年不同保证率时水资源供需盈亏的形势,这对水资源紧缺或出现水危机的地区具有十分重要的意义。

水资源供需分析的目的,是通过对水资源的供需情况进行综合评价,明确水资源的当前状况和变化趋势,分析导致水资源危机和产生生态环境问题的主要原因,揭示水资源在供、用、排环节中存在的主要问题,以便找出解决问题的办法和措施,使有限的水资源能发挥更大的经济社会效益。

水资源供需分析的内容包括：①分析水资源供需现状,查找当前存在的各类水问题；②针对不同水平年,进行水资源供需状况分析,寻求在将来实现水资源供需平衡的目标和问题；③最终找出实现水资源可持续利用的方法和措施。

现状水平年供需分析：现状水平年水资源供需分析是指对一个地区当年及近几年水资源的实际供水量与需水量的确定和均衡状况的分析,是开展水资源规划与管理工作的基础。现状供需分析一般包括两部分内容：一是现状实际情况下的水资源供需分析；二是现状水平（包括供水水平、用水水平、经济社会水平）不同保证率下典型年的水资源供需分析。

通过实际典型年的现状分析,不仅可以了解到不同水源的来水情况,各类水利工程设施的实际供水能力和供水量,还可以掌握各用水单位的用水需求和用水定额,为不同水平年的水资源供需分析和今后的水资源合理配置提供依据。

规划水平年供需分析：在对水资源供需现状进行分析的基础上,还要对将来不同水平年的水资源供需状况进行分析,这样便于及早进行水资源规划和经济社会发展规划,使水资源的开发利用与经济社会发展相协调。不同水平年的水资源供需分析也包括两部分内容：一是分析在不同来水保证率情况下的供需情况,计算出水资源供需缺口和各项供水、用水指标,并做出相应的评价；二是在供需不平衡的条件下,通过采取提高水价、强化节水、外流域调水、污水处理再利用、调整产业结构以抑制需求等措施,进行重复的调整试算,以便找出实现供需平衡的可行性方案。

二、水资源优化配置

水资源优化配置是指在一个特定的流域或流域内,以可持续发展战略为指导,通过工程与非工程措施,统一调配水资源,并在各流域间及流域内各用水部门间进行科学分配,从而促进经济、社会、环境的协调发展。水资源优化配置基本功能包括需水方面通过调整产业结构、调整生产力布局,积极发展高效节水产业,以适应较为不利的水资源条件；供水方面则加强管理,协调各单位竞争性用水,通过工程措施改变水资源天然时空分布使之与生产力布局相适应。

（一）配置原则与原理

1. 配置原则

综合效益最大化原则，维持生态经济系统的均衡，从水资源的质、量、空间与时间上，从宏观到微观层次上，从水资源开发利用及保护生态环境的角度上，综合配置水资源及其相关资源，从而获得环境、经济和社会协调发展的最佳综合效益。

可持续性原则，要求水资源的开发利用在近期与远期之间、当代与后代之间需要有一个协调发展、公平利用的原则，不能使后代人低于当代人获得水资源权利，即对水资源的开发利用要有一定的限度，必须保持在流域水资源的可承载力之内，以维持自然生态系统的更新能力和永续利用，实现水资源可持续利用。

以人为本的原则，保证流域经济与环境、社会协调发展，流域水资源优化配置必须以人类的生活、生产和永恒生存为主题，紧紧围绕以人为中心的复合系统的协调发展和水资源的永续利用，才是最佳的发展方式。

开源与节流并重原则，节约用水、建立节水型社会是实现水资源可持续利用的长久之策，也是社会发展的必然。只有开发与节水并重，才能不断增强可持续发展的支撑能力，保障当代人和后代人的用水需要。

2. 配置原理

水资源的优化配置，除水资源本身外，还涉及经济、社会、生态、环境等领域，是一个非常复杂的巨型系统，影响因素较多。如何对此进行避轻就重，是流域水资源优化配置的关键。

整体性原理，在系统内部的各个要素之间存在着因果关系，即一个要素的变化必然会导致其他要素及整个系统的变化。

主导性原理，表达的是 E_i 的系数很大，那么 E_i 的微小变化将在整个系统中放大。这种触发性的因果关系表明 E_i 的微小变化会导致整个系统的显著变化，在水资源的配置中尤其要注意此要素。

独立性原理，E_i 的变化仅仅取决它本身，而与其他 E_i 无关，或者说整个系统的变化是独立要素变化的总和，即整个等于局部之和。

（二）流域水资源配置模型（以农业灌溉水资源配置为例）

1. 模型建立

①决策变量

将流域不同子系统不同时段内配水量作为决策变量，用 P（k, t）表示第 k 子系统第 t 时段的配水量。

②建立目标函数

$$Z = \max \sum_{k=1}^{K} \sum_{t=1}^{T} \beta(k,t)[BT(k,t)]$$

$$= \max \sum_{k=1}^{K} \sum_{t=1}^{T} \beta(k,t)[B(k,t)P(k,t)]$$

说明：β（*）函数体现了子系统不同灌溉时段用水效益及其重要性，通过政府决策集团、灌区管理及效益的市场竞争等决定，但针对具体流域（或流域），该参数的确定可能是其中一种或几种情况的组合；BT（*）函数是子系统不同灌溉时段用水效益的体现，通过作物的种植结构、种植比例及其灌溉制度、作物单产及其市场价格等确定。

2. 模型解算

①多重建模与分析法

由于组成大系统的相互子系统多，结构复杂，提出分解和多重建模思想。分解就是把系统整体性模型处理为各子系统的建模问题，然后再建立关联模型，组成大系统的整体模型。在分解的原则下，通过系统结构分析，对大系统进行层次分解，把大系统的多目标性分散到各层次上，建立各层次的相应模型，以反映该层次的特征；再建立各层次间与系统总体目标的关联模型，以反映系统的总体功能。

②分解——协调法

分解——协调思想是研究大系统问题的重要思想，几乎贯穿大系统理论的所有重要方面。在求解大型系统优化问题的方法中，因问题性质和结构特点的不同，可应用现有的一些优化方法直接求解大型问题，如线性规划的单纯形法、非线性规划中的广义简约梯度法（GRG）、逐次二次规划法（SQP）和逐次线性规划法（SLP）等，但应用最为广泛的是分解协调法，即把原问题分解为相对独立的子问题，通过迭代协调过程使子问题的解逼近原问题的解。

分解协调算法中，又有两种途径寻优。一是利用数学模型的特殊结构特点研究相应的解法，如 Dantzig-Wolf 分解原理、Benders 分解算法以及 Lasdon 和 Geoffrion；二是利用大规模互联系统的特性对非线性规划进行分解与协调算法，这一概念首先由 Mesarovic 表述，其优化方法有 3 个，分别为：关联平衡法、关联预估法和混合法。

分解协调思路求解上述模型的基本思路如图 5-1 所示。

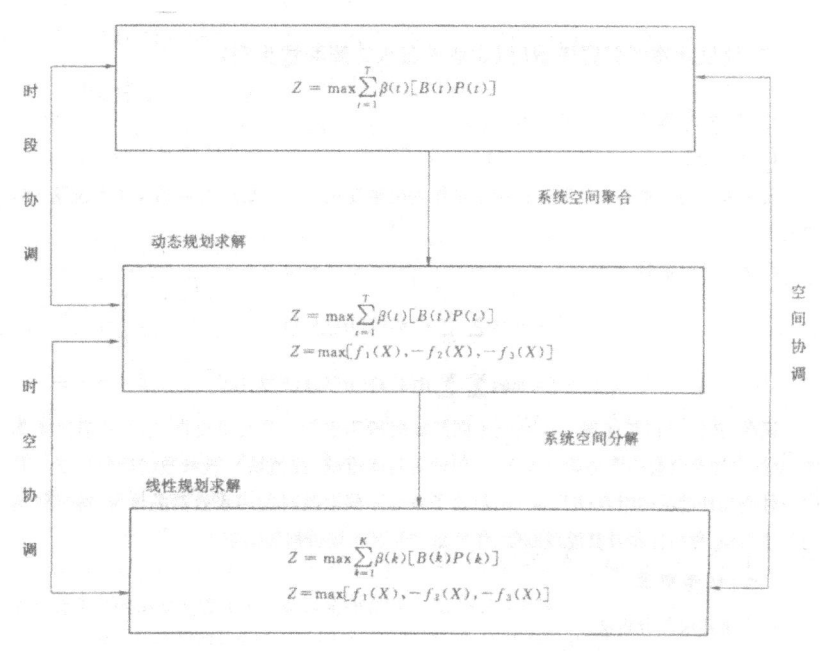

图 5-1　流域水资源时空优化配置求解过程

三、实施水资源规划管理的意义及要求

（一）实施水资源规划与管理的意义

水资源规划与管理是保障经济社会可持续发展、促进生态文明建设、实现人与自然和谐相处的迫切要求。我国正处在经济发展和国家建设的重要阶段，经济社会的良性运转离不开水资源这个关键因素。目前，我国诸多地区的经济发展正面临着水问题的严重制约，如防洪安全、干旱缺水、水质恶化和水污染扩散、耕地荒漠化和沙漠化、生态环境质量下降等。要解决这些问题，必须在可持续发展的思想指导下，对水资源进行系统规划、科学管理，这样才能为经济社会的发展提供供水、防洪、环境安全保障。同时，这也是我国政府提出的生态文明建设，实现人与自然和谐相处的重要基础工作。

水资源规划与管理是发挥水资源综合最大效益的重要手段。从前面的叙述知道，我国人均水资源量很低，同时由于改革开放以来经济快速发展导致水资源需求量迅猛增加，所以，如何利用有限的水资源发挥最大的社会、经济、环境效益是当前急需解决的重要问题之一。根据经济社会发展需求，通过水资源规划手段，分析当前所面临的主要水问题，同时提出可行的水资源优化配置方案，使得水资源分配既能维持或改善当前的生态环境，又能发挥最大的经济社会效益。同时，通过水资源管理手段，包括供水调度、排水监控、污水处理等工程管理措施和方案选择、水价调整等非工程管理措施，确保水资源优化方案能落到实处并达到预期效果。

水费源规划与管理是新时期水利工作的重要环节。自 21 世纪初期以来，我国政府提出了一系列治水新思路和措施，给新时期水利工作带来了新的机遇和发展。提出的资源水利、生态水利、可持续发展水利、人水和谐、水生态文明、最严格水资源管理制度等指导思想，带动了新时期水利工作的快速转变，既反映了新时期对水利工作更高的要求，也反映了人类对世界更理性的认识。水资源规划与管理正是实现新时期水利工作目标的重要工具，也是新时期水利工作的重要内容，只有在综合考虑人类社会发展、经济发展、生态环境保护、水资源可持续利用的条件下，充分运用水资源规划与管理这个重要的水利技术手段，才能早日实现水利现代化的飞跃。

水费源规划与管理是巩固水务体制改革的重要方面。水务体制改革体现了精简高效和一事一部的机构设置原则，也有利于对水资源的统一调配、统一管理，使水源、供水、节水、排水和污水处理及中水回用有机结合起来，目前已取得显著的成效。可以看出，水务体制改革的一个重要方面就是加强水资源规划与管理工作的科学性、系统性和整体性，只有做到这一点，才能算真正意义上实现水务一体化管理。

（二）水资源规划与管理的转变

近年来，随着人类对世界认识的深入和环境保护意识的增强，对水资源规划与管理的认识和理解也发生了重大变化，主要表现在以下几个方面。

1. 从单一性向系统性转变

单一性包括单一部门、单一目标、单一地区和单一方法。具体地说，过去由于条件的限制，在进行水资源规划与管理时，往往由某一部来具体负责某一方面的职责，比如规划部门负责水利规划、水利部门负责水源管理、环境部门负责污水处理、城建部门负责供水管线铺设等；水事活动的出发点也往往仅考虑某一目标或侧重考虑某一目标，特别是考虑经济目标多一些；活动范围常常以行政区域界限来划分，各地区负责自己辖区内的事务，对于跨区域的水事活动很难做到统筹安排；针对具体问题的解决方法也往往比较单一或过于简单，对水资源系统的复杂性和多变性考虑不够。水资源是一个大系统，地表水与地下水之间，水质与水量之间都存在紧密的联系，这就要求水资源规划与管理不能仅从某个单一方面出发，必须将水资源系统作为一个整体来研究，做到统筹兼顾、系统分析、综合决策，应站在系统整体的高度，采用系统科学的理论方法来分析问题。随着我国经济的发展和科技水平的提高，在水资源规划与管理的工作中已注意到维护水资源系统的完整性，对于水问题的处理也更理性化、系统化。

2. 从单纯追求经济效益向追求社会——经济——环境综合效益转变

过去，我国水资源开发利用的衡量标准主要从工程角度和经济角度出发，而忽略了其潜在的环境效益和社会效益，如黄河中游三门峡水库的兴建就缺乏对来水来沙影响的可行性论证，在实际运行过程中出现库区泥沙严重淤积，影响发电、航运等后果，综合效益远远低于预期目标。当今社会，随着人口的增长、耕地面积减少、水资源利用量逐年上涨、水环境污染日益严重，宏观上影响水资源开发利用的因素不断加强。这就造成地区与地区之间、部门与部门之间的用水矛盾日益增多，社会发展、经济增长与资源利用、生态环境保护之间的利益冲突日益尖锐，因此也对当前的水资源规划和管理工作提出了更高的要求。目前，我国的水行政主管部门已认识到这些问题的存在，在水资源规划与管理时也更突出强调对社会—经济—环境综合效益的分析。如著名的南水北调工程在做水资源规划论证时，不仅考虑了调水工程的施工问题、技术难关和经济效益，还对未知的生态环境影响进行了充分论证，并提出了相应的环境保护和水量补偿配套工程方案，从而全面地考虑了工程综合效益的发挥。

3. 从只重视当前发展向可持续发展战略转变

以往，由于受物质条件和认识水平的限制，在做水资源规划与管理时，水资源条件多以现状为基础，来讨论水资源的开发利用方案，对未来的水资源系统变化分析以及对后代人用水产生的影响考虑较少，因此往往导致一些"以大量消耗水资源，牺牲环境，来换取暂时的经济发展"的方案出现，如我国华北地区本是半干旱地区，水资源相当紧缺，而一些地方为了自身利益却发展水田、种植水稻。实践证明，缺乏对水资源情况深入认识的经济社会发展规划是不可能长久维持的。这就要求，在水资源规划、开发和管理中，寻求经济发展、环境保护和人类社会福利之间的最佳联系与协调，即人们常说的探求水资源开发利用和管理的良性循环。随着可持续发展战略思想融入经济社会发展的各个领域，对于水资源规划与管理也同样提出了类似的要求，需要在水利工作中积极贯彻可持续发展思想的指导思想，将其所表达的内涵和精髓融入实际工作中去。

4. 从重视水资源本身向重视人水和谐转变

由于受认识水平和现实条件的限制，过去在水资源规划与管理中较多关注水资源系统本身，重视水资源的形成、转化、开发利用与引起的问题及治理等，主要是"就水论水"，通过规划和管理，保证水资源有效开发利用和治理。然后，随着用水矛盾的突出，水问题越来越复杂，水的问题不仅仅是水资源本身的问题，还涉及与水资源有联系的人类社会和生态环境系统。在进行水资源规划与管理工作中，不能单纯就水论水，而要把水资源变化及其引起的生态系统变化放在流域、区域乃至全球变化系统，从自然、社会、经济多方面相互联系和系统综合的角度来开展研究，实现人水和谐的目标。

（三）现代水资源规划与管理的要求

随着当今世界人类活动的加剧，对水资源开发利用规模的不断扩大，地区之间、部门之间的用水矛盾将更加尖锐，经济发展与生态环境保护的冲突也日益紧张。在这种形势下，人们不得不更加注重社会、经济、环境之间的协调发展，地区、部门之间的协调用水，当代社会与未来社会之间的协调过渡。这就向传统的水资源规划与管理思想提出了挑战，具体表现在以下几个方面。

1. 必须加强水资源规划与管理的系统性研究

由于水资源系统不是一个独立的个体，它与人类社会、生态系统和自然环境等外部要紧密相连，它们之间相互作用、相互影响、相互制约，因此在开展水资源规划与管理工作时，必须要将它们联系起来，进行系统分析和研究。同时，就水资源本身来说，它也包含许多属性和用途，如水量和水质属性，地表水和地下水分类，生产用水、生活用水和生态用水不同用途等，因此只有把水资源的各个方面都纳入一个整体来研究，才能避免出现这样或那样的不良影响和问题。

2. 必须加强多学科的基础性研究

水资源规划与管理研究的内容比较广泛，仅靠水利科学的理论知识是不能满足实际需求的，必须加强水利科学、社会经济学、生态学、环境科学、数学、化学、系统科学等多种学科的基础性研究，只有在完成这些扎实的基础工作后，制订可行的水资源规划与管理方案或措施才能有保障。同时，要加强它们之间的交叉运用和融合，借鉴其他学科的理论和思想，并运用到实际工作中去，这样才会使研究内容更全面，更具备通用性和实用性。

3. 必须加强可持续发展思想的指导作用

在进行水资源规划与管理时，应当考虑长远的效应和影响，包括对后代人用水的影响，以及考虑"当代人用水而不危及后代人用水"的条件。这正是可持续发展的指导思想，水资源规划与管理的准则应当包括可持续发展的思想。因此，新时期水资源规划与管理工作应该坚持可持续发展的指导思想，从社会、经济、资源、环境相协调的高度来分析问题，制订水资源规划与管理的方案和措施，将可持续发展思想落到实处。

4. 必须坚持人水和谐理念，促进生态文明建设

水问题是人类共同面临的挑战，追求人水和谐是人类共同的目标。水资源规划与管理必须坚持人水和谐思想，人水和谐也成为新时期我国治水思路的核心内容，涉及"水与社会、水与经济、水与生态"等多方面，需要在包含与水和人类活动相关的社会、经济、地理、生态、环境、资源等方面及相互作用的人一水复杂系统中进行研究。

5. 必须加强新技术和新理论的应用研发

随着科技水平的飞速发展，新理论、新技术（如遥感技术、地理信息技术、水文信息技术、决策支持系统、数据传输技术等）已在诸多领域得到广泛运用，并推动了各学科的前进和发展。水资源规划与管理也应跟上时代前进的步伐，积极吸纳前沿的技术和方法，加强与它们之间的结合和应用，使水资源系统的研究层次和科学管理水平有所提高，以适应现代管理的需要。

第二节 水资源优化配置

水资源优化配置是水资源可持续利用的重要内容，一直是提高水资源高效利用所需要讨论的议题，近几年来随着我国北方部分城市严重缺水以及洪、涝、旱等灾害的不断出现，使得这一研究课题越来越受到社会各界的普遍关注。如何使水资源充分发

挥作用，使之有利于人类社会发展，成为了众多学者为之努力的方向。同时，合理开发利用水资源、实现水资源优化配置也是我国实施可持续发展战略的根本保障，有着重要的现实意义。不同学者也从不同的角度诠释了水资源配置的概念。

　　水资源优化配置的定义是指在流域或特定的区域范围内，遵循高效、公平和可持续原则，通过各种工程与非工程措施，积极考虑市场经济规律和资源配置准则，通过合理抑制需求、有效增加供水、积极保护生态环境等手段和措施，对多种可利用的水资源在区域间和各用水部门间进行的调配。

　　同时，水资源优化配置还具有整体性和水资源系统性两方面的含义。一方面，整体是系统的全部组分集合。系统整体性原理表明，整体性功能不同于或大于系统各组分功能之和。水资源系统是与生态环境、社会经济相耦合的水资源生态经济复合系统，是自然资源与人工系统相结合的复合系统。水资源是人类生产、生活及生命中不可代替的自然资源和环境资源，影响国民经济的发展，在一定的经济技术条件下，能够为社会直接利用或待利用。水资源持续利用系统应以流域或区域整体为单元，统筹单元内的水资源、生态环境、经济社会发展三者间关系和相互影响，使水资源为整体的持续发展服务。另一方面，水资源系统与人类社会和生态系统有密切关系，其中一个系统的变化，将会同时影响另外两个系统朝正负两个方向产生相应的变化。

一、水资源优化配置的目标及原则

（一）水资源优化配置的目标

　　水资源优化配置要实现的效益最大化，是从社会、经济、生态三个方面来衡量的，是综合效益的最大化。从社会方面来说，要实现社会和谐，保障人民安居乐业，促使社会不断进步；从经济方面来说，要实现区域经济可持续发展，不断提高人民群众的生活水平；从生态方面来说，要实现生态系统的良性循环，保障良好的人居生存环境；总体上达到既能促进社会经济不断发展，又能维护良好生态环境的目标。水资源优化配置的最终目标就是实现水资源的可持续利用，保证社会经济、资源、生态环境的协调发展。

　　水资源优化配置的目标是协调水资源供需矛盾、保护生态环境、促进区域社会经济可持续发展，故水资源优化配置需要从以下三个方面来实现。

1. 有效增加供水

通过工程措施，改变水资源的天然时空分布来适应生产力的布局。通过管理措施，提高水的分配效率特别是循环利用率和重复利用率，协调各项竞争性用水。通过其他措施，加强水利工程调度管理，提高水资源尤其是洪水资源的利用率。

2. 合理抑制需求

提高水的利用效率，通过调整产业结构，采取节水型生产工艺、节水型仪器设备，建设节水型经济和节水型社会等途径，抑制经济社会发展对水资源需求的增长，实现水资源需求的零增长或负增长。同时，用水效率反映了技术进步的程度、节水水平和节水潜力,它受到用水技术和管理水平的制约。

3. 积极保护生态环境

为保持水资源和生态环境的可再生维持功能,在经济社会发展和生态环境保护之间应确定一个协调平衡点。这个平衡点需要满足两个条件:一是经济社会发展需求水资源产生的生态影响,以及由此导致的整体生态状况应当不低于现状水平(现状生态环境状况较差需要修复的除外);二是生态与环境用水量必须满足天然生态和环境保护的基本要求,以维护生态系统结构的稳定。

(二)水资源优化配置的原则

水资源配置是一个复杂的系统工程,涉及不同层次、不同用户、不同决策者、不同目标的不确定性问题,水资源配置的基本原则应基于这一特征。根据水资源配置的目标,水资源配置应当遵循资源高效性、可持续性和公平性的原则。

1. 高效性原则

水是珍贵的有限资源,资源高效性原则是指水资源的高效利用,取得环境、经济和社会协调发展的最佳综合效益。水资源的高效利用不单纯是指经济上的高效性,它同时包括社会效益和环境效益,是针对能够使经济、社会与环境协调发展的综合利用效益而言的。

2. 公平性原则

在我国,水资源所有权属于国家,即人人都是水资源的主人,在水资源使用权的分配上人人都有使用水的权利。水资源配置的公平性原则,还体现在社会各阶层间和区域间对水资源的合理分配利用上,并且水资源配置的目标也体现了公平性的原则。它要求不同区域(上下游、左右岸)之间协调发展,以及发展效益或资源利用效益在同一区域内社会各阶层中公平分配。例如家庭生活用水的公平分配是对所有家庭而言的,无论其是否有购水能力,都有使用水的基本权利;也可以依据收入水平采用不同的水价结构进行分水。

3. 可持续性原则

水资源可持续发展是指为了能使水资源永续地利用下去,可持续性原则也可以理解为代际间水资源分配的公平性原则。对它的开发利用要有一定限度,必须保持在它的承受能力之内,以维持自然生态系统的更新能力和可持续地利用。它是以研究一定时期内全社会消耗的资源总量与后代能获得的资源量相比的合理性,反映水资源在度过其开发利用阶段、保护管理阶段和管理阶段后,步入的可持续利用阶段中最基本的原则。水资源优化配置作为水资源可持续理论在水资源领域的具体体现,应该重视人口、资源、生态环境以及社会经济的协调发展,以实现资源的充分、合理利用,保证生态环境的良性循环,促进社会的持续健康发展。

二、水资源优化配置类型

水资源优化配置是保障水资源可持续利用的重要内容，根据问题的特点，水资源优化配置范围、对象和规模的不同，可将水资源优化配置划分为灌区、区域、流域和跨流域、城市水资源优化配置几种类型。

（一）灌区水资源优化配置

利用系统理论与方法，以灌区经济效益最大或供水量之和最大为目标函数，以作物种植面积或各用水量为决策变量，建立多水源联合优化调配模型。由于灌区主要向农业供水，水源和用水结构相对简单，影响和制约因素相对较少，如何实现灌区有限水资源量的最大效益，成为广大学者较早涉足的研究领域之一。

（二）区域水资源优化配置

区域水资源优化配置是以行政区或经济区为研究对象。区域是经济社会活动中相对独立的基本管理单位，其经济社会发展具有明显的区域特征。随着经济社会的快速发展，以及多目标和大系统优化管理的日渐成熟，自20世纪80年代中期以来，区域水资源优化配置研究成为水资源学科研究的热点之一。由于区域水资源系统统构复杂，影响因素众多，各部门的用水矛盾突出，研究成果多以目标和大系统优化技术为主要研究手段，在可供水量和需水量确定的条件下，建立区域有限的水资源量在各分区和用水部门间的优化配置模型，求解模型得到水量优化配置方案。

（三）流域水资源优化配置

流域水资源优化配量是针对某一特定流域范围内的多种水源优化分配问题。流域是具有层次结构和整体功能的复合系统，由社会经济系统、生态环境系统、水资源系统构成，流域系统是最能体现水资源综合特性和功能的独立单元。国内在流域水资源优化配置方面也取得了可喜的成果，与区域水资源优化配置研究具有近似的特征。

（四）跨流域水资源优化配置

跨流域水资源优化配置是以两个以上的流域为研究对象，其系统结构和影响因素间的相互制约关系较区域和流域更为复杂，仅用数学规划技术难以描述系统的特征。因此，仿真性能强的模拟技术和多种技术结合成为跨流域水资源量优化配置研究的主要技术手段。

三、水资源优化配置技术方法

流域水资源优化配置是以江河流域为对象的优化配置。水资源优化配置是涉及社会经济、生态环境以及水资源本身等诸多方面的复杂系统工程，并随着可持续发展战略的开展及水资源的严重短缺，研究者对水资源优化配置研究趋于成熟，并不断地引入新的水资源优化配置理论方法。到目前为止，水资源优化配置模型构建中较为成熟的主要方法有系统动力学方法、多目标规划与决策技术、大系统分解协调理论和投入产出模型等。

（一）系统动力学方法

系统动力学方法是把研究的对象看作具有复杂结构的、随时间变化的动态系统，通过系统分析绘制出表示系统结构和动态特征的系统流图，然后把变量之间的关系定量化，建立系统的结构方程式以便进行模拟试验。水资源系统设计的变量很多，各变量之间关系复杂，并且模拟的过程是个动态过程，系统动力学恰恰具备了处理非线性、多变量、信息反馈、时变动态性的能力，基于系统动力学建立的水资源优化配置模型，可以明确地体现水资源系统内部变量间的相互关系，因此系统动力学方法也被许多学者用于水资源优化配置分析。

（二）多目标规划与决策技术

水资源优化配置涉及社会经济、人口、资源、生态环境等多个方面，是典型的多目标优化决策问题。水资源优化配置过程中，任何目标都不可偏否，必须强调目标间的协调发展，于是，多目标优化方法应运而生。多目标优化包括两个方面的内容：其一是目标间的协调处理；其二是多目标优化算法的设计。多目标决策的优点在于它可以同时考虑多个目标，避免为实现某单一目标而忽视其他目标。但是，由于多目标决策涉及决策者偏好问题，不同的利益团体追求不同的目标效果，往往还是相差很大，因而难以得到一个单一的绝对的最优解。

由于水资源优化配置受复杂的社会、经济、环境及技术因素的影响，在水资源配置过程中就必然会反映决策者个人的价值观和主观愿望。水资源配置多目标决策问题一般不存在绝对最优解，其结果与决策者的主观愿望紧密相连。交互式决策方法能够实现决策者与系统信息的反复交换并充分体现决策者的主观愿望，在多目标决策中得到广泛应用。

（三）大系统分解协调理论

大系统理论的分解协调法是解决工程大系统全局优化问题的基本方法。根据协调方式的不同，又可分为目标协调法和模型协调法，目标协调法是在协调过程中通过修正子问题的目标函数来获得最优解，模型协调法则是通过修正子问题的最优模型（约束条件）来获得最优解。

第六章 用水与节水

第一节 合理用水与节约用水

一、有限的再生资源

水资源通过水循环，可以不断得到更新、再生，可以重复利用，但水资源量是有限的，加之其时空分布不均，供需矛盾日益尖锐。水的循环分为自然循环和社会循环两种。自然循环分为大循环和小循环。从海洋蒸发出来的水蒸气，被气流带到陆地上空，凝结为雨、雪、雹等落到地面，一部分被蒸发返回大气，其余部分成为地面径流或地下径流等，最终回归海洋。这种海洋和陆地之间水的往复运动过程，称为水的大循环。仅在局部地区（陆地或海洋）进行的水循环称为水的小循环。环境中水的循环是大、小循环交织在一起的，并在全球范围内和在地球上各个地区内不停地进行。社会循环是指人们从江河湖泊取水，经过生活、工业等使用再排入自然界的过程。

水是生命的源泉，是一切生物赖以生存、经济社会得以发展的重要资源，水不仅用于农业灌溉、工业生产、城市生活，而且还用于发电、航运、水产养殖、旅游娱乐、改善生态环境等。水在人类生活中占有特别重要的地位。随着人口增多，经济社会的快速发展，人民生活水平不断提高，人类对水资源的需求量日益增长，包括中国在内的不少国家、地区都出现了水资源不足的紧张局面，水资源已成为经济社会可持续发展的重要制约因素。水资源是基础性的自然资源，是人类生存、经济发展和社会进步的生命线，是生态环境的控制性要素，也是实现可持续发展的重要物质基础。当前水资源的短缺和不平衡问题已经引起了全世界的不安和关注,水资源问题已成为全球性的课题。实现水资源的可持续利用,支撑和保障经济社会的可持续发展,是世界各国共同面临的紧迫任务,也是我国新时期经济社会发展中具有基础性、全面性和战略性的重大问题。

二、合理用水、节约用水

在当代社会,我国已成为世界第一用水大国,而水资源短缺又成为我国社会经济可持续发展的重要制约因素。节约用水、合理用水已成为我国可持续发展战略中最重要、最基本的内容,直接关系到我国现代化建设的成败和中华民族的兴衰。造成水资源严重短缺的原因,主要有如下三个方面:

首先,水资源浪费几乎无处不在。在农业用水方面,农业灌溉用水占74.2%,有效利用率不到45%,比先进国家70%～80%的利用率低25～35个百分点,不少灌区灌溉水量超过作物实际需水量的30%～100%。在城市用水方面,水资源重复利用率一般在30%～50%。我国的工业每万元产值耗水量相当于发达国家的几倍,特别是我国的钢铁工业耗水量巨大,每生产1t钢耗水23～56m3。生活用水浪费现象也很普遍,城市供水网年久失修,据统计漏失率约达7%～8%,有的城市高达10%,仅此一项,全国城市自来水供水损失就达15亿m3左右。

其次,水污染问题突出。随着全国各部门用水的增加,也带来了水污染的严重危害。全国每年有600多亿m3污废水,绝大部分未经处理直接排入各种水体,其中工业废水约占1/3。据有关部门调查,在全国被评价的700多条河流、11360km河长中,Ⅳ类水和高于Ⅳ类水的河长占37.6%,受严重污染的河流有淮河、海河和辽河等,污染严重的湖泊有太湖、滇池和巢湖。城市附近的地下水也受到不同程度的污染。水资源受到污染,不仅减少了可供水量,也危及居民身体健康。

第三,对水资源缺乏合理的开采和利用。从水资源总量看,我国是一个水资源大国,水资源总量为2.8万亿m3,河川总径流量占了世界总径流量的5%,居世界第6位。人均占有水量少,水资源在时空上分布不均匀,再加上对水资源管理不善,水利工程老化,以及工农业布局不合理等人为因素。全国不少地区,特别是华北、东北、西北地区经常出现水荒,全国有60%～70%的城市存在不同程度的缺水现象。缺水已经成为我国北方地区工农业发展的严重限制因素。我国水资源严重不足,其主要原因是水资源浪费巨大、水污染问题突出,对水资源缺乏合理的开采和利用,因此,水资源管理问题就成为头等重要的大事。当今,需水量和用水量急剧增长,使水资源大量消耗,并不断受到污染。水资源的不合理使用和不节约用水,更加剧了水资源供需矛盾。因此,合理用水和节约用水,提高水的利用效率,是缓解水资源短缺的根本性措施。合理用水就是通过水资源合理配置,使有限的水资源得以充分发挥效益。合理用水是节约用水的前提和基础。节水就是节约用水,更加合理用水,采用先进的用水技术,降低水的消耗,提高水的重复利用率,实现合理、科学的用水方式,保障水资源的可持续利用。

建设节水型工业、农业和社会，为了达到合理用水和节约用水目标，必须要做到如下5个方面的内容：

（一）大力调整产业结构

压缩高耗水产业，发展节水型农业、工业和服务业，特别是水资源短缺的城市要严格限制。当前我国的水污染形势呈现出新的态势：以前主要是工业的点源污染，而随着乡镇企业的迅速发展，农业污染开始逐渐加重。对农业种植业内部结构进行调整，减少高耗水作物的种植面积，增加经济作物的种植比例，发展高效节水农业。在工业和农业、城市和农村、陆地和水体都要实现生活污水、工业废水和农业污染综合治理。

（二）积极推广节水技术

强化国家节水技术政策和技术标准执行力度，确保水资源循环发展。我国正处在由传统水利向现代水利、可持续发展水利转变的关键阶段，要充分发挥水利科技进步的支撑作用，促进水资源管理现代化，实现水资源可持续发展。通过引入先进科学技术实现水资源的循环利用和污水、废水、中水利用，减少水资源的重复浪费，加强节水技术在生活生产等各方面的应用。

（三）切实加强用水管理，实行计划用水和定额管理

计划用水是为实现科学合理地用水，使有限的水资源创造最大的社会、经济和生态效益，而对未来的用水行动进行的规划和安排的活动。任何一个地区，可供开发利用的水资源都是有限的，无计划地开发利用水资源，不仅天然水资源环境难以承受，而且还会破坏水资源循环发展的基本条件。同时，使本已紧缺的水资源在利用过程中产生更多的浪费，使管理水资源和用水的各项活动都不能有效地运作，会造成更大的缺水。因此，有计划地用水是实现用水、节水管理目标的重要内容。同时，实施总量控制和定额管理制度也是我国应对水资源短缺、推进节水型社会建设的重要举措。

（四）积极稳妥地形成水价机制

水价的改革需要将政府调控手段和经济激励手段有机结合起来，形成在市场运行的基础上兼有政府有效介入与宏观调控的资源配置的准市场，同时建立科学合理的水价机制和管理机制，实行定额管理、分类水价和阶梯式水价，大力推进资源价格合理化改革是唯一的出路。

（五）加强节水工作的领导管理

节约用水并不是要在用水目标和用水效果有所降低的情况下减少用水的配额来达到减少供水量的目的。节约用水是指有效的用水，即把无效供水和水的浪费减少到可能的最小程度。节约用水也包含在改进管理和用水技术的前提下，研究可达到统一用水效果而消耗最少用水量的技术途径。节约用水就是高效率用水，减少水的损失和单位产品耗水，对生活用水、工业用水和农业用水都要实行全面节约用水。

第二节 节水措施

节水是提高水的利用效率，减少污水排放的主要措施，也是节省资源、降低消耗、增加财富的途径。无论是水资源短缺的地区还是水资源丰富的地区，都要建设节水型社会，提高水资源的利用效率和效益。节水措施就是提高用水效率的具体措施。节水措施主要包括生活节水措施、工业节水措施和农业节水措施。

节约用水是指通过行政、技术、经济等手段加强用水管理，调整用水结构，改进用水工艺，实行计划用水，杜绝用水浪费，运用先进的科学技术建立科学的用水体系，有效地使用水资源，保护水资源，适应城市经济和城市建设持续发展的需要。节约用水、高效用水是缓解水资源供需矛盾的根本途径。节约用水的核心就是提高用水效率和效益。节水是以减少短期和长期用水量为目标的，其意义在于：

1. 减少当前和未来的用水量，维持水资源的可持续利用；
2. 节约当前给水系统的运行和维护费用，减少水厂的建设数量或降低水厂建设的投资；
3. 减少污水处理厂的建设数量或延缓污水处理构筑物的扩建，使现有系统可以接纳更多用户的污水，从而减少受纳水体的污染，节约建设资金和运行费用；
4. 增强对干旱的预防能力，短期节水措施可以带来立竿见影的效果，而长期节水则大大降低了水资源的消耗量，进而提高正常时期的干旱防备能力；
5. 调整地区间的用水差异，避免用水不公及其他与用水相关的社会问题；
6. 保护环境，维护河流生态平衡，避免地下水过度开采和地下水污染。

一、生活节水措施

（一）政策措施

生活节水的政策措施包括：把节约用水提高到战略地位；把节水纳入城市总体规划；有效控制城市发展规模；支持节水技术改造，鼓励节水器具的开发和普及等。

节水政策虽然不直接作用于生活节水，但它是行政管理的直接依据。经济、法律和技术手段的制定和实施通常也需要相应政策的支持。因此，它是实行生活节水的前提，为生活节水奠定了基调，是推行生活节水的必要措施。

（二）技术措施

1. 降低管网漏损率

目前城市供水管网水漏损比较严重，许多城市的供水管网年久失修，加上各种事故，供水管网漏损率居高不下，平均在15%左右，有的城市甚至高达30%。积极采用城市供水管网的捡漏和防渗技术，对老化失修的供水管网加快进行检修和更新改造，是城镇生活节水的重要工程措施。

2. 推广节水器具

节水型用水器具的推广应用，是生活节水的重要技术保障。生活用水中的节水型用水器具主要包括：节水型水龙头、节水型便器、节水型淋浴设施等。

推广节水型水龙头，推广非接触自动控制式、延时自闭、停水自闭、脚踏式、陶瓷膜片密封式等节水型水龙头。淘汰建筑内铸铁螺旋升降式水龙头、铸铁螺旋升降式截止阀。

推广节水型淋浴设施，集中浴室普及使用冷热水混合淋浴装置，推广使用卡式智能、非接触自动控制、延时自闭、脚踏式等淋浴装置；宾馆、饭店、医院等用水量较大的公共建筑推广采用淋浴器的限流装置。

除此之外应研究新型节水器具，研究开发高智能化的用水器具、具有最佳用水量的用水器具和按家庭使用功能分类的水龙头等。

3. 节约公共用水

目前城镇人均公共用水量约为居民人均用水量的3倍，城镇公共用水量约占城市生活用水量的30%～50%，节水潜力很大。城市公共供水节水主要是反冲洗水回用。反冲洗水回用兼具城市节水和水环境保护的双重效能。

4. 再生水利用

全国污水处理率约40%，但再生水回用率还很低。污水的再生利用保证率较高，可用于低水质要求用水。城市再生水利用技术包括城市污水处理再生利用技术、建筑中水处理再生利用技术和居住小区生活污水处理再生利用技术。

5. 雨洪利用

雨水集蓄后用于低水质要求用水。推广城市雨水的直接利用技术，在城市绿地系统和生活小区，推广城市绿地草坪滞蓄直接利用技术，雨水直接用于绿地草坪浇灌；缺水地区推广道路集雨直接利用技术，道路集雨系统收集的雨水主要用于城市景观用水；鼓励干旱地区城市因地制宜采用微型水利工程技术，对广泛分布强度小的雨水资源加以开发利用，如房屋屋顶雨水收集技术等。

（三）经济措施

建立科学的水价体系，是利用市场机制促进节水的重要举措。水价是调节水资源供需关系的重要的经济杠杆，提高水价可以促进各行各业全面节水。应根据各行业的实际承受能力进行适度调节，并实行累进加价水价、阶梯式水价、季节水价等，对节水者给予相应的补偿。阶梯式水价是新形势下实行水资源优化配置与供应，实行水费成本有效收益与补偿，体现水资源供给的公正与公平，以及用经济杠杆来调节水价市场的必然趋势，能提高居民的节水意识，具有补偿成本、合理收益、节约用水、公平负担等优点，有利于促进水资源的保护和可持续利用。

(四) 行政措施

行政手段是目前我国城市水资源管理中采用的主要手段，也是其他手段具体实施的关键环节，是任何时候、任何情况下都离不开的一种管理手段。生活用水管理的行政措施有：加强节水管理的基础工作，提高管理水平；加强有关节水管理的科研工作；制定用水定额，制定与用水有关的其他标准和规定等。

节约用水的行政措施最终靠技术手段得以实现，但是，行政手段是促进生活节水的必要环节。现阶段节水管理中的行政手段还带有一定的经验性，管理的正确与否在很大程度上取决于管理者的素质和水平。

(五) 法律措施

水资源可持续发展过程中的法律保障包括：水的立法、水行政执法和水行政司法。

水法规中与公众生活节水密切相关的内容有：加强节水法制建设，健全节水法规体系；进一步完善节约用水管理的配套法规，如定额用水、节水设施建设、节水技术和节水器具推广应用、节水产品质量检测等一系列法规；制定和完善有关计划用水管理规定，制定水价政策、计量收费办法、用水浪费处罚等法律法规等。目前有些法律法规不够具体，缺乏可操作性，需要进行补充和修订。

对于各级水主管部门，应建立机制健全的水行政执法和水行政司法组织结构，提高依法治水、依法管水的能力。同时，应加大执法力度，建立执法责任制，明确执法责任、执法程序，真正做到"有法可依、有法必依、执法必严、违法必究"。

依法治水是社会进步的必然趋势，但现行法规的系统性、科学性、合理性和可操作性还有待执法实践的检验。

(六) 教育对策

教育对策主要是让人们认识到水资源危机的严重程度和根源，讲解如何改变行为才能减轻水资源危机，强化公众珍惜、保护水资源的意识，提高公众节水的自觉性。教育对策可以采用宣传、提示和承诺等具体措施。宣传可以利用广播、传单等形式进行；提示是通过随处可见的小标语提醒公众采取节水措施；承诺是让公众做出节约用水的口头或书面保证。

"提示和承诺"在生活节水中的作用还缺乏实验数据，但是，这些措施在能源节约效果中的研究比较多。很多实验表明，简明的提示、用户的高承诺和有效的强化措施可以在一定时期内明显地减少能源的使用量。可以推测，简明的提示、用户的高承诺和有效的强化措施也可以促进节约用水。需要注意的是，提示的效果取决于提示的具体表达方式和被提示者自我意识的一致性程度，因此，不同场合需要使用不同的表达方式。

二、工业节水

(一)工业用水的重复利用率

工业企业在生产过程中的用水量,包括制造、加工、冷却、空调、净化、洗涤、蒸汽等用水。工业用水量与工业结构、产品种类、工艺流程、用水管理水平等因素有关。

工业用水量的水平,通常以单位产品的产量或产值所需的新鲜水量和重复利用率两项指标来衡量。

(二)工业节水措施

1. 进一步优化产业结构

严格实行建设项目水资源论证制度,根据水资源承载能力决定经济结构和产业布局,禁止在资源型缺水地区新建高耗水项目,并积极创造条件将原有的高耗水企业转移到丰水地区或沿海地区,逐步在全国范围的宏观层面上优化产业布局。根据水资源状况,按照以水定供、以供定需的原则,调整产业结构和工业布局。缺水地区严格限制新上高取水工业项目,禁止引进高取水、高污染的工业项目,鼓励发展用水效率高的高新技术产业;水资源丰沛地区高用水行业的企业布局和生产规模要与当地水资源、水环境相协调;严格禁止淘汰的高耗水工艺和设备重新进入生产领域。

优化企业的产品结构和原料结构。通过增加优质、低耗、高附加值、竞争力强的产品种类和数量,优化工业产品结构;逐步加大取缔耗水原料的比重,优化原料结构,提高用水效率。

2. 全面推行循环经济和清洁生产

积极推行串联用水、循环用水和再生水重复利用,推广节水、高效、低耗、低排放的新设备、新工艺、新材料,淘汰高消耗、高排放、低效率的旧设备、旧工艺,大力开发以空气介质和其他方法替代水资源的工艺,如用气冷替代水冷。在加热炉等高温设备上推广应用汽化冷却技术。洗涤节水非常规水资源利用技术,发展采煤、采油、采矿等矿井水的资源化利用技术,工业用水计量管理技术,重点节水工艺等。

3. 制定严格节水制度

规范企业用水行为,将工业节水纳入法制化管理。实行计划用水,定额管理,执行用水管理目标责任制,在强化企业用水节水管理上取得突破。通过制定行业用水定额,确定用水、节水标准,对企业的用水进行目标管理和考核,建立完善的计量体系,促进企业技术升级、工艺改革、设备更新,逐步淘汰耗水大、技术落后的工艺设备。

严格实行计划用水制度,总量控制和定额管理制度;在新建、改建和扩建工业项目严格执行"三同时、四到位"制度(新建项目的主体工程与节水工程同时设计、同时施工、同时投产,节水目标到位、节水计划到位、节水措施到位、节水监督管理到位);建立完善的定额指标体系,确保各项节水制度落到实处。

4. 利用价格杠杆促进节水

按照"完全成本补偿、合理收益"与"反映水资源的稀缺性价值"相结合的原则,合理制定工业供水水价，并实行超计划、超定额累进加价收费的制度。依法节约用水，实行节奖超罚，在形成合理工业用水价格机制，促进工业节约用水方面取得突破。按照"取之于水、用之于水"的原则，在保证水价到位的前提下，适时、适地、适度提高工业用水价格标准，实行累进制水价和阶梯式水资源费征收办法，通过水价杠杆的调节，促进工业企业节约用水。

5. 加大海水利用力度

我国沿海城市，淡水资源有限，利用海水，取之不尽，用之不竭，应当是工业用水的重要水源之一。

沿海地区特别是沿海城市具有利用海水的有利条件，同时大部分沿海城市的淡水资源又十分紧缺，应大力开发海水直接利用和海水淡化技术，如利用海水作为火电厂或其他设备的冷却水、降低海水淡化的单位成本、替代淡水资源等。

6. 开展工业节水宣传活动

采取各种有效形式，开展广泛、深入、持久的宣传教育，使人们树立正确的水观念，在认识上要由过去把水作为一般性资源认识向战略性资源认识的转变，由过去粗放型经营方式向集约型经营方式转变，由过去主要依靠增量解决资源短缺向更加重视节约和替代的转变，在全社会形成节约用水、合理用水、防治水污染、保护水资源的良好社会氛围。

三、农业用水

（一）农业用水量变化趋势

农业历来是最大的用水户，农业用水占全国用水总量的60%以上。农业用水包括农田灌溉用水和林牧渔用水，农田灌溉用水量占农业用水量的90%以上，农业用水主要是农田灌溉用水量。

（二）农业灌溉的几个相关术语

1. 有效降雨量

降雨量中能被作物利用的部分，一般用降雨有效利用系数与降雨量的乘积来表示，称为有效降雨量。

$$P_e = \alpha \cdot P$$

式中：P_e —— 有效降雨量；

P —— 总降雨量；

α —— 降雨有效利用系数。

2. 灌溉定额

灌溉定额为作物播种（水稻插秧）前及生育期内各次灌水量之和。每次灌溉水量为灌水定额。灌水定额和灌溉定额均用单位面积的灌水量（m3/hm2）或灌水的水层深度（mm）表示。表 6-1、表 6-2 分别列出我国北方主要旱作物和南方水稻的灌水定额和灌溉定额。

表 6-1　我国北方主要旱作物的灌水定额和灌溉定额

(m³/hm²)

作物	灌水定额	灌溉定额		
^	^	干旱年份	中等年份	湿润年份
小麦	600～900	3000～4500	1800～3300	1350～2250
棉花	450～600	1200～2250	750～1500	450～1200
玉米	450～750	2250～3000	1500～2250	600～1500

表 6-2　我国南方水稻的灌水定额和灌溉定额

(m³/hm²)

	早稻	中稻	双季晚稻	一季晚稻
泡田定额	1050～1200	1200～1500	750～900	1050～1200
生育期灌水定额	105～300	195～300	195～300	195～300
灌溉定额湿润年份	3000～3750	3750～5250	3000～3750	3750～5250
中等年份	3750～4500	5250～6000	3750～5250	5250～6750
干旱年份	4500～600	6000～7500	5250～6750	6750～8250

（三）农业节水措施

农业用水，主要是灌溉用水，为我国最大用水户，是我国合理用水、节约用水的主要对象，节水潜力较大。农业节水的主要措施有以下几点：

1. 调整农业结构

即农、林、牧业结构的配置要适应自然环境，不同气候区的湿润区、半干旱区及干旱区，应有不同的农业结构，特别是农业的种植业结构要配置合理，此为宏观农业水资源的战略配置。

2. 发展节水灌溉

节水灌溉是根据作物需水规律和当地供水条件，为有效地减少水资源消耗量而采取的综合措施。其最终目的：一是提高单位水量的产出量，即水分生产率；二是不降低产出量的前提下减少水资源的消耗量。

灌溉水的利用过程包括取水、输水、配水、田间灌水环节。各环节的节水措施是：

（1）在拟定取水计划中，要在充分利用降水的前提下，将各种可用于农业生产的水资源充分合理利用，减少取水量；

（2）在输水过程中，通过渠道防渗、管道输水等措施，使输水损失降低；

（3）在配水过程中，采取轮灌等措施，使同时工作的渠道最短，渗漏最少；

（4）在灌水过程中，采用先进的灌溉技术，减少田间渗漏水量，如喷灌、微灌、滴灌、管灌等措施。

此外，节水灌溉工作还有管理、政策法规等措施。节水灌溉必须与农业技术措施相结合，方可产生更良好的节水增产的效果。

3. 农业灌溉管理模式的创新

按照自主管理灌区的组织模式和要求，积极推进农业灌溉管理模式的创新，这是农业节约用水的组织保证和制度保障。

对现有供水机构进行市场化改革，积极筹建农业供水公司。从改革方向和目标来看，应按现代企业制度的要求，组建规范的农业供水公司。独立经营，自负盈亏；积极组建农民用水者协会（合作组织），让广大农民参与用水管理，提高农业用水的组织化程度和农田水利设施的管理与维护水平。

节能减排是我国的基本国策。对水资源开发利用，就是合理用水、节约用水，减少废污水排放量。合理、节约用水可以缓解缺水危机，保障国家粮食安全，减少水环境污染，增加生态用水，这是我国解决水资源严重短缺的根本出路。

第三节 创建节水型社会

一、节水型社会

在国家开展建设节水型社会之初，各地政府非常重视，从宣传、组织管理、经济政策、工程建设等方面给予很多关注，短期内取得非常突出的节水效果，同时，我们更要将节水型社会建设作为一项长期任务给予关注。节水型社会建设极大地降低了我国农业、工业以及区域水资源使用强度，但是工农业之间、东中西部之间以及不同时段之间的节水效果仍然存在明显差别。这需要继续增大对"三农"的投资，加强农村水利工程建设，调整和优化农业内部结构，完善水权分配与水市场运行机制，提高农业生产节约用水的自觉性和主动性，加快农业现代化发展步伐。

节水型社会指人们在生活和生产过程中，对水资源的节约和保护意识得到了极大提高，并贯穿于水资源开发利用的各个环节。在政府、用水单位和公众的参与下，以完备的管理体制、运行机制和法律体系为保障，通过法律、行政、经济、技术和工程等措施，结合社会经济结构的调整，实现全社会的合理用水和高效益用水。

节水型社会建设的内涵应包括以下相互联系的四个方面：

（一）从水资源的开发利用方式上看

节水型社会是把水资源的粗放式开发利用转变为集约型、效益型开发利用，是一种资源消耗低、利用效率高的社会运行状态。

（二）在管理体制和运行机制上

涵盖明晰水权、统一管理，建立政府宏观调控、流域民主协商、准市场运作和用水户参与管理的运行模式。

（三）从社会产业结构转型上看

节水型社会又涉及节水型农业、节水型工业、节水型城市、节水型服务业等具体内容，是由一系列相关产业组成的社会产业体系。

（四）从社会组织单位看

节水型社会又涵盖节水型家庭、节水型社区、节水型企业、节水型灌区、节水型城市等组织单位，是由社会基本单位组成的社会网络体系。

节水型社会建设是一个平台，通过这个平台来探索和实现新时期水利工作从工程水利向资源水利的根本性转变；探索和实现新时期治水思路和治水理念的大跨越；探索和实现从传统粗放型用水向提高用水效益和效率转变；探索和实践人水和谐、人与自然和谐的新方法。

节水型社会建设的核心就是通过体制创新和制度建设，建立起以水权管理为核心的水资源管理制度体系、与水资源承载能力相协调的经济结构体系、与水资源优化配置相适应的水利工程体系；形成政府调控、市场引导、公众参与的节水型社会管理体系，形成以经济手段为主的节水机制，树立自觉节水意识及其行为的社会风尚，切实转变全社会对水资源的粗放利用方式，促进人与水和谐相处，改善生态环境，实现水资源可持续利用，保障国民经济和社会的可持续发展。

二、建设节水型社会

（一）充分发挥政府的主导作用

把建设节水型社会作为各级政府的任期目标，建立健全水资源节约责任制，做到层层有责任，逐级抓落实。坚决克服以牺牲环境、浪费水资源为代价，片面追求GDP的短期行为。编制好节水型社会建设规划，抓好试点，要初步建成国家级节水型社会试点和示范区。加大政策支持力度，健全法规体系，制定完善严格的产业准入标准和节水标准；实行阶梯制水价制度和超计划、超定额用水收费制度，推进农业用水价格改革；积极推行有利于水资源节约和保护的财税政策；要拓宽投融资渠道，加大投入力度。

（二）全面提高社会的节水意识

节水型社会建设需要全社会的共同努力，社会公众要发挥主力军作用。节水型社会建设与我们每个人都息息相关，需要社会公众的广泛参与，要进一步提高公众对水情的认识，进一步提高人们保护和利用水资源的意识。要积极参与节水型社会建设的规划和政策制定，主动配合实施。要倡导文明的生产和消遣方式，形成良好的用水习惯，建设与节水型社会相符合的节水文化，把节约用水和保护水资源变成每个公民的自觉行动。

（三）努力实现节水与治污双结合

节水与防污是一个工作的两个方面，是紧密结合在一起的。减少水资源的浪费，做到水尽其用。治污是挖掘和保护水资源，起到来源作用。因此，要坚持节流优先、治污为本、多渠道开源、重视非传统水源的开发；统筹经济社会发展与水资源的开发利用和保护；协调好生产、生活和生态用水。要结合实际，进一步加强水利工程建设，完善水源调配体系，研究确立全市水资源统一调配的原则、模式和方案。各级人大常委会要高度重视节水型社会建设工作，制定相应的地方法规，规范社会各方面保护、节约及开发利用水资源的权利与义务，使水权制度和用水节水管理工作走向法制化轨道，做到依法治水、管水、用水。要加强对相关法律、法规贯彻实施情况的执法检查，及时发现问题，监督政府及有关部门做好整改。要适时作出有关决议决定，推进节水型社会建设的深入开展；要适时开展以节水型社会建设为专题的工作评议，促进政府工作人员更好地接受人大代表、人民群众的监督，履行好职责，动员和发动全市各级人大代表以科学发展观为统领，在节水型社会建设中起模范带头作用，并深入实际，深入群众，积极参与管理，构建和谐社会。

第七章 水资源管理

第一节 水资源管理概述

水资源管理是一门新兴的应用科学，是水科学发展的一个新动向，水资源管理属于经济学范畴。水资源管理是自然科学和社会科学的交叉科学，它不仅涉及研究地面水的各个分支学科和领域，如水文学、水力学、气候学及冰川学等，而且也与水文地质学各领域，与各种水体有关的自然、社会和生态，甚至与经济技术环境等各方面密不可分。因此，研究并进行水资源管理，除了应用上述有关水科学的研究理论和方法外，还需要用系统理论和分析方法，采用数学方法和先进的最优化技术，建立适合所研究区域的水资源开发利用和保护的管理模型，以达到管理目标的实现。

一、水资源管理的概念

水资源管理是在水资源开发利用与保护的实践中产生，并在实践中不断发展起来的。随着水资源及其环境问题对经济、社会及生态系统构成的潜在影响越来越大，以及缺水危机的日益紧迫，水资源管理也在逐步深化发展，各时期对水资源管理的认识必然存在一定的差异。通常水资源管理主要考虑的准则是：经济效益、技术效率、实施的可靠性，并将满足日渐增长的需水要求和经济效益的可行性作为管理的目标。

随着可持续发展思想被人们越来越广泛地接受，水资源可持续开发利用已成为普遍认可的管理准则。因此，现代水资源管理要求在开发利用中应当特别注意以下三个方面：其一，应注重水资源及其环境的承载能力，遵循水资源系统的自然循环规律，提高水资源开发的利用效率；其二，应优化配置水资源，在保障经济社会与水资源利用协调发展中，维护水资源系统在时间与空间上的动态连续性，使今天的开发利用不致损害后代的开发利用能力，地区间乃至国家间开发利用水资源应享有平等的权利，并将保证基本生活用水的要求当做人类的基本生存权利；其三，应运用现代科学技术和管理理论，在提高开发利用水平的同时，强化对水资源经济的管理，尤其是发挥政府宏观管理与市场调节的职能作用。

基于上述各个方面的考虑，目前可以对水资源管理作如下界定：依据水资源环境承载能力，遵循水资源系统自然循环功能，按照经济社会规律和生态环境规律，运用法规、行政、经济、技术、教育等手段，通过系统的规划优化配置水资源，对人们的涉水行为进行调整与控制，保障水资源开发利用与经济社会和谐持续发展。

关于水资源管理含义的准确定义，对水资源管理学科和实际工作以及水资源管理体制的改革和建立符合社会主义市场经济的水资源管理体制、制度和运作机制都是必需的。但是，由于水资源管理涉及面广、内容复杂、影响因素多，对其认识随着时代的发展而不断提高，要想给出一个完整的、经得住实践考验、被大家接受的定义是比较困难的。无论如何，对水资源管理的定义应有利于水资源管理的研究和实践，讲清什么是水资源管理，这样才有利于水资源管理工作的开展。

二、水资源管理的内容

由于我国人口众多、经济发展快速、人民生活水平不断提高，对水的需求越来越多样化，特别是我国实施可持续发展战略和经济体制与经济增长方式的转变，要求调整、改革和创立新的水资源管理体制与制度势在必行。考虑到管理对象的规模、时空范围和问题性质的差异，水资源管理问题的内容也有宏观和微观之分。此外，还有基础工作管理和管理组织体制及协调机构的管理等。下面分别论述如下。

（一）水资源数量管理和质量管理

水资源数量管理和质量管理包括水资源数量管理、水资源质量管理以及水资源数量和质量综合管理。

（二）水资源法律管理

水资源法律管理是通过法律手段强制性管理水资源的行为。在水资源管理学中，水资源法律管理占有重要地位，其主要内容包括国内外水资源法律的比较、水资源法律演进、水资源法律具体内容、水资源法律存在的问题与改进等，通过法律手段调控水资源合理利用。

（三）水资源产权（水权）管理

水资源产权或水权是指水的所有权、开发权、使用权以及与水开发利用有关的各种用水权利的总称，是一个复杂的概念。它是调节个人之间、地区与部门之间以及个人、集体与国家之间使用水资源及相邻资源的一种权益界定的规则，也是水资源规划与管理的法律依据和经济基础。

水资源及其大部分环境所有权的明确规定，为合理开发、持续利用水资源奠定了必要的基础。然而现代产权制度的发展导致法人产权主体的出现，所有者和经营者可以分离，资源的所有权、占有权、开发权、经营使用权和处置权都可以分离和转让。因此，作为全民所有的水资源产权的明晰界定是非常必要的，因为它关系到水资源开发利用是否合理高效，是否能促进环境与经济的协调、持续发展。

（四）水资源行政管理

水资源行政管理是通过行政手段对水资源进行管理的行为，是以水资源管理行政体制为研究核心，重点研究中央和地方行政关系以及涉水管理部门协调管理的问题，实现政府管理，"到位"而不"越位"等。流域管理和水务管理理论与方法也是行政管理的重要研究内容。

（五）水资源规划管理

水资源规划是对未来水资源开发利用的科学描述。水资源管理学中的水资源规划，主要研究水资源规划的理论与方法，如水资源规划的内容、原则、水资源规划的方法、水资源规划实施的保障等。

（六）水资源合理配置管理

水资源配置是水资源可持续利用的核心内容之一，水资源合理配置方式是水资源持续利用的具体体现。它是以水资源承载力为基础平台的水的分配。水资源配置如何，关系到水资源开发利用的效益、公平原则和资源、环境可持续利用能力的强弱。

（七）水资源经济管理

水资源经济管理就是通过经济手段对水资源利用进行调节和干预，包括水资源价值理论、水资源经济管理体系、节水效益分析、水资源折旧、排污收费等。

（八）水资源投资管理

水资源投资是维护水资源的重要保障。水资源投资管理主要包括与水资源投资有关的资金的筹措、资金的利用效率、资金的回收、资金的增（保）值、资金投入对国民经济的影响等。

（九）水资源风险管理

水资源开发利用与保护，既有自然风险（如干旱、洪水等），也有人为的作用而产生的人为风险（如设备出现故障导致供水中断等），水资源风险管理研究这些风险的产生、降低甚至消除，提出风险发生情况下要采取的应急措施。

（十）水资源信息与技术管理

水资源利用技术管理主要包括城市节水技术管理（工业、城镇生活节水）、农业节水技术管理、污水处理技术管理以及水资源配置技术管理等。

水资源规划与管理离不开自然和社会的基本资料和系统的信息供给，因此，加强水文观测、水质监测、水情预报、工程前期的调查、勘测和运行管理中的跟踪监测等，是管好水资源开发、利用、保护、防治的基础。

建立水资源综合管理信息系统，及时掌握水资源变动情况，如水量与水质变化、供水能力与需求变化、各行业用水与需水情况变化，为科学管理和调配提供依据。在此基础上要推行水资源持续利用评价，建立一种水资源政策分析机制，以便持久地调整或评价现在与未来的政策，审视水资源管理政策有利或不利于总体可持续发展战略的动态和改进。

（十一）水资源工程管理

我国的水利工程遍布大江南北，这些工程布局是否合理缺乏全局性的分析和研究。水资源工程管理就是结合社会、经济、环境等特点，研究水资源工程如何布局的理论与方法。在水资源工程布局过程中，要将产业布局、产业结构、产业制度和产业规模等作为重要因素加以考虑，谋划优化的水资源工程布局，取得较高的综合效益。

（十二）行业水资源管理

水资源具有多种功能，不同行业由于水资源利用方式、利用技术、利用效益等诸多因素的差异，对水资源管理也不相同，水资源管理具有一定的行业特点。行业水资源管理就是分行业研究水资源管理，如农业水资源管理、水资源景观管理、工业水资源管理等。

（十三）国际水资源管理

世界上有众多的国际河流，对这些河流的开发利用，由于涉及相关的国家，上、下游之间的矛盾处理更加复杂，水资源管理更具有特殊性。国际水资源管理是以国际河流为研究对象，研究其开发、利用、保护和协调等相关问题。

（十四）水资源综合管理

与水资源有关的部门、行业和领域极其广阔，对水资源管理不能就水论水，必须将其放在社会、经济、环境等复合体系中进行处理。森林管理、湿地管理在水资源管理中的作用以及WTO条件下的水资源管理等都应包括在其中。

（十五）水资源安全管理

水资源安全管理是水资源管理学的最终目标，通过水资源管理实现水资源安全是全社会共同关注的话题。

三、水资源管理目标

水资源管理的目标确定应与当地国民经济发展目标和生态环境控制目标相适应，不仅要考虑资源条件，而且还应充分考虑经济的承受能力。

水资源管理总的要求是水量水质并重，资源和环境管理一体化。水资源管理的最终目标是努力使有限的水资源创造最大的社会经济效益和最佳生态环境，或者说以最小的投入满足社会经济发展对水的需求。水资源管理的基本目标如下：

（一）形成能够高效率利用水的节水型社会

在对水的需求有新发展的形势下，必须把水资源作为关系到社会兴衰的重要因素来对待，并根据中国水资源的特点，厉行计划用水和节约用水，大力保护并改善天然水质。合理开发利用本流域的水资源，查明潜在的供水水源，并采取富有活力的、相互作用的、循环往复式的和多部门协调的方式，把技术、社会、经济、环境和人类健康等各个方面都相互结合起来，统筹考虑。

（二）建设稳定、可靠的城乡供水体系

在节水战略指导下，预计社会需水量的增长率将保持或略高于人口的增长率。在人口达到高峰以后，随着科学技术的进步，需水增长率将相对降低。按照这个趋势，应制订相应计划以解决各个时期的水供需平衡，提高枯水期的供水保证率，及遭遇特殊干旱的相应对策等，并定期修正计划，协调社会经济发展与水资源开发利用之间的关系，处理好各地区、各部门之间的用水矛盾，最大限度地满足各地区各部门之间的不断增长的需求。

（三）建立综合性防洪安全社会保障制度

人口的增长和经济的发展，使得遭遇到同样洪水的情况下，给社会经济造成的损失将比过去增长很多。在中国的自然条件下，江河洪水的威胁将长期存在。因此，要建立综合性防洪安全的社会保障体制，以有效地保护社会安全、经济繁荣和人民生命财产安全，以便在发生特大洪水的情况下，不致影响社会经济发展的全局。

（四）加强水环境系统的建设和管理，建成国家水环境监测网

水是维系经济和生态系统的关键性要素。通过建设国家和地方水环境监测网和信息网，掌握水环境质量状况，努力控制水污染发展的趋势，加强水资源保护，实行水量与水质并重、资源与环境一体化管理，以应付缺水与水污染的挑战。

四、水资源管理的原则

目前全球人类缺乏安全与充足的饮用水以满足基本的生活需要，水资源以及提供与支撑水资源的相关生态系统面临着来自污染、生态系统破坏、气候变迁等方面的威胁。关于水资源管理的原则，水利部提出"五统一、一加强"，即坚持实行统一规划、统一调度、统一发放取水许可证、统一征收水资源费、统一管理水量水质，加强全面服务的基本管理原则。我国水资源管理应遵循的基本原则如下。

（一）维护生态环境，实施可持续发展战略

在开发利用与管理保护水资源中，应把维护生态环境的良性循环放到突出位置，这样才可能为实施水资源可持续利用，保障人类和经济社会实现可持续发展战略奠定基础。

通过加强管理来规范水事行为，扭转对水土资源的不合理开发，逐步减少和消除影响水资源可持续利用的生活、生产行为和消费方式，遵循水的自然和经济规律，协

调人与水、经济与水、社会与水、发展与水的关系,科学合理地开发利用水资源,维护生态环境及水资源环境安全。

在水资源的开发利用中,既要考虑经济社会建设发展对水量与水质的要求,也要注意水资源条件的约束,尤其是水资源的有限性和赋存环境的脆弱性,将水资源环境承载能力作为开发利用水资源的限制因素,作为水资源管理的重要因素,使人类开发利用水资源与经济、社会、环境协调发展的要求相适应。

(二) 地表水与地下水、水量与水质实行统一规划调度

水资源包含水量与水质两个方面,共同决定和影响水资源的存在与开发利用潜力。开发利用任何一部分都会引起水资源量与质的变化和时空再分配。充分利用水的流动性和储存条件,联合调度,统一配置和管理地表水和地下水,可以提高水资源的利用效率。同时,由于水资源及其环境受到的污染日趋严重,可用水量逐渐减少,已严重地影响到水资源的持续开发利用潜力。因此,在制定水资源开发利用规划、供水规划及用水计划时,水量与水质应统一考虑,做到优水优用,切实保护。对不同用水户、不同用水目的,应按照用水水质要求合理供给适当水质的水,规定污水排放标准和制定切实的水源保护措施,充分发挥水资源管理在配置水资源中的综合作用和管理维护水资源环境持续利用的重要职能作用。

(三) 加强水资源统一管理

水资源应当按流域与区域相结合,实行统一规划、统一调度,建立权威、高效、协调的水资源管理体制。水资源管理中不仅要看到水在自然界的全部循环过程,包括降水的分布、水源保护、供水和废水处理系统以及和自然环境、土地利用等的相互关系,也要看到不同部门间的用水需求。同时,应当采取生态途径,并尊重现有的生态系统。不仅要考虑河流的整体或地下水系统问题,也要考虑水资源与其他自然资源间的相互关系。

(四) 保障人民生活和生态环境基本用水,统筹兼顾其他用水

开发利用水资源,应当首先满足城乡居民生活用水,统筹兼顾农业、工业、生态环境以及航运等需要。在干旱和半干旱地区开发利用水资源应当充分考虑生态环境用水需要。在水源不足地区,应当限制城市规模和耗水量大的工业、农业的发展。

(五) 坚持开源节流并重,节流优先,治污为本的原则

我国人均亩均水资源不多,并呈逐渐减少的趋势,加之水环境污染严重,加剧了我国的缺水。国家厉行节约用水,大力推行节约用水措施,推广节约用水新技术、新工艺,发展节水型工业、农业和服务业,建立节水型社会。各级人民政府应当采取措施,加强对节约用水的管理,建立节约用水技术开发推广体系,培育和发展节约用水产业;国家对水资源实施总量控制和定额管理相结合的制度,根据用水定额、经济技术条件以及水量分配方案确定的可供本行政区区域使用的水量,制订年度用水计划,对本行政区区域内的年度用水实行总量控制;各单位应当加强水污染防治工作,保护

和改善水质，各级人民政府应当依照水污染防治法的规定，加强对水污染防治的监督管理。

（六）坚持市场经济规律，发挥市场机制对促进水资源管理的重要作用

按照政府机构改革和水资源管理体制改革精神，政、事、企分开的原则，政府职能切实转变到宏观调控、公共服务和监督企业、事业单位运行方面来，对水资源活动实施统一法规、统一政策、统一规划、统一调度、统一治理、统一制定用水定额、统一制定水价、统一发放和吊销《取水许可证》、统一征收水资源费。企业单位按市场规律运作，并按现代企业制度进行自身建设。事业单位按政府授权进行工作，并对政府宏观调控给予技术支撑。

第二节 水资源管理学理论基础

一、水资源的可持续利用理论

（一）水资源可持续利用的含义及其内涵

水资源利用（Water Resources Utilization）是指通过水资源开发，用水主体运用和使用已开发水资源的方式与方法的总称。可供利用的水源主要有地表水和地下水两大类。地表水包括河水、湖泊水、水库水等，地下水包括泉水、浅层地下水、深层地下水等。按水资源利用方式可分为河道内用水和河道外用水。河道内用水包括水力发电、航运、渔业和水生生物、水上娱乐用水等；河道外用水包括城乡生活用水、工业用水、农业用水和生态用水等。因此，根据用水消耗状况，又可分为消耗性用水和非消耗性用水两类。按用途分，可分为生活用水、农业用水、工业用水、水力发电用水、航运用水、环境用水等。

水资源可持续利用（Sustainable Water Resources Utilization）是按照对社会可持续发展的解释，把能满足当代人的需求，同时又不对满足后代人需求能力构成危害所进行的水资源开发利用称为水资源可持续利用。它是为保证人类社会、经济和生存环境可持续发展对水资源实行永续利用的原则。可持续发展的观点是在寻求解决环境与发展矛盾的出路中提出的，并在可再生的自然资源领域相应提出可持续利用问题。其基本思路是在自然资源的开发中，注意因开发所致的不利于环境的副作用和预期取得的社会效益相平衡。在水资源的开发与利用中，为保持这种平衡就应遵守供饮用的水源和土地生产力得到保护的原则，保护生物多样性不受干扰或生态系统平衡发展的原则，对可更新的淡水资源不可过量开发使用和污染的原则。因此，在水资源的开发利用活动中，绝对不能损害地球上的生命保障系统和生态系统，必须保证为社会和经济可持续发展供应所需的水资源，满足各行各业用水要求并持续供水。此外，水在自然界循环的过程中会受到干扰,应注意研究对策,使这种干扰不致影响水资源可持续利用。

换言之,就是指当代人在开发利用现有水资源的同时不损害、不降低后代人用水的权利和水平,局部地区在开发利用当地水资源的同时不妨碍、不影响其他地区用水的可靠性和安全性,人类经济和社会的发展不能超过水资源与环境的承载能力,使水这一宝贵的自然资源对整个地球生命系统具有永恒的支撑力。

针对我国的实际来讲,水资源的可持续利用就是指通过对水资源的科学、合理、有效的开发利用和保护,实现水资源总量消耗的"零增长",确保水资源利用的连续性、持久性和稳定性,既要满足当前,又要考虑到长远;既要提高效率,又要兼顾公平;既要注重经济效益,又要同时结合生态和社会效益,以保证在任何时候、任何情况下我国都有能力为经济的发展、社会的进步和人民生活的改善永续持久地提供足够数量和高质量的水资源。

对于未来,水将成为可持续发展的最大制约因素。从可持续发展的观点来看,水资源可持续利用的核心问题是水的供需平衡。水环境状态的好坏主要是指江、河、湖、宙等水体根据功能区划对合理排污是否具有自净能力。水生态是指在一定的生态区域内,必须保持一定量的空中水、地表水和地下水,而该地区的生态系统必须具有涵养这些水源的能力。目前,世界上发展中国家和较贫困的国家还是大多数,发展的起点应当是先发展经济,改善和

提高人民的生活水平,消除贫困,实现保护环境与发展经济的协调目的。但要注意在发展经济的同时,必须保护和改善生态环境质量,逐步走向可持续发展的轨道。

从可持续发展的概念可以看到,可持续发展的内涵十分丰富,涉及社会、经济、人口、资源、环境、科技、教育等各个方面,但究其实质是要处理好人口、资源、环境与经济协调发展的关系。其根本目的是满足人类日益增长的物质和文化生活的需求,不断提高人类的生活质量。其核心问题是,有效管理好自然资源,为社会进步和经济发展提供持续的支撑力。

可持续发展的内涵可以概括如下:

1. 促进社会进步是可持续发展的最终目标

可持续发展的核心是"发展",是要为当今社会和子孙后代造福。造福的标准不仅仅是经济增长,还特别强调用社会、经济、文化、环境、生活等多项指标来衡量,需要把当前利益与长远利益、局部利益与全局利益有机地结合起来,使经济增长、社会进步、环境改善统一协调起来。

2. 可持续发展是以资源、环境作为其支撑的基本条件

因为社会发展与资源利用和环境保护是相互联系的有机整体,如果没有资源与环境作为基本支撑条件,也就谈不上可持续发展。资源的持续利用和环境保护的程度是区分传统发展与可持续发展的主要标准,所以如何保护环境和有效利用资源就成为可持续发展首要研究的问题。

3. 可持续发展鼓励经济增长

可持续发展有助于促进经济的增长,但可持续发展所鼓励的经济增长绝不是以消耗资源、牺牲环境为代价,而是力求减少消耗、避免浪费、减小对环境的压力。

4. 可持续发展强调资源与环境的合理分配

在当代人群之间以及国际之间实现公平合理地分配。为了全人类的长远和根本的利益,当代人群之间应在不同区域、不同国家之间协调好利益关系,统一合理地使用地球资源和环境,以期共同实现可持续发展的目标。同时,当代人也不应只为自己谋利益而滥用环境资源,在追求自身的发展和消费时,不应剥夺后代人理应享有的发展机会,即人类享有的环境权利和承担的环境义务应是统一的。

5. 可持续发展战略的实施合理性

在可持续发展的战略实施中,是以适宜的政策和法律体系为条件,必须有全世界各国、全社会公众的广泛参与。可持续发展是全球的协调发展。虽然各国可以自主选择可持续发展的具体模式,但是由此产生的环境问题是全球所共同面临的问题,必须通过全球的共同发展综合地、整体地加以解决。因此,各国必须着眼于人类的长远和根本利益,积极统一地采取行动,加强合作,协调关系。同时,积极倡导全社会公众的广泛参与。

(二)水资源与可持续发展的关系

1. 水资源与人口的关系

水是生命之源。水是人类和一切生物赖以生存和发展的物质基础。原始的生命起源于水,通过进化从水生到陆生,它们随时随地离不开水。水是一切生命新陈代谢活动的介质,生命活动的整个联系和协调、营养物质的运输、代谢物的运送、废物的排泄、激素的传递都与水密切相关。在生命过程中,通过水的蒸发将生命体不断产生的热量散发到体外,以保持体温的恒定。一个重60kg的成人,每天通过呼吸和体表散发出1L的水,带走约24.18kJ的热量,水分的不足或无水便会导致生理上的不协调,正常生理的破坏,甚至引起死亡。

在现代社会中,人类对水的需求越来越大,每年消耗的水资源增量远远超过对其他资源的消耗增量。随着人们生活水平的提高,人均需水量不断增加。

我国城市人均生活用水量约为90L/d。据各地调查分析:一般大城市目前的人均用水量为100~150L/d,最高为200~500L/d,最低为70~100L/d,中小城市用水量较低,一般为50~70L/d,最低在30L/d左右。北方用水标准明显低于南方。近年来,随着我国城市人口增加和生活水平的提高,生活用水量急剧增长,全国平均每年增长速度在3%-5%或以上。

2. 水资源与生态环境的关系

水资源是生态环境的基本要素,是生态环境系统结构与功能的组成部分。水以其存在形态与系统内部各要素之间发生着有机联系,构成生态系统的形态结构;水以其运动形式作为营养物质和能量传递的载体,不停顿地运转,逐级分配营养和能量,从而形成系统的营养结构；水在生态系统中永无休止地运动，必然产生系统与外部环境之间的物质循环和能量转换，因而形成系统功能。水在生态系统结构与功能中的地位与作用，是其他任何要素无法替代的。

水是可恢复再生的自然资源，通过水循环，往复于陆地和海洋之间，支持物质循环、能量转换和信息传递的运转。在生物圈中，生物地质化学循环也是靠水的运动和调节进行的总之，生物圈内所有物质虽以不同形式进行着无休止的循环运动，但在任何物质的循环过程中，都离不开水的参与和水的独特的作用。

水在自然界中，以其形态的存在构成环境的重要因素。没有水的自然环境是不堪设想的，就是在荒漠化的环境中，水也是有份的，而且在一般环境中水也是最易被污染的。为了保护环境，维持生态平衡，必须保持河川水环境的正常水流和水体自净能力，以满足水生生物和鱼类的生长，维持江河湖泊的生存与演化，以及保证水上通航、水上运动、旅游观光等各项环境功能。

水资源的开发利用可以改变环境状况。开发合理得当，能使环境由荒野状态变得文明秀丽；开发利用不当，则会造成环境恶化和污染。环境（自然的和人文的）的优劣也能制约或影响水资源开发的难易，但一旦开发好了，环境的潜在资源价值也可变成可贵的现实资源，如旅游资源等。

3. 水资源与经济社会发展的关系

"发展"一词，人们通常是按经济学概念理解为经济的增长，即发展是指经济的发展；而按可持续发展要求，发展则包括整个社会经济、资源和环境都要协调发展，发展含义是大大拓宽了。这里我们论述水与发展的关系，主要是针对社会和经济的发展。

水资源是一个国家或地域发展的重要条件，尤其在低级和中级发展阶段更是如此。人类发展的历史表明，古人是逐水栖居的，人类最早的文明起源是在埃及的尼罗河、中国的黄河、印度的恒河和古巴比伦的两河流域发生和发展的；近代世界和我国的一些著名大城市也都是依水滨海而建的。这就实证了水资源对地区和城市发展的重要性。水资源是国民经济和社会发展的一项重要物质基础。工农业生产活动像生命系统一样离不开水的供给，而且随着生产力的发展，需水量将大大增加。

（三）水资源可持续利用原则

1. 区域公平原则

水资源开发利用涉及上下游、左右岸不同的利益群体，各利益群体间应公平合理地共享水资源。这些利益群体既可能包括国与国的关系，也可能包括省与省、市与市之间的关系。区域公平性原则成为国家间的主权原则，即各国拥有按其本国的环境与发展政策开发本国自然资源的主权，并负有确保在其管辖范围内或在其控制下的活动不致损害其他国或在各国管辖范围以外地区的环境的责任。显然，国际河流和国际水体的开发应在此原则的基础上进行。而一个主权国家范围之内的流域水资源开发，则应在考虑流域整体利益的基础上，充分考虑沿河各利益群体的发展需求。

2. 代际公平原则

水资源可持续利用的代际公平是从时间尺度衡量资源共享的"公平"。可持续发展常常定义为"不以破坏后代的生存环境为代价的发展"。虽然水资源是可更新的，但水资源遭到污染和破坏后其可持续利用就不可能维系。特别是地下水资源的过度开采可能导致地面沉降、海水入侵和地理环境破坏，其后果往往是不可逆的。因此，不仅要为当代人追求美好生活提供必要的水资源保证，从伦理上讲，未来各代人也应与当代人有同样的权利提出对水资源与水环境的正当要求。可持续发展要求当代人在考虑自己的需求与消费时，也要为未来各代人的要求与消费负起历史的与道义的责任。

3. 需求管理原则

传统的水资源开发利用是从供给发展角度考虑的，认为需水的增长是合理的且是不可改变的，传统的水利发展和所有的管理工作是努力寻找和开发新的水源、储水、输水和水处理工程。扩大供水能力一直是追求的目标，直到需水得到满足，或由于资金不足，或由于技术上不可行才停止。

需求管理原则并不排斥人们为了追求高标准生活质量对水的需求，更重要的是这种需求应在环境与发展的总框架下进行。供水量越大，废污水就越多，为了保证环境质量，则水处理的要求就越来越难，因此，在水资源可持续利用中应摒弃传统水利的工程导向，而应从水资源合理利用的角度，通过各种有效的手段提出更合乎需要的用水水平和方式。需求管理从某种意义上意味着限制，因为没有限制就不可能持续。

4. 可持续性原则

水资源可持续利用的出发点和根本目的就是要保证水资源的永续、合理和健康的使用。一切与水有关的开发、利用、治理、配置、节约、保护都是为了使水资源在促进社会、经济和环境发展中发挥应有的作用。水资源和水生态环境是资源和环境系统中最活跃和最关键的因素，是人类生存和持续发展的首要条件。可持续发展要求人们根据可持续性的要求调整自己的生活方式，在不破坏生态环境的范围内确定自己的消耗标准。

可持续性原则还包括另外两方面的内容：一是合理配置有限的资源，二是使用替代或可更新的资源。水资源的优化配置是协调社会、经济、环境目标的有效手段，而污水资源化、海水淡化等，则是在必要条件下对水资源町持续利用的重要补充。

（四）水资源持续利用的动力

1. 生态、自然资源价值观

研究解决水资源利用（或其他自然资源利用）与生态环境问题，固然要从多方面（如体制、政策、法规、技术措施等）入手，自然资源价值观则是带有根本性的问题。在社会进入持续发展时代的今天，囿于自然资源无价值论的观点已没有什么意义，倒不如面对现实，以自然与社会、环境与发展的协调关系和人与自然之间的主客体关系为出发点，研究如何建立明确的自然资源价值观、价值理论和定价方法，这才是当务之急。其实，无论从哲学价值观、劳动价值观和效用价值观的角度看，或在功效论、财富论和地租论的基础上,以可持续发展观点为准绳,都可得出自然资源有价值的结论。

自然资源有价值,既包括了资源(物质)实体的价值,又包括了培育物质实体的生态环境价值,说到底,是生态系统(包括资源和环境)有价值。生态系统对人类的总体效应或价值与组成系统的单一资源要素转化为商品的有用性是不同的。前者着重整体性和多用性,后者着重个体性和专用性;系统整体价值远远大于各组成要素价值的总和。以森林生态系统为例,木材作为商品固然有价值,而它更多方面的效用,如保持水土、涵养水源、调节气候、净化大气、美化环境等,是单一商品价值无法比拟的。水资源生态系统的总体价值也是如此。

特定生态系统的多用性,是在一定的时空内发生作用的,有益的方面为所有人共享,有害的方面也为所有人共受。生态系统内的资源、环境多半是再生的,它们的有用性是可持续永存的,除非人为地破坏了它的可持续性。生态系统用途的多样性,特别是生物的多样性,是人类生存发展绝不可缺少的,也是其他资源无法替代的。因此,生态系统对人类生存发展的价值是其他价值无法比拟的。

2. 水资源价值的体现

既然生态系统、自然资源有价值,那么水资源也有价值的结论就有了可靠的基础。实质上,水资源开发、利用、保护、防治和管理的过程,就是人类对水资源价值认识和实现的过程。水资源对人类生存发展的价值,主要体现在下列几个方面。

(1) 维持生命和非生命系统的价值

生命起源于水中,生物首先是在水中发现和发展起来的。水是生命活动的基础,是生物新陈代谢的介质。生命活动的整体联系和协调与水密切相关,时时刻刻离不开水。水对人类生存与繁衍的价值是最重要、最根本的价值。水对非生命系统的存在与发展,也是绝不可缺少的重要因素。地球上联系生命与非生命的生物地质化学循环,即气体循环、水循环和沉积循环,都是有水的参与或以水为载体进行的。自然界满足人类需求的生活、生产资料的供给,更是离不开水的参与和供给。水资源满足上述生命与非生命系统存在和发展需求的程度与效用,就是水资源对生(非生)命存在与发展的价值。

(2) 支持经济社会发展的价值

人类生存和繁衍对水的需求是最根本的需求,而发展则是人类永恒的追求。为此,必须不断发展社会生产力,发展农业、工业和其他产业,才能不断提高人们的生活水平。要实现发展目标,离开水资源的供给和水环境物质的支持是绝不可能的。因此,水对经济社会发展满足的程度,就是水资源、水环境的价值。

(3) 水的生态价值

水要不断满足自然和社会的物质、精神需求,必须保持和改善水所依托的母体——生态系统的良性循环,维持稳定有序的自然生产力和抗御外界干扰的适应能力、恢复能力。水除作为生态系统结构和功能的要素外,必须参与和维持地球物质循环的正常运转,以增强生态系统的更新再生和持续能力。水对生态系统正常运转需求的满足程度与作用,就是水资源的生态价值。

（4）水的环境价值

水不仅是经济社会发展的重要基础资源，也是自然环境的重要组成要素。水具有净化环境或同化污染物的功效，是美化环境、美化景观不可缺少的要素。这就是水的环境价值。

（5）水的文化价值

人类除满足物质需求之外，还要满足精神需求。人们既希望生活在气候宜人、山清水秀的环境之中，又希望游览名山大川、名胜古迹，修身养性，陶冶情操。人们追求的精神环境，离开清洁的水几乎是不可能的，尤其是随着国民经济发展和人民生活水平的提高，精神文明的需求就愈来愈强烈，水的文化价值就愈来愈重要。目前，水资源短缺形势愈来愈严峻，水资源的价值也就愈来愈升值。水资源短缺和价值升值，使人们不得不合理规划、优化配置、精心保护、科学管理水资源和节约用水，从而形成了水资源整体持续利用的强劲动力。

二、水资源系统复合理论

（一）水资源复合系统的内涵

社会是经济的上层建筑，经济是社会的基础，又是社会联系的中介，自然则是整个社会、经济的基础，是整个复合生态系统的基础，是人的活动与自然过程构成的社会－经济－自然复合生态系统。复合生态系统的架构如图7-1所示。

水资源系统是复杂的复合系统。水资源是社会——经济——生态系统中的一个纽带，它们之间存在一个复杂的关系，可以用图7-2来进行简要说明。

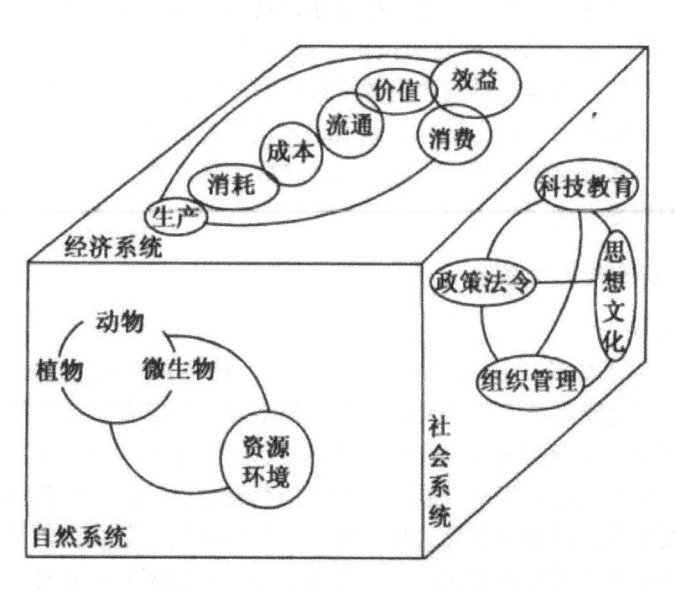

图7-1 复合生态系统的构成

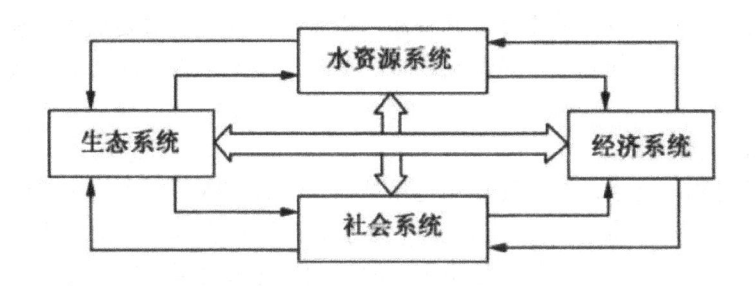

图 7-2 水资源复合系统示意图

在这个系统中，水资源——生态——经济——社会系统相互作用、相互耦合形成一个新的系统，可以简称为WEESCD系统，它是水资源（Water）、生态（Ecology）、经济（Economy）、社会（Society）、耦合（Coupling）和发展（Development）英文名称的缩写，下面对其具体内容做详细的介绍。

社会的持续发展，水资源持续开发利用是重要的支撑条件，它是区域水资源——生态——经济——社会相互作用、相互耦合、共同发展的综合体，也称复合系统。在此系统中，每一因素（如生态）都是该系统的一个链，它的变化会不同程度地影响其他链条的变化，并且经过系统的耦合作用，或者加大系统的变化（称之为耦合升压效应），或者减小系统的变化（称之为耦合减压效应），或者系统发生微小的扰动（称之为耦合恒压效应）。

在水资源可持续利用评价中，WEESCD和可持续发展理论并不是孤立存在的，而是相互作用、共同指导实践，分开进行论述只是为了阐述的方便。正如我们常说的那样，没有革命的理论就没有行动的指南，水资源——生态——经济——社会耦合发展理论和可持续发展理论是构建资源可持续利用评价指标体系的基石，具有决定性的指导作用，指标体系的建立过程就是上述理论应用于实践的过程，也是理论联系实际并不断得到具体深化的过程。因此，该理论成为建立资源可持续利用评价理论模型的精髓和总的指导原则。

（二）水资源复合系统的特征

1. 多目标性

水资源作为水资源——生态——经济——社会复合系统的一个子系统，其剧烈的变化会对其他子系统产生重要的影响。当水资源系统发生突变的时候，整个系统可能崩溃，重新建立新的系统。在该系统中，水资源系统本身的开发利用涉及生态环境的变化以及能否满足经济的发展，也关系到社会的可持续发展具体说来，水资源系统要同时满足生态、经济和社会目标。每一个目标义包含若众多的子Ⅱ标，水资源要同时满足这些众多子目标的要求，而且众多子目标要和谐并不容易。这是从水资源系统本身而言的。对于整个复合系统而言，目标也不是单一的，而是多冃标的。如社会要持续发展，各要素之间就要和谐统一，不能因水资源问题而产生不可调和的矛盾；经济要可持续增长，满足日益增长的物质文化需求，水资源要支撑经济发展的用水需求；生态系统要保持相对稳定，不能因为水资源开发利用而导致整个系统的崩溃，从而影响人的生存。

2. 竞争性

水资源具有多功能性，在 WEESCD 系统中可以得到充分体现。在 WEESCD 系统中，水资源在身系统中循环，同时参与生态系统、经济系统和社会系统的循环，而且它们之间相互作用形成一个新的复合系统。在复合系统内部，存在着很强的竞争性，如经济系统和生态系统之间存在竞争性。由于经济高速发展，过度开发水资源，导致生态环境恶化的例子很多，恢复生态用水已经成为当前强烈的呼声，足以证明竞争的严酷性。因为竞争性的存在，合理分配水资源在各系统之间的数量，让系统和谐发挥更佳的效能，成为我们今后相当长一段时间内面临的重要课题。

3. 复杂模糊性

水资源复合系统是一个复杂的模糊系统，不仅表现在水资源系统本身的复杂模糊性，也表现在经济、社会和生态系统本身的复杂模糊性。如对于水资源系统本身而言，水资源丰富与短缺就是模糊的概念；生态系统中的恶化与良好也难以精确描述；经济系统中的各产业之间的协调也是如此；社会系统中收入高低也是模糊性的。四个模糊系统耦合形成的新系统也具有模糊性。

三、水资源生命周期理论

（一）水资源生命周期的内涵与分类

水资源的生命周期同一般产品的周期是不一样的，有其特殊性，主要表现在其来源的特殊性和废弃后产生的效应不同。一般的产品在原料采集阶段就对自然产生一定的影响，而且要投入一定的人力、物力和财力，而水资源则来源于天然降水，是自然之物，一般不需要投入人类的劳动价值。从水资源的特性和水资源利用方式来看，水资源的生命周期可以包括水资源循环生命周期、水资源开发利用生命周期和水资源利用生命周期、水资源恢复生命周期几种。

1. 水资源循环生命周期

水资源循环的生命周期是与水文循环紧紧联系在一起的。水文循环分为海陆之间的大循环、海洋小循环和陆地小循环。来自海水蒸发的水分进入大气，并随着大气环流的运动扩散到海陆上空。在陆地，因降水或者形成径流，或者通过地表径流回归大海，或者通过各种形式的储蓄最后回到海洋，这样水在陆地与海洋之间的循环运动，就是海陆大循环，形成一个闭环，可以称为水资源海陆大循环生命周期。海洋小循环就是海洋蒸发的水汽凝结后直接以降水的方式回归到海洋，在这里也可以称为水资源海洋小循环生命周期。陆地小循环就是降水在陆地表面形成水体，通过直接蒸发或者土壤植被的蒸腾，水分重新回到大气，在这里可以称为陆地小循环生命周期。

2. 水资源开发利用生命周期

水资源开发利用生命周期就是从水资源开发开始，经过各种利用，然后再回到自然的整个过程。处于自然状态下的水资源，需要经过人类的开发（如修建水坝、池塘等）进行水资源贮存，然后输送到生产者、消费者那里进行利用，利用完毕的水成为废水被排放到自然环境之中。当然，近年来随着人们环境意识的提高和水资源短缺等各种因素的影响，废水经过各种途径进行处理，或者进行循环使用，或者排放。

需要说明的是，水资源开发利用生命周期并没有形成一个完整的"闭环"，没有形成一个"完整"的生命周期，回到原始的位置，但我们依然称其为一个生命周期，是因为我们在开发利用时终点就是"废弃"，对于水资源的利用而言，已经形成了"开发 —— 利用 —— 废弃"的全过程。

3. 水资源利用生命周期

水资源利用生命周期，就是水资源开发利用生命周期中去除开发的过程。它是从利用角度而言的。对于生产者或者消费者而言，它不关注水资源是如何开发的，但利用却是不能忽略的。对于一个生产单位而言，水资源进入"车间"，经过利用之后，最终被排放出去脱离生产。实际上这个过程就是"进口 —— 出口"，形成了一个范围较小的生命周期。

4. 水资源恢复生命周期

水资源恢复生命周期，从字面上理解就是水资源得以恢复的过程。恢复存在两种情况：一种是更新；另一种恢复的情况就是可再生。

（二）水资源生命周期评价

水资源生命周期评价应该评价什么，这是水资源管理中重要的问题。在环境学生命周期评价中，主要评价的是对环境的影响，目标非常明确。水资源生命周期评价的目标与环境学中的不一样，是多目标的（至少是两个目标）。

所谓水资源生命周期评价是指在水资源生命周期内对社会、经济、环境的影响评价。由于水资源在社会、经济、环境中占有重要地位，在水资源生命周期内，水资源开发利用对社会、经济、环境都产生影响，只是在不同的阶段，影响的因素和程度存在差异。如在开发阶段，对生态环境的影响占有很重要的位置；在利用阶段，水资源作为一种原材料投入到生产领域，共同创造价值，对经济发展做出贡献；在排放阶段，主要是对生态环境的影响。水资源生命周期评价就是全过程内对社会、经济、环境的影响。从另一个角度来看，水资源生命周期评价是某个阶段内对水资源环境的影响，如在产品的原料采集阶段对水资源环境的影响、生产阶段对资源环境的影响、产品使用完毕废弃后对水资源环境的影响等。图7-3是对水资源生命周期的一种表达方式。

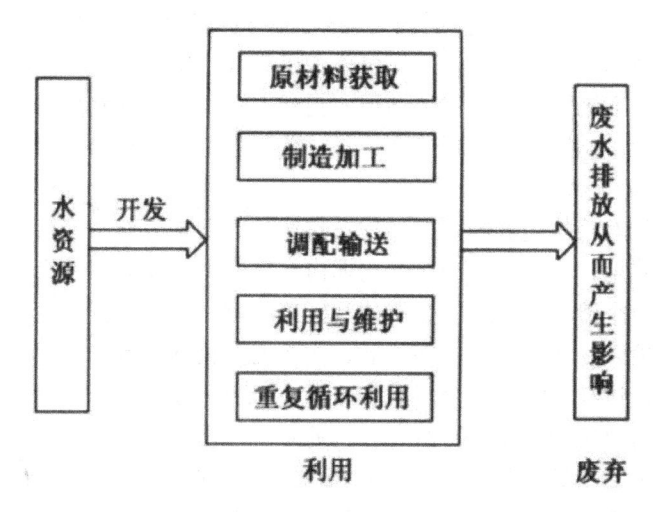

图 7-3　水资源生命周期框

综上所述，水资源生命周期评价有两个层次：其一，是某活动整个过程中对水资源的影响，包括数量和质量的影响；其二，是在水资源生命周期内水资源开发利用对社会、经济、环境的影响。

（三）水资源生命周期评价方法

水资源生命周期评价程序和方法如图 7-4 所示。

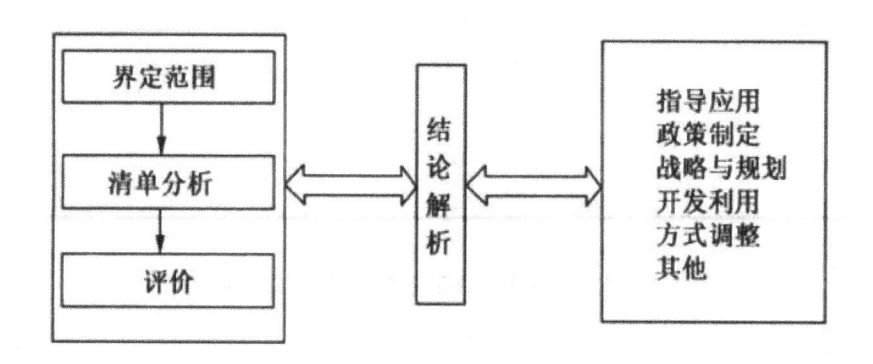

图 7-4　水资源生命周期管理

1. 界定范围

水资源生命周期管理涉及的范围很广泛，但不能没有边界，确定一个合理的边界是非常重要的，否则，就无从下手。边界包括系统边界和时空边界。系统边界指水资源生命周期中涉及的所有过程和活动，主要指开发、利用和废弃过程对社会、经济和环境的影响。时空边界是指水资源生命周期管理的时间和空间范围。空间范围决定了水资源生命周期管理的地理位置，时间边界是指水资源生命周期管理的长短。实际上，对于水资源生命周期管理而言，我们不仅要考虑当代，重要的是还要将后代纳入考虑范围，这样才能保证水资源的可持续利用。当然，水资源开发利用对环境的影响也有一定的时间滞后性，但这种时间效应应该与"代际"有效地结合起来。

2. 清单分析

清单分析是指对系统边界的所有过程在整个生命周期内对水资源环境的影响，或者水资源开发、利用、废弃的整个生命周期内水资源变化及其对社会、经济、环境的影响，并制定出一个清单表。清单分析的基础工作就是收集数据，主要包括能量、原材料及辅助能的输入、终产品及中间产品、排放物及废弃物等。清单分析应尽可能详细，不要有遗漏，这样才能保证分析时不遗漏，避免因没有充分考虑各种影响引起决策的失误，保证将政策的制定置于综合分析的平台之上。生命周期分析清单为所有与系统相关的投入和产出提供了一个总的影响图谱，也就是详细的数据库。

为了具体说明清单分析，我们以农田尺度水资源变化的生命周期分析清单为例进行具体说明（图 7-5）。

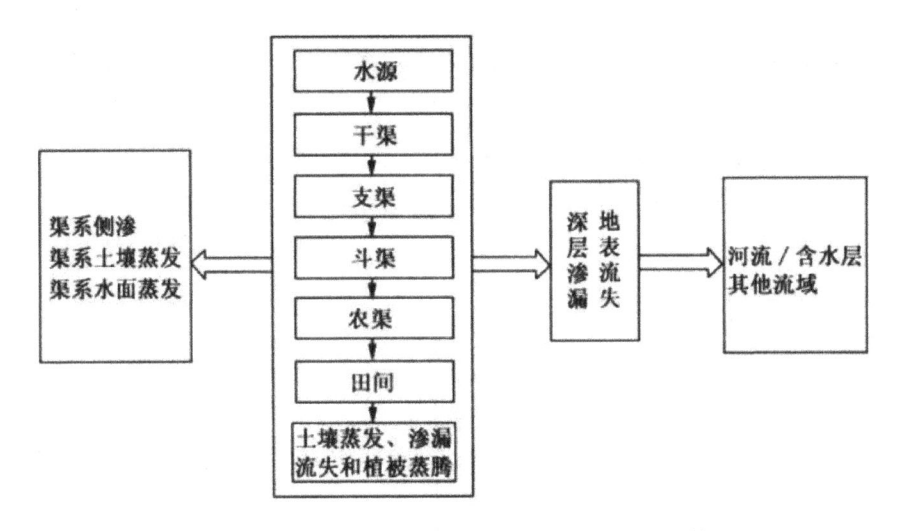

图 7-5　农田尺度水资源变化的生命周期分析清单

图 7-5 中对农田系统的水资源变化进行了整体的分析，以水资源流动为主干线，由水源-干渠-支渠-斗渠-农渠，然后进入田间。每一过程都有水资源渗漏和蒸发，渗漏和蒸发又分为不同的类，都需要进行详细的分析并将其列出来。同样，进入田间的水，以土壤蒸发、潜水蒸发、植物蒸腾、深层渗漏、流失、退水和排水等方式发生变化。通过每一环节的分析，可以知道水资源在各个环节的分配，从而可以清楚地了解水资源在各个环节的作用，为提高水资源利用率和利用效率采取的技术经济手段的制定奠定科学的基础。

3. 影响评价

影响评价就是将清单分析阶段中列出的各种影响因子进行定性分类或者定量转化,并给予评价,以最终确定和比较整个生命周期过程对水资源环境影响的大小通常而言,影响评价要经过定性分析、数据指标化和评价过程。定性分析就是将影响因子与影响类型进行归类分析,每一个因子对水资源产生影响,众多因子共同作用,尽管影响的大小有所差异,但可以将影响的效果进行归类分析,得到比较清晰的结果。比如可以将对水资源的影响归结为水资源数量的影响、水质的影响、水生态影响等。数据指标化就是对影响类型中的因子进行指标化,建立影响因子与类型指标的定量关系。如全球变暖是目前国际上比较关注的问题,通常采用 CO_2 作为标准进行量化,实际上影响全球变化的污染物有很多,可以按照一定的标准量化为 CO_2 的量(即多少单位的某一污染物对全球变暖的贡献相当于 1 个单位的 CO_2 对全球变暖的贡献)。评价就是对各个不同类型给予一定权重,将其归结为一个指标,从而进行比较的过程。

4. 结论解释

水资源生命周期管理的目的是提高水资源利用率和利用效率,同时减少其开发利用所产生的副作用。通过对水资源开发利用生命周期中水资源数量或者质量变化的深入研究分析,提出水资源消耗和水资源环境污染物质排放的改进措施,如改变产品结构、工艺、废弃物管理方法等,增加水资源高效利用量。水资源生命周期评价提供了水资源整个周期内的变化或者影响,给定了一个全景式的图谱,但要实现其改进措施,必须结合资金、劳动力、科技条件、经济条件和社会条件等各种因素,所采取的改进措施才能符合实际。

5. 结果的应用

水资源生命周期评价的结果,可以用来评定现有的政策、战略与规划、开发利用方式是否合理,从而指导政策的制定、战略与规划的调整、开发利用方式的修正等。

(四)水资源生命周期评价的优点

水资源生命周期评价的优点主要表现在以下几个方面:

(1)生命周期评价为水资源管理提供了一个系统框架,可以识别、量化、评价水资源开发利用全过程所造成的各方面影响,如效益、环境等;

(2)对具有同等功能的产品所利用的水资源效率进行综合比较;

(3)识别水资源生命周期中对关心的问题(效率、环境影响等)起主导作用的阶段,进而寻求如何改进的方案;

(4)指出水资源利用管理改进的方向。用生命周期思想管理水资源是系统工程理念在水资源管理中的具体应用,它是一种更加高效、系统的水资源管理新模式,可以从整体上掌握水资源开发利用产生的利弊,有利于水资源合理开发利用,协调经济、环境和社会发展模式。

第三节 水资源量管理

水资源量管理是水资源管理的基本组成之一，也是必不可少的重要内容。由于水资源中的淡水资源越来越珍贵，所以对水资源量：管理显得更加重要。

一、水资源量管理基础

（一）地表水资源量

广义地讲，以液态或固态形式覆盖在地球表面上的自然水体都属于地表水。它包括海洋水、湖泊（水库）水、冰川水、河流水和沼泽水。地表水域覆盖的地球面积达到了地球表面积的75.1%，地表水的储量约占地球总储水量的97.9%。

在我国，人们通常所说的地表水并不包括海洋水，属于狭义的地表水的概念。地表水资源量就是河流、湖泊、冰川等地表水体中由当地降水形成的、可以更新的动态水量，一般常用天然河川径流量来表示。

（二）地下水资源量

地下水资源量是指降水、地表水体（含河道、渠系和渠灌田间）入渗补给地下含水层且可以更新的动态水量。山丘区采用排泄量法计算，包括河川基流量、山前侧向流出量、潜水蒸发量和地下水开采净消耗量；平原区采用补给量法计算，包括降水入渗补给量、地表水体入渗补给量和山前侧向流入量。在确定各行政分区和流域分区地下水资源量时，扣除了山丘区与平原区之间的重复计算量。

（三）水资源总量

水资源总量指当地降水形成的地表、地下产水总量（不包括过境水量），由地表水资源量加地表水资源与地下水资源间不重复量而得。

（四）水资源可利用量

水资源可利用量包括地表水资源可利用量和地下水可开采量两部分。

地表水可利用量是指在可预见的时期内，在同时考虑生态环境需水和必要的河道内用水需求的前提下，通过经济合理、技术可行的措施，可供河道外一次性利用的最大水量（不含回归水重复利用量）。

地下水可开采量是指在可预见的时期内，通过经济合理、技术可行的措施，在不致引起生态环境恶化的条件下，允许从含水层中获得的最大水量。水资源可利用总量包括地表水水资源量与浅层地下水可开采量，并需扣除地表水可利用量与地下水可开采量之间重复计算的水量。重复水量主要是指平原区浅层地下水的渠系渗漏和渠灌田间入渗补给量的开采利用部分与地表水资源可利用量之间的重复计算量。

(五) 水资源开发利用程度

水资源开发利用程度通常用地表水资源开发率、地下水开采率和水资源利用消耗率来表示。地表水资源开发率是指地表水资源供水量占地表水资源量的百分比;地下水开采率是指地下水实际开采量占地下水资源量的百分比;水资源利用消耗率是指用水消耗占水资源总量的百分比。

(六) 供水量

供水量指各种水源工程为用户提供的包括输水损失在内的毛供水量,按地表水源、地下水源和其他水源(污水处理回用、雨水利用和海水淡化)三类水源统计。

(七) 用水量

用水量指分配给用水户的包括输水损失在内的毛用水量,按农业(含林、牧、渔、畜的用水)、第二产业、第三产业、居民生活、生态五大类统计。

(八) 用水消耗

用水消耗是指毛用水量在输水、用水过程中,通过蒸腾蒸发、土壤吸收、居民和牲畜饮用等各种形式消耗掉,而不能回归到地表水体或地下含水层的水量。

二、水资源需水预测

水资源需水预测是以社会和国民经济计划及国土整治规划为依据,与江河流域规划等水利规划相结合,要求掌握水资源的供需现状和现有水利工程的供水能力,分析预测不同水平年需水要求,按照可持续开发、供需协调、合理高效利用水资源等原则,分析制定水源地和供水工程设施的发展规划以保证水的稳定供给,促进国民经济的持续发展和社会繁荣。

我国经济建设实践充分证明,水资源需水预测是国民经济和社会发展计划的重要组成部分,也是国家和各省、自治区、直辖市政府制订水利计划的重要依据。在进行水资源需水预测时,必须依据经济和社会发展的要求,一方面根据可持续开发、供需协调、切实可行、经济合理、高效利用资源等原则;另一方面与水利部门的工作计划相结合。

根据我国的基本国情,水资源需水预测可分为生活用水(城镇生活用水和农村生活用水)、工业用水(电力用水、一般工业用水和乡镇工业用水)、农业用水(农田灌溉用水、林牧渔业用水)和生态环境用水等几类。

(一) 工业需水量预测

一个地区工业需水量的变化趋势,与国民经济计划、长远规划和工业生产工艺及其用水水平有关。国民经济发展计划和长远规划决定了地区的工业生产发展规模和结构,工业生产工艺及其用水水平决定着用水量和水的重复利用率。在预测工业生产需水量时，由于城市性质、发展程度、工业结构和布局的不同，所掌握的现状资料不同，以及预测的目的和用途不同，采用的预测方法也不同。具体的工业需水量预测方法很多，归纳起来大致可分为四类，即产量法、产值法、相关法和综合法。这四种方法的适用范围不尽相同，一般粗线条规划阶段多采用产量法或产值法，而对于新建城市和工矿区又以产量法较为方便。老城市采用产值法比较适合；在详细规划或供水工程设计阶段，以及在计划供水和节约用水的管理工作中，需要预测短期的工业需水量，对预测精度要求较高，因而常采用相关法或综合法，先是采用多种方法进行预测，然后对各种预测结果进行比较分析，以论证预测结果的合理性，从而确定较为适宜的预测结果。

1. 产量法

所谓产量法，就是通过各种工业产品年生产总量和单位产量需水量指标来推求工业生产需水量。工业产品和产量是衡量工业生产规模的重要指标，利用它来预测工业生产需水量，是比较直观和准确的。根据城市的工业结构的差异，产量法又分为单位产量需水量推算法和分区汇总分析法。

（1）单位产量需水量推算法

单位产量需水量推算法是通过各种产品的单位产量需水量指标和未来年份各种产品的产量，来推算未来年份的工业生产需水量。

单位产量需水量推算法是以单位工业产品的需水量指标作为计算基础的。一般情况下，一定生产工艺下的单位产品需水量指标是比较稳定的，而生产工艺在一定时期内也是比较稳定的，因此，采用此法预测工业生产需水量，可望达到较高的精度，尤其是当区域内或企业内的工业产品种类较少时（如以某种产品为主的新建工业城市或工矿区），采用此法更为适宜，并且较为简便。但是，对于综合性城市来说，工业产品种类很多，不适宜使用此法。

（2）分区汇总分析法

如果新建的工业城市或工矿区是以数个行业的大型企业为主，可以将全市或全区按照工业布局区划分为若干个小区，在每一小区中采用单位产量需水量推算法或其他方法预测未来年份的工业生产需水量，然后将各区工业生产需水量汇总，即可得到全区的工业生产需水量。

分区汇总分析法是在单位产量需水量推算法或其他方法的基础上，针对区域工业布局规划的实际情况，采取先分区计算后汇总的办法，颇有应用价值。尤其是较大的工矿企业，其建设规模都有规划设计文件可循，规划的产品产量和需水量都可以在规划设计文件中查取，应用起来十分方便。但是，只有那些由大型工矿企业组成的特殊工业城市，才能比较容易分区。而大多数城市的工业项目很多，并且分布较为混杂，各个行业发展到一定规模，城市就成为综合性的工业城市，这时就不容易分区，特别是那些老城市就更不易分区，所以分区汇总分析法也就不大适用了。

2. 产值法

产值法是利用综合的或分行业的工业生产总值和单位产值需水指标来推算区内工

业生产需水量。工业生产总值也是一个衡量工业生产规模的重要指标。通过分析工业总产值的发展变化来预测工业生产需水量的变化，也是一种比较简便的方法，应用较为广泛。目前，国民经济计划部门制定工业发展规划时，多以工业总产值为指标，制定的工业发展目标就是工业总产值的发展目标，这更给利用产值法预测工业生产需水量提供了方便条件。地区的工业结构及其今后的发展变化情况不同，在应用产值法进行工业需水量预测时的具体做法也有所不同。因而，产值法又可分为单位产值需水量推算法、轻重工业产值比例推算法和行业产值需水定额推算法。实际工作中，可以根据具体情况加以选用：

（1）单位产值需水量推算法

该法是通过该地区近几年平均的各工业部门综合的单位产值需水量和未来年份的规划工业生产总值，来推算未来年份的工业生产需水量。

（2）轻重工业产值比例推算法

将区内工业分为轻工业和重工业两种类型，并分别求出它们的产值占全区工业总产值的比例及它们的单位产值需水量，然后根据全区未来年份规划工业总产值，推算出全区的工业生产需水量

（3）行业产值需水定额推算法

利用产值推算工业生产需水量，将工业分为轻工业和重工业仍嫌过粗。在轻工业和重工业内部，不同行业的单位产值需水量差别仍然很大。因此，应先确定行业的单位产值需水量定额，然后依据未来年份的规划工业总产值和各行业规划产值占规划工业总产值的比例，推求出全区的工业生产需水量。

轻重工业产值法和行业产值需水定额推算法均考虑了未来工业结构变化对工业生产需水量的影响，较单位产值需水量法更为合理。但是，它们同样也未考虑未来物价变动和单位产值需水量减少因素对单位产值需水量的影响。一般说来，应用这两种方法所预测的未来工业需水量比实际需水量偏大。

3. 相关法

相关法是通过对工业生产需水量与时间序号、工业产值、工业用水重复利用率等各种因素之间的相关分析，建立回归模型，来预测未来年份的工业生产西水量。一般来说，随着工业生产的发展，工业生产需水量也有相应的增加总势。

因此，可利用相关分析的方法建立工业生产需水量与其他因素之间关系的回归模型，用以预测未来年份的工业生产需水量。

（1）时间相关法 —— 趋势法

根据地区的历年工业生产用水资料，按发展阶段分析其工业生产需水量的年平均增长率，分析今后工业发展情况将与历史上哪一阶段类似，则将该阶段的增长趋势外延得到未来年份的工业生产需水量。

（2）产值相关法 —— 增加率法

根据以往工业用水统计资料，查出历年工业生产需水量（即供水量）的实际值，分析它与历年工业年产值的相关性。

（3）复相关法

复相关法是通过多因子相关分析来预测未来工业生产需水量的一种方法。按选取因子的不同，复相关法又包括加权系数法、多元回归法等多种具体方法。

（4）综合法

所谓综合法，就是综合考虑工业结构的改变、长远规划的目标、用水水平的提高等各种自然的和社会的因素，对某地预测方法进行适当的修正，或者是综合几种方法的长处，以预测未来年份的工业生产需水量。综合法包括多种具体方法，这里仅介绍以提高工业生产用水重复利用率为主的综合法。

以提高工业生产用水重复利用率为主的综合法，是根据单位产值需水量与工业年产值及工业生产用水重复利用率复相关的原理，不通过复杂的相关分析，而通过简便运算，求得未来年份的单位产值需水量。它主要是利用实际调查所得到的起始年份工业生产用水重复利用率、计划部门和供水管理部门所规划的未来年份工业生产用水重复利用率，来推算未来年份的单位产值需水量。

（二）城乡生活需水量预测

城乡生活用水地包括居民用水和公共用水两部分，其中后者又包括公共建筑用水、市政用水、消防用水等项这些用水项目的需水量与城镇人口的增长、生活水平和居住条件的提高、城市的性质和规模等有关。一般说来，中、小城市和村镇的生活用水中，居民用水量为主要部分。这部分用水虽要求保水率高，对水质的要求也很严格。从用水过程来看，年内变化比较大，夏季用水量大而冬季用水量小，秋季高于春季；一日之内，早晨6～8时和下午5～10时为用水高峰期。大城市由于现代化水平较高，公共用水在生活用水量中占有相当大的比例，因而人均生活用水量指标要高于中、小城市和村镇。

1. 综合用水指标趋势法

目前，常用的城乡生活需水量预测方法主要考虑了两个基本要素，即城市用水人口和人均生活需水量指标，二者的乘积即为城市生活需水量。

合理地确定人口发展规模是一个较为复杂的问题，现存的预测方法较多，如劳动平衡法、人口增长率法、劳动生产率法和综合分析法等。一般多采用数种不同的方法进行预测，然后对多种结果进行对比分析，选取比较合适的数值。

长期以来，国内外多采用城市用水的综合指标来表征人均生活用水水平。这种指标综合地反映r居民生活水平的高低、住宅条件的好坏、卫生设施的优劣、城市规模的大小、现代化公共建筑的多少及标准的高低等因素，所以它在一定程度上成为一个国家、地区和城镇文明先进程度的标志。影响城市生活用水综合指标的因素很多，其中最主要的是城市规模，因此各国在制定城市生活用水综合指标时，多以城市规模为主要参数。我国原国家建委城建总局曾针对城市缺水情况，拟定了一个不同城市规模、不同发展阶段的城市生活用水标准。

目前，我国农村生活用水的实际指标比较低，农村生活用水综合指标应逐渐提高，尤其是城市郊区。

人均生活用水指标也可选用分项的用水指标，如居民住宅生活需水量指标、公共建筑生活需水量指标、工矿企业内职工生活及淋浴需水量指标、消防需水量指标、市政需水量指标等，但这些指标调查确定都较困难。

2. 分类分析权重变化估算法

一个城市中的各种用水项目之间的需水量存在着一定的比例关系，而且这种比例关系与许多因素有关，所以各种类型的用户其用水定额也是随着时间的推移而发生变化的。

（三）农业需水量预测

农业用水包括农田灌溉用水，林、牧、渔业用水和村及村以下企业的用水等。农业需水量预测要考虑灌溉面积的增长、节水措施的推广、作物的合理布局和结构调整等因素。农田灌溉面积要保持稳定适度的发展，做到定水源、定工程措施、定面积，合理选用不同保证率的灌溉定额。其中，在干旱缺水年份，应采取有限灌溉、抗旱保产等措施。对于节水灌溉措施的效果及相应的投资应做专门的说明。

1. 作物需水量的计算。

（1）作物需水量及其量度指标

水分是植物生活所需的基本物质，也是植物正常生长发育的环境条件。具体而言，水分在植物生活中的作用有以下三个方面：第一，水分是植物有机体的主要成分。第二，水是绿色植物进行光合作用的基本原料之一。植物在合成碳水化合物的过程中，只有在水存在的前提下，有机体的细胞的生理活动才能得以正常进行；植物的一切生理生化反应，一般都必须在水的参与下才能完成；固态的无机物和有机物只有溶解于水中才能被植物吸收利用；植物吸收的各种物质和制造的有机物，也只有借助于水才能运输到植物的各个部分去。第三，水是支撑整个植物体的主要成分之一。水分使植物有尽可能大的同化面积，以捕获能量和二氧化碳；还可以通过植物叶片中气孔对于水分的蒸腾，形成植物体的根系对土壤内的水分和养分的进一步吸收；水的蒸腾还可以调节机体的温度，使温度保持在一个适宜的范围内。

水分在植物生活中的作用极为重要，植物的正常生长所需要的水分就是植物需水量。作为对于人类具有特殊意义的作物，同样有它的需水量。作物需水量包括四部分：植物同化过程耗水和植物体内包含的水分，蒸腾耗水，农田植株表面蒸发耗水以及土壤蒸发耗水。前两部分是植物生理过程所必需的，称为生理需水；后两部分是植物生活环境条件形成中所必需的，称为生态需水。不同作物其需水量的四个组成部分所占作物需水总量的比例各不相同，其中蒸腾耗水和土壤蒸发是最主要的耗水项目，一般占作物需水量的99%，其他两项仅占1%。由此可见，可以把作物需水量近似理解为稳产高产农田中作物叶面蒸腾和棵间土壤蒸发的水量之和，简称为作物蒸发量。因此，通常把蒸发力作为作物需水量的量度指标。蒸发力的大小，既取决于气象条件，又取决于下垫面的性质。在同一气象条件下，蒸发力因下垫面性质的不同而有很大差异。

（2）蒸发力的确定方法

确定蒸发力的大小有实测和气候学计算两种途径。前者通常采用蒸发皿来进行；后者则有多种计算方法，我国常用的计算方法可归纳为经验公式法和热量平衡法两大类。

蒸发皿实测法。这种方法是利用蒸发皿直接观测获得蒸发量，然后利用实测蒸发量与蒸发力之间的关系求得蒸发力。这种方法的优点是计算简便，主要问题是蒸发皿能储蓄相当多的热量，使得夜晚和白天的蒸发量几乎相等，而大多数作物只有在白天才有蒸腾作用。另外，蒸发皿的口径大小、材料、安装方式及其周围环境等，都会影响蒸发皿的观测结果，因而蒸发皿的蒸发量对自然水体蒸发量的折算系数不稳定，从而影响计算精度。

经验公式法。①根据空气饱和差确定蒸发力空气温度是影响蒸发的重要因子。水面蒸发力与饱和差成正比是利用饱和差资料计算蒸发力的主要依据。许多实验研究表明，空气饱和差增大时，水面蒸发量通常比饱和差的增加要慢得多，因此利用饱和差资料计算干旱地区蒸发力存在较大误差。②根据气温和积温确定蒸发力。③根据辐射平衡确定蒸发力。如果一地区水源充足，土壤充分湿润，在一年内土壤的热交换为零，故该地区的年蒸发力基本上由辐射决定。

热量平衡法。一般说来，决定蒸发力的最主要因素是辐射平衡、空气温度和空气湿度。因而，从理论上讲，确定蒸发力的最好方法应综合考虑这三种因素。热量平衡法考虑了这三种因素，因而它是计算蒸发力的较合理的综合方法。

作物需水房的估算农作物需水量是在农田充分供水条件下，生长茂盛的大田作物叶面蒸腾和棵间土壤蒸发所消耗水量的总和，其数量取决于气候条件、土壤给水性能和作物的生物学特性。

作物系数是表征蒸发力和作物需水量之间关系的一个物理量，是作物需水量实测值与所计算的蒸发力之比。作物系数可以根据作物'需水量实测资料和计算所得的蒸发力资料来确定。

林、牧、渔业需水预测。林业用水主要是经济林和果园用水，牧业用水主要为牲畜的灌溉和草场用水，渔业用水为鱼塘的补水，这三项用水均采用定额的方法进行预测。

农业用水是一项主要用水，在国民经济中占有极其重要的地位，关系到人类的生存和民族振兴为实现扩大灌溉面积而不增大农业用水量的目标，"农业节水"是解决水资源短缺的重点，是农业灌溉今后的努力方向。

（四）生态环境用水的预测

生态环境用水是指为生态环境美化、修复与建设或维持其质量不至于下降所需要的最小需水量。在预测时，要考虑河道内和河道外两类生态环境需水口径分别进行预测。河道内生态环境用水分为维持河道基本功能和河口生态环境的用水，河道外生态环境用水分为湖泊湿地生态环境与建设用水、城市景观用水等。城镇绿化用水、防护林草用水等以植被需水为主体的生态环境需水量，可以用灌溉定额的方式预测。对于湿地、城镇河湖补水等，以规划水面的水面蒸发量与降水之差为其生态环境需水量。

生态环境用水的预测比较复杂，也较困难。国外水资源统计不单列生态环境用水，而将种树种草的用水计入农业用水，改善城市水环境用水计入生活用水或公共用水，将维持河流水沙平衡及保护湿地、维持水域生态环境的用水视为河道内用水，采取设定河流和湖泊的最小流量或最低水位等加以规范。

由于早期水管理失控，过度开发水资源，河流节节拦蓄，使黄河长期断流，北方河流几乎成为季节性河流；无节制地开采地下水，使一些地方水源枯竭，甚至造成地质灾害；大搞围湖造田、湿地开荒、在缺水地区发展商品粮基地等，极大地损害了我国的生态系统，生态环境用水欠账很多。

三、水资源供需平衡分析

（一）水资源供需平衡分析的目的和意义

水资源供需平衡分析，是指在一定范围内（行政、经济区域或流域），不同时期的可供水量和需水量的供求关系分析。它的目的是以国民经济和社会发展计划与国土整治规划为依据，在江河湖库流域综合规划和水资源评价的基础上，按供需原理和综合平衡原则来测算今后不同时期的可供水量和用水量，制订水资源长期供求计划和水资源开源节流的总体规划，以实现或满足一个地区可持续发展对淡水资源的需求，其目的有三：一是通过可供水量和需水量的分析，弄清楚水资源总量的供需现状和存在的问题；二是通过不同时期不同部门的供需平衡分析，预测未来，了解水资源余缺的时空分布；三是针对水资源供需矛盾，进行开源节流的总体规划，明确水资源综合开发利用保护的主要目标和方向，以期实现水资源的长期供求计划。因此，水资源供需平衡分析是国家和地方政府制订社会经济发展计划和保护生态环境必须进行的行动，也是进行水源工程和节水工程建设，加强水资源、水质和水生态系统保护的重要依据。所以，开展此项工作，对水资源的开发利用获得最大的经济和环境效益，满足社会经济发展对水量和水质的日益增长的需求，同时在维护水资源的自然功能、维护和改善生态环境的前提下，合理充分地利用水资源，使得经济建设和水资源保护同步发展，都具有重要意义。

（二）水资源供需平衡分析的原则

水资源供需平衡分析涉及社会、经济、环境生态等方面，不管是从可供水量还是需水量方面分析，牵涉面广且关系复杂。因此，供需平衡应遵循以下原则。

1. 近期和远期相结合

水资源供需关系，不仅与自然条件密切相关，而且受人类活动的影响，即和社会经济发展阶段有关。同一个地区，在经济不发达阶段，水资源往往供大于求，随着经济的不断发展，特别是城市的经济发展，水资源的供需矛盾逐渐突出，有的城市在供水不足时不得不采取应急措施和修建应急工程。水资源的供需必须有中长期的规划，要做到未雨绸缪，不能临渴掘井。供需平衡分析一般分为现状、中期和远期几个阶段，既要把现阶段的供需情况弄清楚，又要充分分析未来的供需变化，把近期和远期结合起来。

2. 流域和区域相结合

水资源具有按流域分布的规律，然而用水部门有明显的地区分布特点，经济或行政区域和河流流域往往是不一致的，因此，在进行水资源供需平衡分析时，要认真考虑这些因素，划好分区，把小区和大区、区域和流域结合起来。在进行具体的水资源供需分析时，要和水资源评价合理衔接在牵涉到上、下游分水和跨地区跨流域调水时，更要注意大、小区域的结合。

3. 综合利用和保护相结合

水资源是具有多种用途的资源，其开发利用应做到综合考虑，尽量做到一水多用。水资源又是一种易污染的流动资源，在供需分析中，对有条件的地方供水系统应多种水源联合调度，用水系统考虑各部门交叉或重复使用，排水系统注意各用水部门的排水特点和排污、排洪要求。更值得注意的是，在发挥最大经济效益而开发利用水资源的同时，应十分重视水资源的保护。例如地下水的开采要做到采补平衡，不应盲目超采；作为生活用水的水源地则不宜开发水上旅游和航运；在布置工业区时，对其排放的有毒有害物质，应作妥善处理，以免污染水源。

（三）水资源供需平衡分析的方法

水资源供需平衡分析必须根据一定的雨情、水情来进行分析计算，主要有两种分析方法。一种为系列法，一种为典型年法（或称代表年法）。系列法按雨情、水情的历史系列资料进行逐年的供需平衡分析计算；而典型年法仅根据雨情、水情具有代表性的几个不同年份进行分析计算，而不必逐年计算。这里必须强调，不管采用何种分析方法，所采用的基础数据（如水文系列资料、水文地质的有关参数等）的质量是至关重要的，将直接影响到供需分析成果的合理性和实用性。下面主要介绍两种方法：一种叫典型年法，另一种叫水资源系统动态模拟法（属系列法的一种）。

四、水资源系统的动态模拟分析

（一）水资源系统

一个区域的水资源供需系统可以看成是由来水、用水、蓄水和输水等诸多子系统组成的大系统。供水水源有不同的来水，有贮水系统（如地面水库和地下水库等），有本区产水和区外来水或调水，而且彼此互相联系、互相影响。用水系统由生活、工业、农业、环境等用水部门组成，输、配水系统既相对独立于以上两个子系统，又起到相互联系的作用。水资源系统可视为由既相互区别又相互制约的各个子系统组成的有机联系的整体，它既要考虑到城市的用水，又要考虑到工、农业和航运、发电、防洪除涝和改善水环境等方面的用水。水资源系统是一个多用途、多目标的系统，涉及社会、经济和生态环境等的效益。因此，仅用传统的方法来进行供需分析和管理规划，是满足不了要求的。应该应用系统分析的方法，通过多层次和整体的模拟模型和规划模型以及水资源决策支持系统，进行各个子系统和全区水资源多方案调度，以寻求解决一个区域水资源供需的最佳方案和对策。这里介绍一种水资源供需平衡分析动态模拟的方法。

（二）水资源系统供需平衡的动态模拟分析方法

该方法的主要内容包括以下几方面。

1. 基本资料的调查收集和分析

基本资料是模拟分析的基础，决定了成果的好坏，故要求基本资料准确、完整和系列化。基本资料包括来水系列、区域内的水资源量和质、各部门用水（如城市生活用水、工业用水、农业用水等）、水资源工程资料、有关基本参数资料（如地下含水层水文地质资料、渠系渗漏、水库蒸发等）以及相关的国民经济指标的资料等。

2. 水资源系统管理调度

包括水量管理调度（如地表水库群的水调度、地表水和地下水的联合调度、水资源的分配等）、水量水质的控制调度等。

3. 水资源系统的管理规划

通过建立水资源系统模型来分析现状和不同水平年的各个用水部门（城市生活、工业和农业等）的供需情况（供水保证率和可能出现的缺水状况）；解决水资源供需矛盾的各种工程和非工程措施并进行定量分析；工程经济、社会和环境效益的分析和评价等。

与典型年法相比，水资源供需平衡动态模拟分析有以下特点。

（1）该方法不是对某一个别的典型年进行分析，而是在较长的时间系列里对一个地区的水资源供需的动态变化进行逐个时段的模拟和预测，因此可以综合考虑水资源系统中各因素随时间变化及随机性而引起的供需的动态变化。

（2）该方法不仅可以对整个区域的水资源进行动态模拟分析，由于采用不同子区和不同水源（地表水与地下水、本地水资源和外域水资源等）之间的联合调度，所以能考虑它们之间的相互联系和转化，因此该方法除能够反映出时间上的动态变化外，也能够反映出地域空间上的水供需的不平衡性。

（3）该方法采用系统分析方法中的模拟方法，仿真性好，能直观形象地模拟复杂的水资源供需关系和管理运行方面的功能，可以按不同调度及优化的方案进行多方案模拟，并可以对不同供水方案的社会、经济和环境效益进行评价分析，便于了解不同时间、不同地区的供需状况以及采取相应对策措施所产生的效果，使得水资源在整个系统中得到合理的利用，这是典型年法不可比的。

（三）模拟模型的建立、检验和运行

由于水资源系统比较复杂，考虑的方面很多，诸如水量和水质，地表水和地下水的联合调度，地表水库的联合调度，本地区和外区水资源的合理调度，各个用水部门的合理配水，污水处理及其再利用等。因此，在这样庞大而又复杂的系统中有许多非线性关系和约束条件在最优化模型中无法解决，而模拟模型具有很好的仿真性能，这些问题在模型中就能进行较好地模拟运行。但模拟并不能直接回答规划中的最优解问题，而是给出必要的信息或非劣解集，可能的水供需平衡方案很多，需要决策者来选

定。为了使模拟给出的结果接近最优解，往往在模拟中规划好运行方案，或整体采用模拟模型，而局部采用优化模型。也常常采用这两种方法的结合，如区域水资源供需分析中的地面水库调度采用最优化模型，使地表水得到充分的利用，然后对地表水和地下水采用模拟模型联合调度，来实现水资源的合理利用。水资源系统的模拟与分析，一般需要经过模型建立、调参与检验、运行方案的设计等几个步骤。

1. 模型的建立

建立模型是水资源系统模拟的前提。建立模型就是要把实际问题概化成一个物理模型，要按照一定的规则建立数学方程，进而来描述有关变量间的定量关系。这一步骤包括有关变量的选择，以及确定有关变量间的数学关系。模型只是真实事件的一个近似的表达，并不是完全真实的，因此，模型应尽可能的简单，所选择的变量应最能反映其特征。

2. 模型的调参和检验

模拟就是利用计算机技术来实现或预演某一系统的运行情况。水资源供需平衡分析的动态模拟就是在制定各种运行方案下重现现阶段水资源供需状况和预演今后一段时期水资源供需状况。但是，按设计方案正式运行模型之前，必须对模型中有关的参数进行确定以及对模型进行检验来判定该模型的可行性和正确性。一个数学模型通常含有称为参数的数学常数，如水文和水文地质参数等，其中有的是通过实测或试验求得的，有的则是参考其他地区凭经验选取的，有的则是什么资料都没有，往往采用反求参数的方法取得的，而这些参数必须用有关的历史数据来确定，这就是所谓的调参计算或称为参数估值，也就是对模型实行正运算，先假定参数，将算出的结果和实测结果比较，与实测资料吻合就说明所用（或假设的）参数正确。如果一次参数估值不理想，则可以对有关的参数进行调整，直至达到满意为止。若参数估值一直不理想，则必须考虑对模型进行修改。所以参数估值是模型建立的重要一环。

所建的模型是否正确和符合实际，要经过检验。检验的一般方法是输入与求参不同的另外一套历史数据，运行模型并输出结果，看其与系统实际 t 记录是否吻合，若能吻合或吻合较好，反映检验结果具有良好的一致性，说明所建模型具有可行性和正确性，模型的运行结果是可靠的；若和实际资料吻合不好，则要对模型进行修正。

模型与实际吻合好坏的标准，要作具体分析。计算值和实测值在数量上不需要也不可能要求吻合得十分精确。所选择的比较项目应既能反映系统特性又有完整的记录。例如有地下水开采地区，可选择实测的地下水位进行比较，比较时不要拘泥于个别观测井个别时段的值，根据实际情况，可选择各分区的平均值进行比较；对高离散型的有关值（如地下水有限元计算结果），可绘出地下水位等值线图进行比较。又如，对整个区域而言，可利用地面径流水文站的实测水量和流量的数据，进行水量平衡校核。该法是在水资源系统分析中用得最多的一种校核方法，可做各个方面的水量平衡校核，这里不再一一叙述。

在模型检验中，当计算结果和实际不符时，就要对模型进行修正。若发现模型对输入没有响应，比如地下水模型在不同开采输入条件下，所计算的地下水位没有变化，则说明模型不能反映系统的特性，应从模型的结构是否正确、边界条件处理是否得当等方面去分析并加以相应的修正，有时则要重新建模。如果模型输入有所响应，但是计算值偏离实测值太大，这时也可以从输入量和实际值两方面进行检查和分析。总之，检验模型和修正模型是很重要也是很细致的工作。

3. 模型运行方案的设计

在模拟分析方法中，决策者希望模拟结果能尽量接近最优解，同时，还希望能得到不同方案的有关信息，如高、低指标方案，不同开源节流方案的计算结果等。所以，就要进行不同运行方案的设计。在进行不同的方案设计时，应考虑以下几个方面：

（1）模型中所采用的水文系列，既可用一次历史系列，也可用历史资料循环系列；

（2）开源工程的不同方案和开发次序。例如，是扩大地下水源还是地面水源，是开发本区水资源还是区外水资源，不同阶段水源工程的规模等，都要根据专题研究报告进行运行方案设计；

（3）不同用水部门或不同小区的配水方案的选择；

（4）不同节流方案、不同经济发展速度和用水指标的选择。在方案设计中要根据需要和可能、主观和客观等条件，排除一些明显不合理的方案，选择一些合理可行的方案进行运行计算。

（四）水资源系统的动态模拟分析成果的综合

对水资源供需平衡动态模拟的计算结果应该加以分析整理，即成果综合。该方法能得出比典型年法更多的信息，其成果综合的内容虽有相似的地方，但要体现出系列法和动态法的特点。

1. 现状供需分析

现状年的供需分析和典型年法一样，都是用实际供水资料和用水资料进行平衡计算的，可用列表表示。由于模拟输出的信息较多，对现状供需状况可作较详细的分析，例如各分区的情况、年内各时段的情况以及各部门用水情况等。

2. 不同发展时期的供需分析

动态模拟分析计算的结果所对应的时间长度和采用的水文系列长度是一致的。对于宏观决策者来说，不一定需要逐年的详细资料，而制订发展计划则需要较为详尽的资料。所以在实际工程中，应根据模拟计算结果，把水资源供需平衡整理成能满足不同需要的成果。

结合现状分析，按现有的供水设施和本地水资源，并借助于数学模型及计算机高速计算技术，对研究区域进行一次今后不同时期的供需模拟计算，通常叫第一次供需平衡分析。通过这次供需平衡分析，可以发现研究区域地面水和地下水的相互联系和转化，区域内不同用水部门用水及各地区用水之间的合理调度，以及由于各种制约条件发生变化而引起的水资源供需的动态变化，并可以预测水资源供需矛盾的发展趋势，揭示供需矛盾在地域上的不平衡性等。然后制定不同方案，进行第二次供需平衡分析，对研究区水资源动态变化作出更科学的预测和分析。对不同的方案，一般都要分析如下几方面的内容：①若干个阶段（水平年）的可供水量和需水量的平衡情况。②一个系列逐年的水资源供需平衡情况。③开源、节流措施的方案规划和数量分析。④各部门的用水保证率及其他评价指标等。

总之，水资源动态模拟模型可作为水资源动态预测的一种基本工具，可根据实际情况的变更和资料的积累，在研究工作深入的基础上不断加以完善，并可进行重复演算，长期为研究区水资源规划和管理服务。

五、非常规水资源的开发及利用

（一）海水的利用

海水是水资源中最大的水体，大约占自然界水资源总量的96.54%。我国从最北的辽宁鸭绿江口至最南的广西北仑河口，大陆海岸线总长18000多km。如果加上6000多个岛屿与周围海域形成的岛屿海岸线14000多km，中国海岸线的总长为32647km，被列为海洋大国，在世界各国中名列前茅，取用海水资源具有得天独厚的优势。在地下取水和跨区域调水受到越来越多的条件限制的情况下，开发利用海水和苦咸水资源，进行海水（苦咸水）淡化就成为开源节流，解决我国淡水紧缺的一条有效的重要战略途径。

随着科学技术的发展，海水淡化作为一种新的水源，正在显示出独特的优势和良好的前景。由于海水淡化以大海为依托，海水取之不尽，可以按需生产，确保需水供应，并且具有占地少、无污染、水质好等优点，因此充分发挥沿海地区濒临海洋的优势，走海水淡化之路，是解决缺水问题的一条重要途径。

1. 开发海底淡水资源

海底存在大量的淡水。海底淡水的开发利用也成为一个重要的水源。新生代近岸浅海区的地质构造运动以及海、陆环境变迁，是海底地下水贮存的主要原因。陆地水系，尤其是地下含水层向海域延伸，从而贮存海底淡水资源。第四纪，特别是晚第四纪以来海平面多次升降，相应地使在大陆架大河口区的古河谷经历多次"河流下切——河床冲积——海侵进积——海退前积"的周期性发育过程，从而造就多期巨大规模的埋藏古河道系统，如密西西比河、黄河、长江、珠江等河口。

目前，我国已经开展了海底淡水资源研究，河口海底淡水资源以其埋藏浅、储量大、易开采、水质好、毗邻严重缺水的海岛和经济发达的沿海'地区、勘探开采成本低廉、不易造成环境污染等巨大优势，将成为沿海及海岛地区可持续发展的重要保障，将为越来越多的人所重视。

2. 直接利用海水

海水直接利用主要是生产和生活两个方面，从总的情况来看，工业冷却用水占海水总利用量的90%。我国沿海开发使用海水较早，海水可以直接作为印染、制药、制碱、橡胶及海产品加工等行业的生产用水。将海水直接用于印染行业，可以加快上染的速度。海水中一些带负电的离子可以使纤维表面产生排斥灰尘的作用，从而提高产品的质量。海水也可作为制碱工业中的工业原料。

4. 我国海水利用存在的问题

影响海水利用的因素很多，思想观念、成本、政策、布局、资金等制约着我国海水的开发利用。

（1）狭义的水资源观限制了海水资源的利用

长期以来，我们在解决水资源供需矛盾时常常将目光集中在淡水上，而对海水的利用则重视不足，没有将海水纳入水资源利用体系上。狭义的水资源观限制了海水的利用

（2）淡化水价高，失去了竞争力

成本是影响海水利用的重要制约因素，目前沿海城市的水价都低于海水淡化的价格，海水淡化缺乏竞争能力。

（3）缺乏政策导向

政策导向对于产业来说具有重要影响。目前，我国尚无明确的鼓励政策，影响了海水产业的发展。国家应从解决沿海地区淡水危机及促进其经济发展的战略高度出发，在行政上和经济上制定有利于海水利用的方针和政策；鼓励有条件利用海水的地区和单位大力开发海水资源，同时，在沿海地区水资源规划中将海水利用作为一个重要的内容纳入其中。

（4）远离沿海的耗水布局产业

高水耗而又可以直接利用海水的钢铁、化工和电力等工业企业远离海岸是我国工业布局的一大特点。首钢、太钢及北京燕山石化等均建在水资源严重短缺而又远离海岸的内陆。有些沿海省份拥有很多高水耗但是远离海岸的大型企业。

（5）对海水利用技术的错误认识

海水作工业冷却水的关键技术问题是防腐、防海洋生物附着以及结垢。海水对碳素钢的腐蚀速度为 $0.7 \sim 1.0$ mm/a；对一般钢材则高达 3.0 mm/a。化工行业普遍使用的 3.5 mm 厚的碳钢立式列管冷却器，如果用淡水作冷却水使用期为 25 年，用海水作直流冷却水但不做防腐处理，冷却器 1.5 年即穿孔渗漏。海水作循环冷却水的主要技术问题是腐蚀与结垢，通过添加缓蚀剂和阻垢剂可以解决系统的腐蚀与结垢问题。其实，这种技术问题已经解决了，但决策者对此缺乏足够的认识。

（二）废水利用

污水经一级、二级处理和深度处理后供作回用的水，称为"再生水"。当一级处理或二级处理出水满足特定回用要求并已回用时，一级或二级处理出水也可称为再生水。以回用为目的的污水处理厂称为再生水厂，其处理技术与工艺可称为再生处理技术与再生处理工艺。再生水可供给工农业生产、城市生活、河道景观等作为低质用水。其中办公楼、宾馆、饭店和生活小区等集中排放的污水就地处理后回用于冲洗厕所、洗车、消防、绿地等生活杂用，称为"中水"。城市污水水量大，水质相对稳定，就近可得，易于收集，处理技术成熟，基建投资比远距离引水经济，处理成本比海水淡化低廉。因此，当今世界各国解决缺水问题时，城市污水首先被选为可靠的供水水源

进行再生处理与回用。污水回用所提供的新水源可以通过"资源代替",即用再生水替代可饮用水用于非饮用目标,节省宝贵的新鲜水,缓和工业和农业争水以及工业与城市用水的矛盾,实现"优质水优用,差质水差用"的原则,在很大程度上减轻或避免了远距离引水输水和购买价格昂贵的水源,有利于及时控制由于过量开采地下水引起的地面沉降和水质下降等环境地质问题,同时减少污水排放,保护水环境,促进生态的良性循环。

再生水农业灌溉、农业灌溉用水量很大,对水质要求相对也比较低,而污水经过二级生物处理后一般仍含有较多的氮、磷、钾等营养成分,用于灌溉可以给土壤提供肥料。不过人们是否接受再生水灌溉主要取决于它引起的环境和健康风险是否可以接受,还必须考虑再生水中存在或有可能存在的微生物致病菌在公共卫生方面可能造成的影响,以及污水对农作物生产、土壤结构及土壤中金属和其他有毒物质积累等农业方面的影响。

再生水用于工业。将城市污水回用于工业具有较长的历史,但是在当时并未制定任何再生水用于冷却水的具体水质标准,而是根据冷却塔的设计与位置具体确定,最重要的要求是塔上水蒸气不含病原菌。这样,当工人或附近公众偶然与之接触时,不致引起危害。一般用加氯控制生物垢,通常就能保证冷却塔上水蒸气的细菌指标。对处理程度要求不高的冷却水和工艺低质用水,可以直接利用经过物化处理的城市污水处理厂二级出水,但一般需要根据各自的水质要求,补充进行不同程度的处理,如加氯、过滤、石灰软化以及防止腐蚀或结垢的稳定处理。再生水用于市政。再生水用于景观水体的主要障碍在于对有机污染和富营养化的控制,因此,通过深度处理,一方面要降低有机污染;另一方面要除去藻类赖以生存的氮、磷营养盐。在控制措施上,应该以增强水体的自净能力为主,提高水体的流动性。另外,再生水中也可能会含有微生物致病菌,一般需要经过消毒处理后才用于环境景观用水。

需要注意的是,污水回用于绿化必须考虑污水对植物品质的影响;再生水中氮、磷含量较高,是植物发育所必需的养分;而再生水中有毒有害物质的存在则会影响植物的发芽率,破坏根、茎、叶的生理功能,影响果实的品质,从而使植物后代发生不良的异化。另外也要考虑再生水对城市卫生环境的影响,例如,喷灌产生的气溶胶对人的呼吸系统的直接刺激;夏季绿化用水高峰期,也是土壤中水分蒸腾最为突出的时期,污水中有毒有害物质及致病菌都将对人体造成危害。有研究表明,再生水可通过气溶胶形式将其含有的粪便细菌顺风向携带到 300 多米远的地方,具体情况取决于风速、相对湿度、阳光和温度。

再生水与地下水回灌。一些国家做过再生水与地下水回灌的研究。再生水用于地下水回灌属于间接回用方式,通过这种方法使再生水经过土壤、大气、植被进化过滤,一定的时间后进入到地下水源中,这比直接将污水进行再生处理后用于饮用水供应更容易被人们接受。当然,利用再生水进行地下水回灌这种回用方式对处理程度的要求是很高的。

杂用水的利用。杂用水主要是指厕所冲洗、园林和农田灌溉、道路保洁、洗车、城市喷泉、冷却设备补充用水等。杂用水利用，是指生活用水中用低质水就可满足各种用途（如厕所冲洗用水、冷却及冷气设备用水、洒水等），使用污水、工业废水的再生水和雨水以及水质较差的水，以达到节水的目的。根据杂用水利用规模，杂用水的利用方式可分为单独循环、地区循环和大区域循环等方式。

单独循环方式多指道路、办公大楼等单个建筑物场的雨水和污废水等处理后的再生水，用于该建筑物内的杂用水。回收水的用途主要是冲洗冷却和冷气设备用水、洒水用水。

地区循环方式是指在比较集中的小范围地区，如大规模的公共住宅及城镇扩建区的多座建筑物，在杂用水系列用途上，共同利用雨水和废水等回收处理后的再生水的方式。

大区域循环方式是指在一定地区内的多座建筑物，在杂用水各方面，大面积大规模地回收利用处理的雨水和废水的方式，一般由下水道末端的处理厂或工业用水道供水。单独循环方式已占七成左右，要适应今后市区整体建设及下水道的配备，杂用水利用将向地区循环、大区域循环方式发展。另外，从水和水循环的角度看，杂用水利用方式有如下三种：废水中，仅回收处理洗手的废水、空调用水和雨水等水质较好的水；对厕所冲洗等用水采用非循环利用方式（图 7-7）；对包括冲洗厕所排出的所有污水进行多次回收的循环利用方式（图 7-8）。前两种利用方式是复合利用方式。目前，多采用需少量经费就可进行水处理的非循环利用方式。

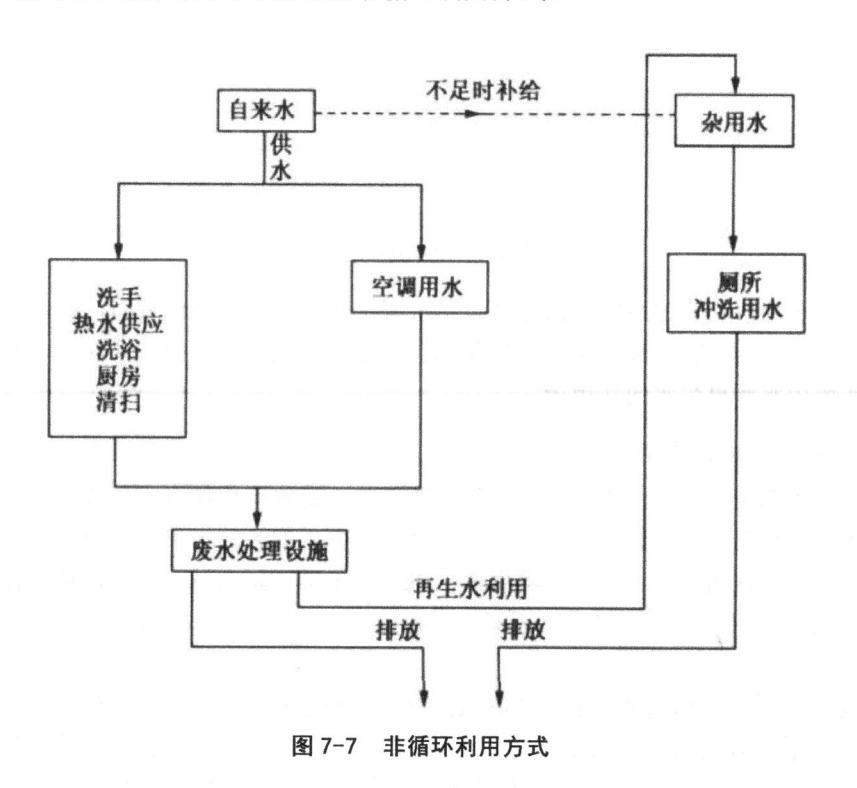

图 7-7 非循环利用方式

再生水利用率（利用量/总用水量）主要为20%～50%，再生水利用率与工业水利用率（再生重复利用率平均值为75%）相比很低。原因在于受到可利用再生水的用途及处理废污水需要经费等的限制。大部分建筑物在再生水不足时，由自来水补充。另外，雨水的利用率（雨水利用量/总用水量）与再生水利用率相近，为20%～50%，但自来水补给量稍大。这是因为利用的雨水水质比较好，但受到雨水季节变动影响较大。

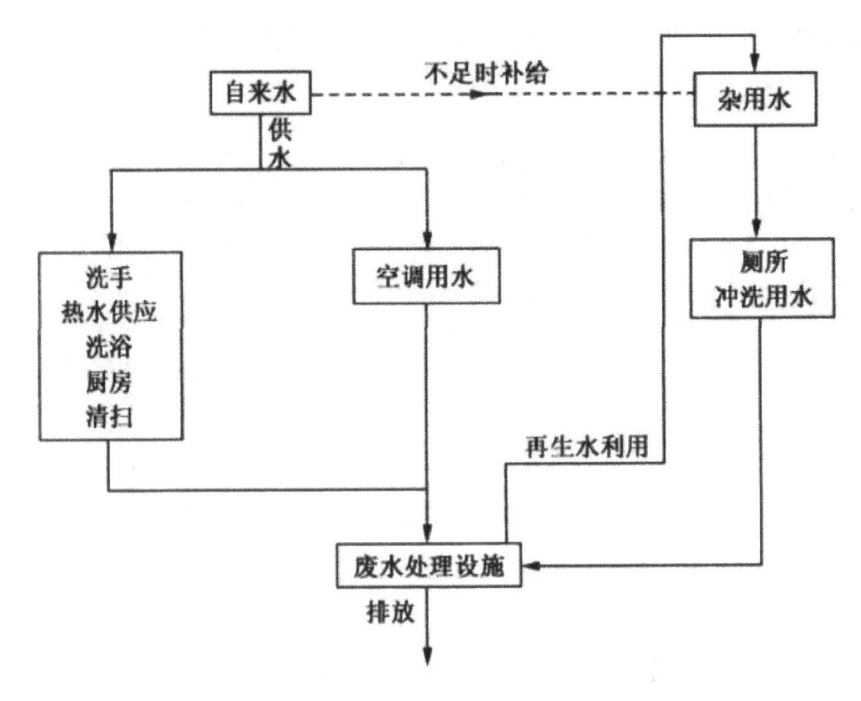

图 7-8 循环利用方式

促进杂用水利用的政策。为促进杂用水利用，要进一步降低费用，提高污水处理技术和利用率，要努力解决保证水量及水质稳定、卫生等方面的技术问题，同时努力扩大环境用水等再生水的新用途。

（三）微咸水利用

微咸水利用是解决淡水资源缺乏的重要措施，海水淡化技术已逐步步入工厂化生产阶段，经过科学试验和合理开发，再加上采用先进的计算机系统，使微咸水和淡水混合作为生活饮用水及农林业灌溉用水。当天气干旱、降水量不足时，他们在砂土和砾石土层上使用微咸水直接进行灌溉，已在12种经济作物、树木和园艺作物上灌溉成功。

我国可利用的微咸水资源有200亿 m³/a，微咸水开采资源达130亿 m³/a。我国北方可开采的微咸水（矿化度2.0～3.0g/L）资源总量约130亿 m3，其中华北地区为23亿 m³，已利用了6.6亿 m³，华北平原还有高达2万 km2，矿化度为3～5g/L的地下咸水面积，初步估算有开采条件的为 10 亿～15 亿 m^3，淮河流域微咸水资源总量约 125.0 亿 m^3 尚未开发利用。

我国是一个农业大国，农业利用微咸水应成为我国微咸水资源化的主要途径，而创建种植、养殖结合的高效农业则是微咸水农业资源化成功的关键：种植、养殖结合的高效生态模式就是利用植物、动物、微生物之间的相互利用、相互依存、相互促进、共同生长的生物链特征，形成生态系统中物质能量的大循环。它以微咸水为依托，以土、光、热、气资源为条件，以提高经济效益、改造生态环境为目的，实现微咸水利用的最佳经济效益、社会效益、生态效益。

对微咸水进行大规模农业利用，必须注意以下问题。

1. 防止土壤产生次生盐渍化

除确定适宜的灌溉时间、灌溉水量等措施控制土壤中的盐分积累外，应采用"抽咸换淡"技术防止土壤次生盐渍化，在枯水期、春旱季节抽取地下微咸水，汛期、汛后利用雨水、河水回补。"抽咸换淡"是改造浅层咸水，增加淡水拦蓄能力的有效方法，抽水使地下水位下降，抑制潜水蒸发，加强了田间水和降水的入渗能力，导致地下水下渗，减少地下水中的盐分向地表的运移和累积，使盐碱地得以改造。

2. 防止大规模抽水引起地面沉降

为了防止因大量抽取地下水而引起地面沉降，应将抽水井布置为较均匀的网状，可加大布井密度，同时实行轮换抽水。海水入侵的根本原因是区域水资源短缺和大量超采地下水，减少地下水开采量，对水资源进行合理调配，也是防止海水入侵的有效措施，即放弃咸淡水界面附近的抽水井，在远离界面的地方分散抽水，以防止集中开采而形成降落漏斗，扩大入侵范围。

微咸水资源化需要有相关的技术作为支撑和保障。要分析各地区水资源供需情况，对微咸水进行资源评价，综合分析微咸水利用的利弊得失，指导微咸水资源化。对微咸水利用进行动态监测，做好土壤含盐量和水质分析，为微咸水的综合开发利用和生态安全提供科学依据。微咸水资源评价，除对其总量进行评价外，更重要的是对可开发利用的微咸水资源潜力进行合理评价，估算出微咸水资源量，确定合理的开发量。同时也要重视对微咸水利用的综合效益评价。

（四）雨水利用

雨水利用就是直接对天然降水进行收集、贮存并加以利用，雨水利用是解决天然淡水数量严重不足的有效途径，也是实现水资源综合效益的重要措施。雨水利用主要包括农业利用和城市利用两方面。

1. 农业雨水利用

雨水资源在农业方面的利用有着悠久的历史，尤其是近年来，世界各地悄然掀起了雨水利用的高潮，并成立了国际雨水集流系统协会（IWRA），我国在农业雨水利用方面较早，利用雨水发展干旱半干旱地区农业，即通过雨水的汇集、存贮和高效利用，促进当地农业生产。

2. 城市雨水利用

与缺水地区农村的雨水收集利用工程不同，现代城市雨水利用不是狭义的利用雨水资源和节约用水，它还包括减轻城区雨水洪涝和减缓地下水位的下降、控制雨水径流污染、改善城市生态环境等多重作用。

以前，城市水资源主要着眼于地表水资源和地下水资源的开发，不重视对城市汇集径流雨水的利用而任其排放，造成大量宝贵雨水资源的流失。随着城市的扩张，雨水流失量也越来越大。一方面是城市的严重缺水，地下水过量开采，地下水位逐年下降；另一方面大量地排放雨水又带来城市水涝、城市生态环境恶化等一系列严重的环境问题。

我国城市雨水利用概况。雨水利用在我国虽然历史久远，但主要应用于缺水地区的农村。在水资源越来越紧缺的近几年，由于政府支持而得到了广泛开发。在农业雨水利用获得明显的经济效益和社会效益后，雨水利用的重点开始从农村转向城市。

现代意义上的城市雨水利用在我国发展较晚，它主要是随着城市化带来的水资源紧缺和环境与生态问题而引起人们重视的。大中城市的雨水利用基本还处于探索与研究阶段，但已显示出良好的发展势头。

（五）洪水资源化

进入 21 世纪，水资源短缺已经成为我国水问题的主要矛盾。面对持续增加的生产生活和生态用水需求，面对日益严峻的干旱缺水形势，如何为经济社会发展提供足量稳定的淡水资源作为一个重大而紧迫的课题提上议事日程，雨洪资源利用作为一种最具潜力的开源手段日益为人们所重视。

水能兴利，也能成患，雨洪更具有致灾和兴利的两面性。曾几何时，人们视洪水为猛兽，警惕洪水为"害"的一面，而漠视了它为"利"的另一面——增加可利用淡水资源量。随着我国水资源短缺的加剧，洪水资源化越来越引起人们的关注。尤其是最近几年，我国对洪水资源化工作特别重视，国家防汛抗旱指挥部办公室成立了专题调研小组，认真细致地进行了资料收集、整理和分析，通过实地调研，召开有关部门和专家参与的座谈会，取得了很大成效。在调研过程中发现，不同流域、不同地区对洪水概念、洪水是不是资源、洪水资源利用的理解，存在着很大差异，如何重新认识洪水资源化，已成为我们必须统一思想、提高认识的重大课题。

洪水资源化是我国新时期治水理念更新的产物，我们要彻底改变过去洪水"入海为安"的思想，要统筹安排防洪减灾和调洪兴利，综合运用系统论、风险管理、科学调度等现代理论、管理方法、科技手段和工程措施，实施有效的洪水管理，适度承担风险、规范人类行为，给洪水以出路和滞蓄空间，在保障防洪安全的同时，留住洪水资源，造福人类。

洪水资源化的主要途径有：①通过调蓄将汛期的洪水转化为非汛期供水。水库是调蓄洪水的重要设施和手段，在确保水库防洪安全的前提下，适当提高水库汛期的水位，多蓄汛期洪水，增加水资源的可调度量，可以用于下游城市供水和农IH灌溉；②用于环境用水，即利用洪水输送水库和河道中的泥沙和污染物，将洪水作为调沙用水和驱污用水，以便进行输沙减淤、清除污染物；③将汛期洪水用于补源和灌溉，如可以弥补湿地水源不足和地下水源不足。

洪水资源化实践证明：科学合理调控洪水不仅可以补充地下和地表水资源，改善河流和水库天然淤积或冲刷状况，延长堤防和水库的使用寿命，而且还可以为湿地、滩地等输送水沙以改善水生态环境，稀释污水以提高受污水体的自净能力等。现代的洪水资源化，就是要利用洪水自身有利的一面，最大限度地挖掘洪水对于促进我国经济社会和生态环境可持续发展的作用，把洪水作为一种资源来管理本身就是一种科学创新和认识的提高，对洪水实施资源化管理可以获得经济和环境的双重收益。

第四节 水资源的质量管理

水资源质量在一些国家也称为水环境，所以水资源质量管理有时等同于水环境管理。我们要重视水环境问题的长期性、复杂性、系统性和社会性，我们要在人口、资源、环境、灾害的大系统中决策水环境问题的解决方案，揭示出水环境管理面对的主要矛盾不是水资源保护与调控本身，而是经济发展与水环境保护目标之间的协调与平衡。

水资源管理要从掌握水的计然属性和商品属性规律出发，提高水资源的利用率，实现社会、经济、环境效益最大化和水资源的可持续利用。水资源质量管理的目的就是满足可持续发展对水质的需要，通过污染物的控制、水量的调度、水质的恢复工程、节水、需求管理等各种行为，维护地理和生态区的完整性，提高经济效益。

水环境管理所包含的内容十分广泛，归纳起来主要包括水环境规划、水环境监测、水环境模拟、水环境评价、污染源治理、污染事故应急处理、水污染纠纷调解、水环境政策与法规的制定与实施、水环境科研等。

一、水资源质量管理的内容

（一）水环境规划

进入 21 世纪后，国家把保护水环境工作提高到极其重要的位置，随着社会经济的发展，对水资源的需求不再仅仅停留在对用水数量的供给资源方面，而更加关注质量需求方面。水环境规划是水环境治理和恢复的基础，通过水环境规划对水环境有关的活动和行为做出具体安排，在水环境管理过程中具有极其重要的作用，是水环境活动的指南。

（二）水环境监测

环境监测是以环境为对象，运用物理、化学和生物的技术手段，对其中的污染物及其有关的组成成分进行定性、定量和系统的综合分析，以探索研究环境质量的变化规律、环境监测是环境保护的基础工作，其主要内容包括大气环境监测、水环境监测、土壤环境监测、固体废弃物监测、环境生物监测、环境放射性监测和环境噪声监测等。

水环境监测可以为水环境管理提供可靠的基础数据，并可以为治理措施的效果评价提供依据。根据监测的水环境实际数据，可以清楚地了解到水环境的现状；根据多年的水环境监测数据，可以清楚地掌握水环境的演变规律，并对未来进行预测，以便及早采取措施，将不利降低到最低程度。

按照监测方法的原理，水体监测常用的方法有化学分析法，如称量法、滴定分析法，仪器分析法如分光光度法、原子吸收分光光度法、气相色谱法、液相色谱法、离子色谱法、多机联用技术等。

（三）水环境模拟

水环境模拟是水环境质量管理的重要组成部分，实际上就是对水环境的变化、可能存在的各种情况进行模拟。

（1）物理模拟。通过模拟物理环境，探讨污染物在物理模拟环境中的迁移、转化、降解等变化情况，从而判断实际的水环境情况。

（2）数字模拟。数字模拟是近年来发展非常迅速的水环境模拟工具，通过计算机的模拟，可以判断水环境的各种情况，从而为多方案优化决策提供基础依据。

最近几年，我国对水环境模拟开始重视起来，国家环境保护水环境模拟与污染控制重点实验室自建设以来，依托国家环境保护总局华南环境科学研究所，按照重点实验室建设计划任务书的要求进行建设，达到了重点实验室的建设目标，通过验收之后并开展工作至今。

国家环境保护水环境模拟与污染控制重点实验室，以解决我国近期和中长期水环境保护关键技术问题为目标，针对不同地区河流、河网、湖泊、河口和海湾等水环境特性，通过数字模拟、物理模拟和化学与生物实验等手段，研究污染物在水环境中的迁移转化和降解机理，确定各类水体的自净能力和演变规律，为水污染物排放管制和水质保护提供科学依据，逐步成为我国高水平的水环境保护科研实验基地。

水环境物理模拟研究系统的主要研究方向为：河流与海洋紊动与扩散现象与机理研究；污染反应动力学及迁移转化规律研究；污染物在射流、羽流及分层流的运动规律研究；污水处理工程中的水动力学与污染反应动力学研究；水环境与环境工程物理模拟实验的相似性条件与理论研究。

（四）水环境评价

水环境评价就是对水环境给予各种评价，主要包括回顾性评价、现实性评价和预测性评价三种方式。

1. 水环境回顾性评价

水环境回顾性评价是根据历史资料对过去历史时期的水质状况进行评价，以揭示区域水质发展变化过程，探讨水环境演变的规律。回顾性评价是一种比较复杂的评价，不仅需要科学的评价方法，而且需要较系统全面的历史资料。

2. 水环境现实性评价

水环境现实性评价是根据水环境监测数据，依据国家制定的相应水环境标准进行评价。我国的水环境质量现实性评价是根据不同的目的和要求，按一定的原则和方法进行的，主要是针对江、河、湖等水体的污染程度，划分其污染等级，确定其污染类型及主要污染物。目的是能准确地指出水体的污染程度以及将来的发展趋势，为制定水环境保护的方针政策和具体措施提供可靠的科学依据。

水环境现实性评价是一种非常复杂的综合性工作，因为影响水质污染的物质很多，而且这些物质的浓度和影响都不相同。某一水环境的水质污染状况应从三个方面来评定：

①污染强度，即水中污染物的浓度和它们的影响效应；
②污染范围，即在水域中各种污染强度所影响的范围；
③污染历时，即在水域中各种污染强度所持续的时间。

因此，对某一水域的水质进行全面评价，应包括以上三个方面的内容才比较完善。然而，目前水环境质量评价的一些评价方法很难做到这一点，许多评价方法只能在水体污染程度方面做出一定程度的反映，实际上这是很不完全的水环境质量现实性评价。

3. 水环境预测性评价

水环境预测性评价是对水环境的未来进行预测，即根据产业结构、国民经济发展趋势、人口发展等多'方面因素对水环境进行判定。水环境预测性评价是水环境规划的基础，也是水环境多方案制定的依据。

（五）污染源治理

污染源治理是水环境管理过程中最重要的环节，实际上就是根据污染源的调查和监测，准确判断污染的负荷大小，然后采取有效措施削减污染排放量，或者使排放的污染物达到国家的排放标准。

污染源治理是一项非常复杂的工作，涉及众多领域、部门和行业，如生产工艺、污水的性质和污水处理能力等。随着科学发展和社会进步，现代对污染源的治理提出了更高要求，今后在注重污染点源治理的同时，对于污染面源，特别是来自农业的污染源治理是今后防治的重点。

我国现行的环保投资体制是在计划经济体制下和在向市场经济过渡时期建立的。随着可持续发展战略的实施以及适应经济体制和经济增长方式两个根本转变的需要，现行的环保投资体制存在着一个如何与市场经济体制下国家投资体制改革相配套的问题。总的来说，我国环保投资体制的改革滞后于整个国民经济投资体制的改革。

应根据实际情况设立污染源治理专项基全，这是对污染源治理实行环境保护补助资金制度的一项重要改革。但是，从目前污染源治理的现状来看，这些环境投资体制改革和试点所涉及的范围有限，改革的力度也不够，远远不能适应国家可持续发展战略对环保投资体制改革的要求，必须加大改革的力度和步伐。

(六) 水环境政策与法规的制定

水环境政策与法规的制定，是水环境管理走向正规化、法制化管理的基础和依据；水环境政策与法规的贯彻实施，是水环境管理非常重要的环节

水环境方面的政策与法规，是保证水环境治理的强制性手段，根据水环境管理中的实际情况，制定符合实际情况的法规，并且根据客观需要不断地进行修正，是水环境管理的客观要求。

水环境管理实践证明，通过制定相应的水环境政策与法规，可以引导人们的行为符合国家的有关规定，从而有利于水环境的保护。水环境的政策与法规出台后，更重要的是严格监督这些政策和法规的实施。

二、水资源质量管理原则

（一）整体统一性原则

水资源是水量与水质的统一，要对水量与水质进行统一管理。由于水具有流域性，必须将流域作为一个自然、经济、社会综合体进行考虑，才可能实现总体最优。此外，流域内不同区域之间、点源与非点源、水资源和水环境与其他资源和环境之间、现状与未来之间等，构成了相互联系、相互作用的有机体，只有实行统一规划、统一管理，才能实现水环境管理目标。

（二）区域综合性原则

水环境具有明显的区域特征，不同的流域或者同一流域不同的河段，由于自然、生态、社会和经济背景差异，水环境问题各具特色。因此，根据水环境的区域特征采取不同的治理措施和相应的水环境政策是非常必要的。由于影响水环境的因素是多样的，涉及自然、生态、社会、经济领域的许多方面，所以，采取单一的手段是难以实现水环境管理目标的，需要综合运用技术、法规、政治、行政、经济、政策、教育等多种手段进行综合管理。

（三）主导动态性原则

尽管影响水环境的因素是多样的，但对于一个具体的水环境而言，一般由几个因素起着主导作用，应针对主导因素，进行重点管理，抓住主要矛盾。由于社会和经济是不断发展变化的，水环境也处于动态变化之中，为适应水环境新形势，水环境管理的措施也需要不断地调整，以适应新的形势。

（四）公众参与原则

水环境是一个涉及面广、关系重大和复杂的问题，需要政府部门、各种团体、企事业单位、个人的广泛监督和参与。没有公众的参与，水环境管理单独靠哪一个部门是不能成功的公众参与具有多方面的作用，如维护公众自身利益、监督污染治理等，参与水环境规划，使规划更加符合实际，舆论监督等。公众参与也是民众民主管理水环境的重要途径。

三、我国水资源质量管理存在的问题

（一）缺乏统一管理

我国影响水环境的因素很多，涉及部门也很多，如农业部、水利部、气象局、国土资源部、住房城乡建设部等。我国的水环境管理还缺乏统一性，需要再次进行改革，政府部门的职能进行了部分调整。目前，与环保有关的职能分散在十余个部门：外交部负责国际环保条约谈判；发改委负责环保产业、产业结构调整等政策制定、气候变化工作；水利部负责水资源保护；林业总局分管森林养护、生态保护；海洋局分管海洋环境保护；气象局负责气象变化、空气质量监测；农业部负责农村水、土壤环境保护；住房城乡建设部分管城市饮用水、垃圾；国土资源部管理水土保持、国土整治、土壤保护；卫生部负责城市与农村饮用水卫生安全。这种分工导致环境保护这一系统性很强的领域被人为地割裂开来，极大地影响了环保效力。环保部门在许多职能部门的管辖领域行使职权时，也面临有责无权的问题。

从上面职能划定中可以看出，环保部、水利部、住房城乡建设部对水环境都有一定的管理权限，职能的叠加必然出现权利和义务的矛盾，其中一个普遍存在的问题就是管理权限的争夺。近年来，环保部与水利部在水环境管理上争夺现象一直存在。尽管水环境功能和水功能区划有一定的区别，但都存于水资源之中，如果不将它们结合起来，执行起来也存在一定困难，特别是给地方政府带来一定的困境。水资源管理与水污染控制的分离以及有关国家与地方部门的条块分割，不利于水环境的保护。

（二）没有全面系统的水环境规划

水环境规划是水环境保护和治理的基础工作之一，全面系统的规划是水环境规划由"蓝图"变为现实的基础。而我国目前水环境规划最致命的弱点是缺乏全面系统的规划。由于条块分割的影响，水环境规划难以落实到实处。从流域角度而言，林业规划与水环境保护规划不衔接的现象很普遍，如林业规划由林业局制定和实施，对水环境产生一定的影响，水土流失的变化导致水环境的变化，涵养水源、净化水质在不同程度上影响水环境；农业发展规划是以农业部门为主导的规划，化肥的使用、农药的喷洒、耕作方式的改变、农业结构的变化等对水环境的影响很显著；工业发展规划涉及产业结构调整，污水量和水质的变化对水环境的影响是非常显著的。总之，与水环境有关的各种规划不同程度地影响水环境。然而，由于我们的水环境缺乏全面的规划，与各种规划的协调不够，导致偏重于污染物的规划，实质是水污染物的控制规划，而且实施效果也不理想。从整体情况来看，国家投入了大量的人力、物力和财力，但效果并没有达到最优。因此，整合现有规划，使之相互协调，制定全面系统的水环境规划是非常必要的。

（三）水环境保护法规不完善

新中国成立以来，有关水环境的立法和标准逐步建立，法律、法规、批复等对于保护我国的水资源环境发挥了重要作用。

尽管出台了众多的法律、法规，但也必须承认，目前我国的水环境保护法规还不完善，主要表现在以下几个方面。

1. 缺乏水环境综合治理的法规

综合治理是水环境得以改善和保护的重要途径，但目前没有完善的法规，这与水环境涉及众多部门有很大的关系。

2. 没有综合性的跨行政区水环境管理的法律

跨行政区水环境管理是我国水环境管理中非常重要的一环，目前的法律规定散见于各个有关的法律文件，不系统不全面，难以依法对跨行政区水环境进行综合系统管理。

3. 缺乏程序性立法，使实体性立法的目标实现困难

目前水环境管理的国家立法非常重视实体性立法，程序性立法很少，由于实体性的法规没有程序性的法规相配合，导致实体性规定的目标难以实现。

4. 执法不严

在执法过程中，执法不严、有法不依很普遍。

（四）我国水资源质量管理的发展趋势

1. 建立高效统一的水资源管理体系

我国建立统一的水资源管理机构可以使水资源开发利用协调起来，使全国水资源真正得到合理的利用；可以使开源与节流得到所需的一定费用；可以使产业布局趋于合理，凡是产业建设，至少是大中型项目，如果没有得到水资源管理机构的论证批准，则不能兴建。统一的水管理机构可以充分协调水资源研究，我国目前地表水与地下水研究也是脱节的。

建立全国统一的水资源管理体制，要处理好地方与中央之间的关系，既不要统得过死，也不要放得过松。使地方一级水资源管理部门隶属于中央，地方是中央不可分割的一部分，地方向中央负责，地方从中央分益，并获得自身应有的权利。

2. 以市场为导向的水资源管理

无论是寻找水源、农业节水、工业节水、城市居民节水，还是污水处理，都需要投资和管理费用。首要的问题是正确地确定水价，然后使它走入市场。提出按成本核订水费的办法，促进了水费改革的深化。但是各地重新制定的现行水费仍然低于成本，从根本上看，目前我国还是无偿供水或低偿供水。没有合适的水价，是对浪费用水的鼓励；水费太低是将供水部门的效益无偿地转让给用水部门，这样不仅使供水成本得不到补偿，而且管理费用及维修费用都有困难。简而言之，没有合理的水价，节约水资源就是句空话。

3. 采用高新技术强化水资源管理

利用先进的技术手段，包括计算机技术、遥感技术、通讯技术等建立水资源的管理体系，包括建立各种用途的数学模型、地理信息系统、管理信息系统等，在水资源管理中具有重要价值。

目前利用计算机技术和遥感技术，普遍发展了水资源方面的地理信息系统（Geography Information System，GIS）和管理信息系统（Management Information System，MIS）以及相关的各种辅助系统，这是加强水资源管理的强有力的技术手段。我国在这一方面的建设已经受到重视建立了一套完整的地理信息系统，加上先进的微波通信技术系统，海河流域水资源管理开始步入新阶段。在如今，诸如计算机技术、微波通信技术、遥感技术等各种现代化技术已经普及到我国整个水资源管理领域，提高我国的水资源管理水平。

第八章 制度体系与管理规范化建设

第一节 最严格水资源管理本质要求及体系框架

一、最严格水资源管理制度的目的和基本内涵

现有的水资源管理制度存在法制不够健全，基础薄弱，管理较为粗放，措施落实不够严格，投入机制、激励机制及参与机制不够健全等问题，已经不能适应当前严峻的水资源形势。为应对严峻的水资源形势，我国正着力推进实施最严格水资源管理制度，其核心就是要划定水资源开发利用总量控制、用水效率控制和水功能区限制纳污控制三条红线。最严格水资源管理制度是我国在水资源管理领域的一次理念革命，是对水资源开发利用规律认识的集中体现，也是对传统水资源管理工作的总结升华。实行最严格水资源管理制度是保障经济社会可持续发展的重大举措，根本目的是为了全面提升我国水资源管理能力和水平，提高水资源利用效率和效益，以水资源的可持续利用保障经济社会的可持续发展。

最严格水资源管理制度提出的三条红线，其基本内涵主要有以下几点。

（一）建立水资源开发利用控制红线，严格实行用水总量控制

制定重要江河流域水量分配方案，建立流域和省、市、县三级行政区域的取用水总量控制指标体系，明确各流域、各区域地下水开采总量控制指标。严格规划管理和水资源论证，严格实施取水许可和水资源有偿使用制度，强化水资源的统一调度等。

开发利用控制红线指标主要是用水总量。

（二）建立用水效率控制红线，坚决遏制用水浪费

制定区域、行业和用水产品的用水效率指标体系，改变粗放用水模式，加快推进节水型社会建设。建立国家水权制度，推进水价改革，建立健全有利于节约用水的体制和机制。强化节水监督管理，严格控制高耗水项目建设，全面实行节水项目，实施"三同时"管理，加快推进节水技术改造等。用水效率控制红线指标主要有万元工业增加值和农业灌溉水有效利用系数。

（三）建立水功能区限制纳污红线，严格控制入河排污总量

基于水体纳污能力，提出入河湖限制排污总量，作为水污染防治和污染减排工作的依据。建立水功能区达标指标体系，严格水功能区监督管理，完善水功能区监测预警监督管理制度，加强饮用水水源保护，推进水生态系统的保护与修复等。水功能区限制纳污红线指标主要指江河湖泊水功能区达标率。

二、最严格水资源管理制度的特点

最严格水资源管理制度体现出的显著特征主要有以下几个方面。

（一）强化需水管理是最严格水资源管理制度的根本要求

最严格水资源管理制度是供水管理向需水管理转变的产物，强化需水管理是其区别于传统水资源管理的主要特征。在传统的经济发展与资源利用方式下，水资源、水环境对经济社会发展的约束性日益提高。人类社会发展历史说明，随着人类文明程度的提高，环境保护意识的增强，产业结构的转型升级以及循环经济的发展，工业化中后期之后经济发展必然带来用水量的膨胀。实施严格的需水管理是解决我国"水少、水脏"问题的根本出路。国家提出建立最严格水资源管理制度，正是为了顺应经济社会发展规律，适时强化需水管理，使水资源更好地支撑经济社会发展，保护水环境安全。

（二）优化顶层设计是最严格水资源管理制度的显著特征

实现水资源高效利用的核心是水资源使用者建立合理的预期成本—收益结构，而这取决于水资源利用、保护、节约、管理的制度环境。制度环境包括三个层次：一是文化和社会心理（文化层面）；二是具体制度安排（制度层面）；三是组织结构（体制层面）。文化和社会心理具有强大的惯性，难以在短期内改变；水资源管理体制一旦形成也难以迅速转变。水资源管理具体制度是制度环境建设中最能动的部分，对提高水资源管理水平具有显著的效果。管理制度的革新也有助于凝聚管理体制改革的目标，促进管理体制的进步；同时，管理水平的提高也能逐步改变社会对水资源的不合理认识，促使社会内在约束系统的形成。最严格水资源管理制度是对传统水资源管理制度的一次整合、完善、充实，强调水资源管理制度的系统性、普适性和实效性，与传统制度单一化、破碎化、局域化的特点有着本质的差别。

(三)管理手段进步是贯彻最严格水资源管理制度的微观基础

管理手段的先进与否在水资源管理中扮演重要的作用。首先,管理手段的进步有助于减少传统管理中人力物力的大量投入,降低政府管理水资源的成本;其次,管理手段的进步能大大提高水资源管理的效率,从而为水资源管理范围的扩展创造条件;再次,管理手段的进步有助于推动管理理念和管理制度的革新,进而为管理的深化打下基础。如取水计量手段的进步能改变传统计量中人员的大量投入,提高用水管理的准确性和效率,同时也会推动"精细管理"理念的形成,进而为取用水管理制度的创新提供新平台。最严格水资源管理制度要求监管的广度和深度都大大提高,必然要以管理手段的进步为基础,先进可靠的管理手段是制度实施的微观基础。

(四)科学监测评估体系是最严格水资源管理制度的基本保障

建立严格的目标责任制,通过监督考核的形式把水资源工作纳入政府重要议事日程,是最严格水资源管理制度贯彻实施的重要抓手。而监测评估体系是监督考核的科学基础,需要针对国家规定的指标体系形成一整套监测评估规范体系,包括监测体系的总体架构、监测点位的选择、监测评估的方式方法,从而保证监测评估能及时反映制度实施的成果,保障考核结果的公正性和权威性。

三、最严格水资源管理制度的内容框架

最严格水资源管理制度下的水资源管理规范化建设的内容主要包括水资源的机构建设、水资源配置管理、水资源节约管理、水资源保护管理、城乡水务管理、水资源费征收与使用管理、支撑能力建设及保障机制建设等方面,具体工作内容如图8-1所示。

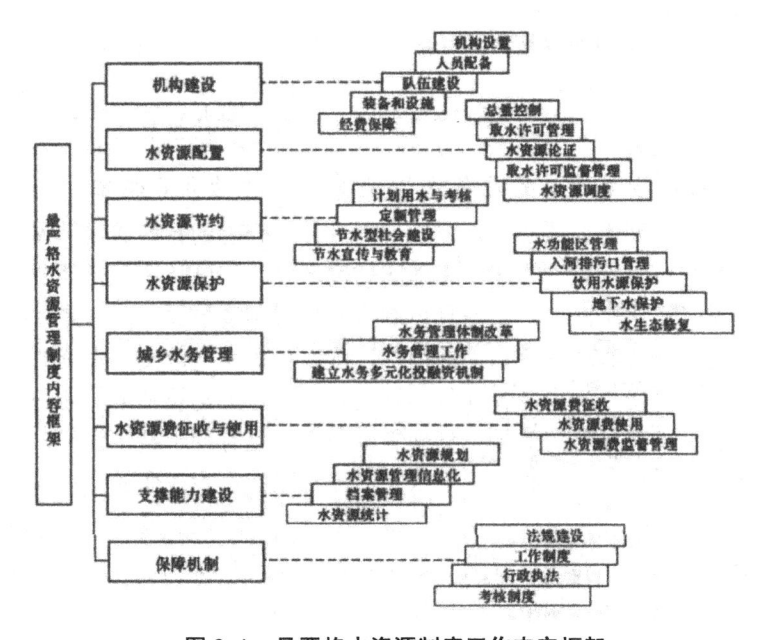

图 8-1 最严格水资源制度工作内容框架

第二节 水资源管理规范化的制度体系建设

最严格水资源管理制度实施的重要前提是水资源管理部门建立一套规范标准的管理体系，而该管理体系的核心任务是制度和工作流程的标准化建设。在前面对行业外资源管理部门的管理规范化建设经验总结的基础上，本节将对水资源管理制度框架的梳理进行具体阐述。

一、水资源管理制度框架

现有的水资源管理制度法规还不够健全，需进一步完善。此外，地方性的配套法规政策相对较为欠缺，为了更好地落实最严格水资源管理制度，还需要对现有水资源管理工作制度及其主要关系进行梳理，形成更为清晰的工作体系。

在借鉴水资源与国土资源制度设计与管理工作经验的基础上，对水资源管理主要制度体系框架总结提炼如图 8-2 所示。

在图 8-2 中，借鉴了水环境和国土资源部门的管理制度框架。水资源管理制度框架总体上可以概括为：以取水许可总量控制为主要落脚点的资源宏观管理体系，以取水许可为龙头的资源微观管理体系，以完善的监管手段为基础的日常监督管理体系。

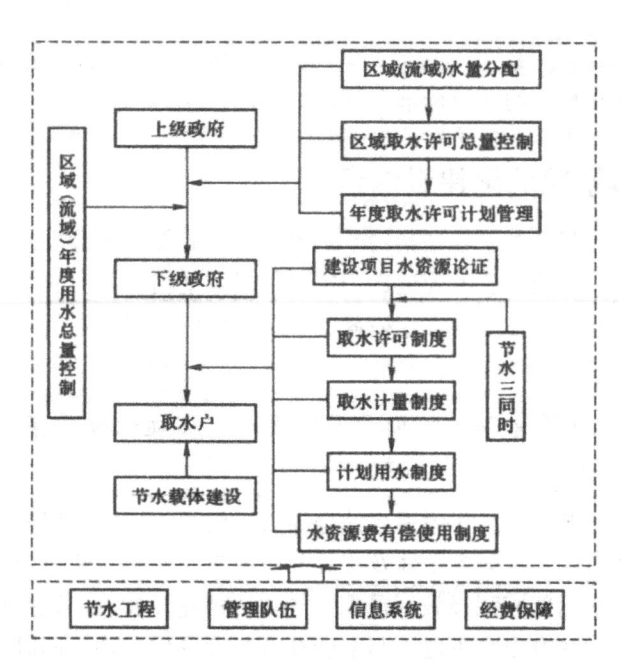

图 8-2 水资源管理体系框架

其中，建立以总量控制为核心的基本制度架构，要以区域（流域）水量分配工作为龙头，按照最严格水资源管理制度的要求对现有水资源规划体系进行整合，提出区域（流域）取水许可总量的阶段控制目标，并通过下达年度取水许可指标的方式予以落实。同时，根据年度水资源特点，在取水许可总量管理的基础上，下达区域年度用水总量控制要求。

在上级下达的取水许可指标限额内，基层水资源行政主管部门组织开展取水许可制度的实施。目前，取水许可制度的对象包含自备水源取水户与公共制水企业两大类。

自备水源取水户具有"取用一体"的特征，现有的制度框架能够满足强化需水管理的要求，但需要进一步深化具体工作。首先，要深化建设项目水资源论证工作，进一步强化对用水合理性的论证，科学界定用水规模，明确提出用水工艺与关键用水设备的技术要求，同时，明确计量设施与内部用水管理要求。其次，要进一步细化取水许可内容，尤其要把与取用水有关的内容纳入取水许可证中，以便后续监督管理。再次，建设项目完成后，要组织开展取用水设施验收工作，保障许可规定内容得到全面落实，同时也保障新建项目计量与"节水三同时"要求的落实。最后，以取水户取水许可证为基础，根据上级下达的区域年度用水总量控制要求，结合取水户的实际用水情况，分别下达取水户年度用水计划，作为年度用水控制标准，同时也作为超计划累计水资源费制度实施的依据。

公共制水企业具有"取用分离"的特征，而现有制度框架只能对直接从江河湖泊（库）取水的项目进行管理。公共制水企业覆盖一个区域而非终端用水户，其水资源论证工作只能对用水效率进行简单的分析，对取水量进行管理，而无法对管网终端用水户的用水效率进行有效监管。

在水资源管理制度体系中，节水工程、管理队伍、信息系统及经费保证作为基础保障工作也需要建立相应的建设标准和规章制度。

二、制度体系规范化建设内容

在明确水资源管理基本制度框架的基础上，为了确保国家确立的水资源管理制度要求得到有效落实，各级水资源管理部门需要积极推动出台相应的规章制度。根据我国水资源"两层、五级"管理的工作格局与各个层级所承担的职责，提出了制度体系规范化建设工作内容。

（一）五级水资源管理机构职责及制度规范化建设侧重点

1. 水利部工作职责

主要是解决水资源管理工作中遇到的全国共性问题。根据水资源管理形势发展需要，对水资源管理部门、社会各主体及有关部门的工作职责与法律责任进行重新界定的制度建设内容，水利部应积极做好前期工作与法规建设建议，以完善现有的水资源管理法规体系，也为地方出台下位法与配套规章制度提供条件。同时，水利部还要做好各级水资源管理机构工作职责与管理权限的划分、各层级之间的基本工作制度、宏观水资源管控等方面的配套规章制度建设工作。

2. 流域管理机构工作职责

主要包括承担流域宏观资源配置规则制订与监督管理、省级交界断面水质水量的监督管理、代部行使的水利部具体工作职责。因此，流域机构制度体系规范化建设工作的重点是加强流域宏观水资源管理与省际交界地区水资源水质管理方面的配套规定与操作规范。代部行使的工作职责需要由水利部来制定有关的配套规定，流域层面仅能出台具体工作流程规定。

3. 省级层面职责

主要是根据中央总体工作要求，根据地方水资源特点解决和布置开展全省层面的水资源管理问题。由于水资源所具有的区域差异特点，省级相关法规建设任务较重，省级水资源管理部门要积极做好有关配套立法的前期工作。省级管理机构还要做好宏观水资源管控，重要共性工作的规范、指导、促进，对下监督管理考核等方面的配套规章制度建设工作。省级机构还要开展部分重点监管对象的直管工作，需要制定相关配套规定。总体来看，省级机构以宏观管理为主，微观管理为辅。

4. 市级层面职责

包括对市域范围内水资源宏观配置与保护规则制定与监督管理，同时，在直管地域范围内行使水资源一线监督管理职能，宏观管理与微观管理并重。因此，制度体系规范化建设工作既要出台上级相关法律法规的配套规定，又要出台本区域宏观资源监督管理的有关规定，还要出台一线监督管理的工作规范。

5. 县级层面职责

是承担水资源管理与保护的一线监督管理职能，是水资源管理体系中主要实施直接管理的机构。因此，制度体系规范化建设上要对所有水资源一线管理职能制定相应的工作规范规程，同时对重要水资源法律法规出台相应的配套实施规定。

（二）当前各级应配套出台的规定规范

1. 关于实施最严格水资源管理制度的配套文件

实施最严格水资源管理制度已上升为我国水资源管理工作的基本立场，是各级政府与水资源管理机构开展水资源管理工作的基本要求。因此，各级党委或政府要根据中央一号文件要求专门出台配套实施意见，作为本地开展水资源管理工作的基本依据。

2. 间接管理需要出台的规定规范

间接管理是水资源管理工作的重要组成部分，是促进直接管理工作的重要抓手，主要由流域、省、市承担。我国市级管理机构的工作职责和权限地区差异很大，同时相应的制度建设内容也较轻，因此，仅需要对流域和省出台的配套规定予以规范。

3. 直接管理需要出台的规定规范

直接管理是水资源管理的核心工作内容，其管理到位程度直接决定了水资源管理各项制度的落实情况，也直接关系到水资源管理工作的社会地位。水资源直接管理工作主要由县级管理机构承担，地市承担部分相对重要管理对象与直接管辖范围内管理对象的直接管理职责，流域和省承担部分重要管理对象的部分管理职责。

由于上述规定规范具有基础性，是做好水资源管理工作的基本保障，因此，应作为各级水资源管理规范化建设验收评价的必备内容。

（三）下一步应出台的规章制度

1. 非江河湖泊直接取水户的监督管理规定

随着产业分工深化以及城市化与园区化的推进，水资源利用方式上"集中取水、取用分离"的特点愈发明显，自备水源取水户逐年下降。目前，建设项目水资源论证与取水许可管理制度无法覆盖这一类企业的取用水监督管理，也与最严格水资源管理制度要求突出需水管理的要求不相匹配。目前，规范这一类取用水户制度的建设方向：从完善水资源论证制度与建立节水三同时制度两个层面推进。一方面可以通过修订现有的建设项目水资源论证制度与取水许可制度，将其适用范围从"直接从江河、湖泊或者地下取用水资源的单位和个人"改为"直接或间接取用水资源的单位和个人"；另一方面也可以制定节约用水三同时制度管理规定，要求间接取用一定规模以上水资源的单位和个人要编制用水合理性论证报告，并按照水资源管理部门批复的取用水要求来开展取用水活动，并作为后期监督管理的依据。建议水利部应抓紧从这两个方面来推动此项工作，如果突破，就可实现取用水全口径的监督管理。地方水资源管理机构也应根据自身条件开展相关制度建设工作。

2. 非常规水资源利用的配套规定

国家法律明确鼓励在可行条件下利用非常规水资源，节约保护水资源。各地的实践也表明，合理利用非常规水资源能大大提高水资源的保障程度，节约优质水源的利用，实现分质用水。目前，水资源管理部门在这一方面缺乏明确的政策引导措施与强制推动措施，应尽快组织开展有关工作。规定要确立系统化推进非常规水资源利用的基本制度设计，根据现实情况采取"区域配额制与项目配额制"是可行的方向。建议在做好前期调研基础上，在资源紧缺及非常规资源利用条件较好的地区先行试点此项制度设计，为全面推行打好基础。地方水资源管理机构可先行推动出台有关引导、鼓励与促进政策。

3. 取水许可权限与登记工作规定

取水许可是水资源宏观管理与微观管理的主要落脚点与基本依据，是水资源利用权益的证明，具有很强的严肃性，也是水资源管理工作的重要基础资料，因此，其规范开展与信息的统一在水资源管理工作中具有基础性的地位。水利部要在现有工作基础上根据审批与监管的现实可行性，对流域与省间的取水许可与后期监督管理权限及责任予以进一步细化规定。从长远来看，水利部要统一出台规定建立取水许可证登记工作制度，以解决目前取水许可总量不清、数据冲突、审批基础不实、监督管理薄弱等方面的问题，并将登记工作嵌入各级管理机构取水许可证的审批发放工作过程中，从而解决上下信息不对称的问题，近期可先选取省为单元进行试点。

4. 总量控制管理规定

要尽快研究制定总量控制管理规定，主要明确总量控制的内容（是取水许可总量、年度实际取水量或是双控）和范围（纳入总量控制的行业范围），控制监督管理的基本工作制度（如台账、抽查等），各级管理部门落实总量控制的主要制度保障与工作形式，其他政府部门承担有关责任，不同期限内突破总量的控制与惩罚措施（如区域限批、审批权上收、工作约谈、重点督导等）。在国家规定基础上，流域、省、市应逐级进行考核指标分解，并出台相应的考核规定。

上述规章规定，水资源管理工作需要进一步落实的工作内容，需要从中央层面予以推动，省级层面积极突破。在中央没有出台有关规定之前，地方可以作为探索内容，但不宜作为硬性验收要求。因此，有关制度建设内容可以作为各级水资源规范化建设工作的加分内容，并根据形势发展动态调整。

第三节 水资源管理的主要制度

一、取水许可制度

取水许可制度是水资源管理的基本制度之一。法律依据是水资源属于国家所有，体现的是水资源供给管理思想，目的是避免无序取水导致供给失衡。

取水许可制度是为了促使人们在开发和利用水资源过程中，共同遵循有计划地开发利用水资源、节约用水、保护水环境等原则。此外，实行取水许可制度，也可对随意进入水资源地的行为加以制约，同时也可对不利于资源环境保护的取水和用水行为加以监控和管理。取水许可制度的主要内容应包括：①对有计划地开发和利用水资源的控制和管理；②对促进节约用水的规范和管理；③对取水和节约用水规范执行状况的监督和审查；④规范和统一水资源数据信息的统计、收集、交流和传播；⑤对取水利用水行为的奖惩体系。

取水许可制度的功能发挥，关键在于取水许可制度的科学设置，取水许可的申请、审批、检查、奖惩等程序的规范实施。

取水许可属于行政许可的一种，其目的是为了维护有限水资源的有序利用，许可的相对物是取水行为，包括取水规模、方式等，属于取水权的许可，而不是取水量的许可。取水权的基本含义应为在正常的自然、社会经济条件下，取水户以某种方式获取一定水资源量的权利。它包含以下几层含义：①取水权的完全实现是以自然、社会经济条件的正常为前提的，在特殊情况下，政府有权力为了保障公众利益和整体利益启动调控措施，对取水权进行临时限制；②取水权所包含的取水量是正常条件下取水户取水规模的上限；③取水权不仅仅是量的概念，还包含了取水方式、取水地点等取水行为特征；④政府依法启动调控措施时，须采取措施降低对取水户的影响，如提前进行预警、适当进行补偿等。

国内外水资源开发利用实践充分证明：提高水资源优化配置水平和效率，是提高水资源承受能力的根本途径；实施和完善取水许可制度，是提高水资源承载能力的一项基本措施。实施取水许可制度，在理论和实践上，应首先考虑自然水权和社会水权的分配问题，也就是社会水权的总量、分布与调整问题。完善取水许可制度，实质上就是加强取水权总量管理，提高水资源承载能力和优化配置效率；加强宏观用水指标总量控制和微观用水指标定额管理，促进计划用水、节约用水和水资源保护，建立水资源宏观总量控制指标体系和水资源微观定额管理指标体系，提高水资源开发利用效率。

取水许可制度，这是大部分国家都采用的一种制度安排。从各国的法律规定来看，用水实行较为严格的登记许可制度，除法律规定以外的各种用水活动都必须登记，并按许可证规定的方式用水。用水许可制度除了规定用水范围、方式、条件外，还规定了许可证申请、审批、发放的法定程序。

在取水许可方面，根据相关的规定，除家庭生活和零星散养、圈养畜禽等少量取水外，直接从江河、湖泊或者地下取用水资源的单位和个人，应当按照国家取水许可制度和水资源有偿使用制度的规定，向水行政主管部门或者流域管理机构申请领取取水许可证，并缴纳水资源费，取得取水权。实施取水许可制度和征收管理水资源费的具体办法，由国务院规定，国务院水行政主管部门负责全国取水许可制度和水资源有偿使用制度的具体实施。用水应当计量，并按照批准的用水计划用水。用水实行计量收费和超定额累进加价制度。

二、建设项目水资源论证制度

（一）项目成立的基础与前提

建设项目必须符合行业规划与计划；符合国家有关法规与政策（要对节水政策、宏观调控政策以及环境保护方面的政策加以特别关注）；重大建设项目必须得到有权批准部门的认可。

（二）项目取水合理性的前提

符合水资源规划，包括水资源的专业规划；符合取水总量控制方案以及政府间的协议，上级政府的裁决；以上前提必须以有效文件为准；需要工程配套供水的，应当与工程实施相衔接。

目前所遇到的困难如下：

1. 水资源规划依据不足，主要是水资源规划基本上以建设为主要内容，对水资源管理的需要考虑过少，难以作为论证的依据。

2. 水资源规划层次性不强，省的规划常常过于具体，无法适应现在快速发展的社会的需要，导致规划与现实脱节。

（三）项目取水本身的合理性

这是传统的审查内容，主要是把握水源的供给能力，一般水利部门审查这一方面内容没有问题，有明确的规范与标准。但现在最大的问题是：规划与实际脱节，如许多水库灌区实际上已经不再依靠水库灌溉，但水利部门往往不对水库功能进行调整，导致从功能上审查，水库已经无水可供，但实际水库上水量大量闲置；还有，建设项目提出的保证率往往高于实际需要，如城市供水，按规范要求，大城市保证率要大于95%，但实际供水时保证率要求没这么高，同时真正不可或缺的生活饮用水只占城市供水的极小部分；实际上已经成为房子，但管理部门的图纸上仍然是农田。论证单位对自己的地位把握存在问题，常常通过"技术处理"解决这一问题，这是我们审查要注意的。

建议审查时仍然按照正式的书面依据进行把握，否则容易造成被动。

（四）项目用水的合理性

这是目前审查中较为薄弱的一块。水资源论证制度的本意，是通过这一制度，强化水行政主管部门对用水进行管理，它的内涵十分丰富，但基本上被忽略了。根据它的要求，审查应当审查到具体工艺、设备和流程，但实际操作中，基本没有涉及，是需要加强的一个大类。

几种用水方式：①冷却方式的选择（直流与循环冷却）、换热器效率（换热系数）、冷却塔损耗；②洗涤方式：顺流洗涤与逆流洗涤、串联洗涤与并联洗涤、多级洗涤与一次洗涤，③水的串用、回用；④设备选型；⑤工艺选型（是否可以采用无水或少水工艺——考虑其经济成本）。

一般来说，比较的方式有同等工艺比较、定额比较、总量比较等方法，比较深入的有对用水每个环节进行用水审查（这已经到达用水审计的深度，一般目前还没有能力使用）。

（五）退水的合理性

这主要应当根据水功能区和河道纳污总量进行审查，相对比较简单。对于可以纳入污水管网的，一般要求纳入污水管网。

审查时对照有关政策与法规，并对照有关技术规范与标准。

（六）其他

在审查中要特别注意的是：

要实事求是，坚决反对所谓的"技术处理"。严格按照规范操作，对于取水水量或保证率达不到要求的，要按照实际情况写明，这是对项目或业主真正的负责。不要盲目地套用建设项目的行业标准，因为建设项目是否符合其行业标准，是业主思考或解决的问题；而对审查方来说，主要是要明确其取水的合理性以及其取水是否影响其他合法取水者的权益，所以，不能盲目套用其他行业的规范，甚至搞"技术处理"。

要正确理解规定的取水顺序，河网、河道等开放水域实际上不存在取水的优先顺序，因为我们目前的管理手段是无法按优先顺序管理取水的，所以只能计算实际可达的保证率。另外，城市供水的保证率是值得商榷的，因为没有必要对城市总用水量按规范规定的保证率供水，城市总用水量并不享有相关法律规定的优先权，而是其中的生活饮用水才享有优先权。

要充分注意论证的依据问题。目前大多数论证缺乏对自己论证所依据的资料进行验证与取舍，并且常常不提供依据的证明文件，这容易造成结论的错误。

建设项目水资源论证的定位和重点如下：建设项目水资源论证工作是改变过去"以需定供"粗放式的用水方式，向"以供定需"节约式用水方式转变过程中的一项重要工作。建设项目立项前进行水资源论证，不仅促进水资源的高效利用和有效保护，保障水资源可持续利用，减低建设项目在建设和运行期的取水风险，保障建设项目经济和社会目标的实现，而且可通过论证，使建设项目在规划设计阶段就考虑处理好与公共资源——水的关系，同时处理好与其他竞争性用水户的关系。这样，不仅可以使建设项目顺利实施，即使今后出现水事纠纷，由于有各方的承诺和相应的补偿方案，也可以迅速解决。对于公共资源管理部门，通过论证评审工作可以使建设项目的用水需求控制在流域或区域水资源统一规划的范围内，从源头上管理节水工作，保证特殊情况下用水调控措施的有序开展，保证公共资源——水、生态和环境不受大的影响，使人与自然和谐相处。所以，建设项目的论证工作对于用水户和国家都十分重要，是保证水资源可持续利用的重要环节。

建设项目水资源论证的目的可归纳为：保证项目建设符合国家、区域的整体利益；从源头上防止水资源的浪费，提高用水效率；为特殊情况下，政府的用水调控提供技术依据；为实现流域（区域）取水权审批的总量控制打下基础；预防取用水行为带来的社会矛盾；为取水主体提供取水风险评估和降低取水风险措施的专业咨询，以便于取水主体在项目建设前把水资源供给的风险纳入项目风险中进行考虑。

因此，落实好建设项目水资源论证制度既服务于水资源管理，服务于公共利益，也服务于取水主体利益。为实现上述目标，建设项目水资源论证应包括以下主要内容：①建设项目是否符合国家产业政策，是否符合区域（流域）产业政策和水资源规划；②建设项目的取水量是否合理，从技术和工艺层次上分析其用水效率，做横向的对比（配套节水审批），同时对项目的用水特点进行详细的分析，按照生活用水量、生产用水量（需要细分）、景观用水量等进行归类，制定出企业不同优先等级的用水量；③流域取水权剩余量是否能满足建设项目的取水权申请，取水行为、取水方式及退水对其他取水户取水权的影响及弥补措施；④利用过往水文资料评估取水户不同等级用水量的风险度，分析其对企业所带来的风险损失，在此基础上，设计降低企业用水风险的对应措施；⑤优化建设项目水资源论证程序。

受经济利益的影响，水资源论证资质单位缺乏技术咨询机构的独立性，往往成为业主单位利益的代言人。出现这种现象的深层次原因是，建设单位往往把水资源论证视为项目建设的门槛，而没有认识到取水风险是项目建设、运行所必须面对的主要风险之一。而这背后原因又是由于项目建成后的用水往往很少按照论证报告去严格执行，在突破取水权的情况下受到的惩罚较小，以致企业漠视取水风险。因此，解决这个问题必须加强对取水户的取水监控，加大超许可取水的惩罚力度。在此基础上，加强论证单位资质管理，提高水资源论证资质单位的职业道德。对项目报告质量多次达不到要求的，要降低资质等级，直至撤销论证资质。对论证报告进行咨询分析属于政府行使行政审批职能的一部分，其费用应纳入政府的行政经费预算中，不应由业主单位负责。政府部门则可通过打包招标的方式，确定每年建设项目水资源论证报告的咨询单位，提高报告咨询质量。目前的水资源论证内容和方式不适应水资源管理工作的深入开展。应加强水资源论证负责人和编制人员的培训，明确各资质单位开展水资源论证的主要目的，改变现有水资源论证基本套路，从而更好地为水资源管理服务。

三、计划用水制度

（一）计划用水的前提或理论依据

理论上讲，计划用水是一种有效提高水资源利用效率的手段。计划用水有两种假设：一是由于水价受到种种因素的制约，节约用水在经济上并不划算或者收益较小，使得人们节水的动力不足；二是受到水源供水能力的制约，政府不可能提供足够的水量满足所有用户的需求，为此不得不采取按可供能力分配的手段，从而实现供需的平衡。第一种情况是普遍的，用户在使用资源时，必然进行经济上的比较。一般认为价格与需求量成反比，只要提高价格就能起到节约用水的效果，这是受到微观经济学供需平衡曲线的影响。实际上，经济学研究证明，价格与需求是否成反比还决定于弹性，只有富有弹性的商品，这种关系才成立。对于弹性较差的商品，这种关系并不成立，或者关系并不明显。对于刚性商品，这种关系完全不存在。其实，对于一个企业来说，它使用的资源较多，而决定企业成本的并不是每种资源的价格，而是各种资源的总费用。一种资源价格尽管高，但如果其使用量不大，那么其总费用较低，在这种情况下，价格对节约起的作用仍然是微乎其微的。另一种情况是由于水是一种较易取得的资源，而且是一种用途极其广泛的资源，其价格不可能太高，而且远远无法达到企业的成本敏感区，因此为了促进节约用水，从而采取了行政干预的手段，即下达用水计划，强制企业节约用水。以上的论述，从理论上讲是正确的。

（二）计划用水制度的困难

计划用水制度的操作性存在问题，影响了它的适用范围。首先，用水的计划如何制订，一般认为计划用水可以依靠用水定额科学地制订，从而核定每一用户的合理用水总量。然而，这种方法存在一个最大的问题，那就是如何科学地核定用水定额。我国已成为世界制造业大国，产品种类繁多，不胜枚举，任何的定额必然不可能穷尽所有的产品，从而使得这一做法存在着天然的漏洞。其次，任何一种产品的定额制订都需要一定的周期，而在产品更新如此快的时代，一种产品定额尚未制订出来，产品已经更新的可能性非常大，无法跟上产品的变化节奏。第二，使用产品定额核定企业用水总量，必须全面掌握企业产品生产的计划与过程，但这不仅牵涉商业机密问题，而且就是使用也需要巨大的工作量，牵涉到巨大的行政管理力量。计划用水应当适用于较小范围的，相对单纯的，或者说共通性较强的产品，它不适合全面推行。

四、节水措施三个同时制度

相关法律规定及其配套法规明确了节约用水的三个同时制度，明确了建设项目的节约用水设施必须与主体工程同时设计、同时建设、同时投入使用，从而在工程建设上避免了重主体工程、轻节水设施的问题，保证了建设项目节水工作的到位。

从目前情况来看，节水三同时制度执行情况并不理想，各级水行政主管部门并未对建设项目的节水设施进行有效管理，迫切需要加强。

当前节水三同时制度执行较差的原因是：首先，缺乏相关的配套制度，由于建设项目用水情况的复杂性，对建设项目节水设施的管理也较为复杂，导致管理部门无力进行实质性的管理。其次，节水设施实际上与用水设施难以绝对区分，针对某一具体项目如不对其用水工艺、设备进行实质性审查，很难确定其用水是否合理，或者说是否符合节水要求。第三，目前采用的节水管理相关的技术规范难以对建设项目用水效率进行实际的、有效的控制，目前常用的用水定额标准就存在着产品种类较多、生产工艺复杂、定额标准难以有效覆盖等问题，即使已经制订的定额也因标准浮动幅度过大，难以对其用水水平进行法律上的有效控制。最后，目前节水三同时还缺乏相应的管理标准，对如何保证同时设计、同时施工、同时投入使用还缺乏相应的具体规定，导致这一制度并未得到有效实施。

五、水资源有偿使用制度

水资源有偿使用制度是水资源管理的基本制度之一，法律依据是水资源属于国家所有，是国家对水资源宏观调控的重要手段，而不是为了体现水资源的国家占有。它的内涵不仅仅是水资源费，还可以有其他有偿使用制度或规定，是调控水价的重要手段，在一定意义上，它有资源税的含义。在资源紧缺地区，它可以相应采用较高的标准，在资源丰富的地区，它可以采用较低的标准，甚至不需要交纳费用。可以采取不同的行业政策，对限制行业采用较高的标准，对鼓励行业采用低费率或零费率，甚至是负费率政策。它的合理运用，是水资源部门配置的强大市场手段。

六、入河排污口管理制度

随着经济社会的快速发展，排入江河湖库的废污水量也随之不断增加。在河道、湖泊任意设置排污口已经造成了极大的危害。

（一）废污水排放量逐年增加，严重污染水体，加剧水资源短缺

随着废污水排放量的不断增加，导致一些地区河流有水皆受到污染，丰水地区守在河边找水吃，许多城市被迫放弃附近的水源而另外寻找新水源。水污染严重影响了人民群众的身体健康和生产生活。由水污染引起的上下游之间的水事纠纷近年来也有增长的趋势。

（二）危及堤防安全，影响行洪

一些排污企业未经批准，随意在行洪河道偷偷设置入河排污口，对堤防和行洪河道的安全构成了潜在的威胁。当发生洪水时，污水将随着洪水蔓延，扩大了污染区域，也使洪水调度决策更加复杂。

依法对入河排污口实施监督管理，是保护水资源、改善水环境、促进水资源可持续利用的重要手段；是落实《水法》确定的水功能区划制度和饮用水水源保护区制度的主要措施。因此，我国针对该情况的管理制定了相关管理办法，相关内容主要规定了以下主要制度和措施：

1. 排污口设置审批制度

按照公开、公正、高效和便民的原则，对入河排污口设置的审批分别从申请、审查到决定等各个环节做出了规定，包括排污口设置的审批部门、提出申请的阶段、对申请文件的要求、论证报告的内容、论证单位资质要求、受理程序、审查程序、审查重点、审查决定内容和特殊情况下排污量的调整等。

2. 已经设排污口登记制度

施行前已经设置入河排污口的单位，应当在本办法施行后到入河排污口所在地县级人民政府水行政主管部门或者流域管理机构进行入河排污口登记，由其逐级报送有管辖权的水行政主管部门或者流域管理机构。

3. 饮用水水源保护区内已设排污口的管理制度

县级以上地方人民政府水行政主管部门应当对饮用水水源保护区内的排污口现状情况进行调查，并提出整治方案报同级人民政府批准后实施。

4. 入河排污口档案和统计制度

县级以上地方人民政府水行政主管部门和流域管理机构应当对管辖范围内的入河排污口设置建立档案制度和统计制度。

5. 监督检查制度

县级以上地方人民政府水行政主管部门和流域管理机构应当对入河排污口设置情况进行监督检查。被检查单位应当如实提供有关文件、证照和资料。监督检查机关有为被检查单位保守技术和商业秘密的义务。

为了保证以上制度的有效执行，还规定了违反上述制度所应承担的法律责任。

建设项目需同时办理取水许可手续的，应当在提出取水许可申请的同时提出入河排污口设置申请；其入河排污口设置由负责取水许可管理的水行政主管部门或流域管理机构审批；排污单位提交的建设项目水资源论证报告中应当包含入河排污口设置论证报告的有关内容，不再单独提交入河排污口设置论证报告；有管辖权的县级以上地方人民政府水行政主管部门或者流域管理机构应当就取水许可和入河排污口设置申请，并出具审查意见。

依法应当办理河道管理范围内建设项目审查手续的排污单位，应当在提出河道管理范围内建设项目申请时，提出入河排污口设置申请；提交的河道管理范围内工程建设申请中应当包含入河排污口设置的有关内容，不再单独提交入河排污口设置申请书；其入河排污口设置由负责该建设项目管理的水行政主管部门或流域管理机构审批；除提交水资源设置论证报告外，还应当按照有关规定就建设项目对防洪的影响进行论证；有管辖权的县级以上地方人民政府水行政主管部门或者流域管理机构，在对该工程建设申请和工程建设对防洪的影响评价进行审查的同时，还应当对入河排污口设置及其论证的内容进行审查，并就入河排污口设置对防洪和水资源保护的影响，并出具审查意见。

七、纳污能力核定制度

在划定水功能区后要对水域纳污能力进行核定，提出限制排污总量意见，在科学的基础上对水资源进行管理和保护。它从法律层次上不仅肯定了河流纳污能力的有限性，而且规定了保护水资源的底线目标，即对向河流排污的管理必须以河流纳污能力为基础，入河排污量超过纳污能力的应当限期削减到纳污能力以下，尚未超过的不得逾越。

纳污能力核定制度是水功能区管理的一种基本手段，目的是为了控制水污染，是水行政主管部门首个比较明确的制度，使其在水质上面有法定依据的发言权。

从理论上讲，河道纳污能力与季节、水量、河道形态、生态结构以及污染源的分布、排放方式、排放规律有关，不是一个确定的值；不同的污染物其纳污总量是不同的，而污染物是无法穷尽的。

目前的技术规定，从理论上讲存在的问题主要是河道径流特性不同，单纯用保证率的方法确定河道设计水量，容易造成控制过宽或过严的问题。

八、水功能区管理制度

我国对水利区划工作做出了明确的指导，它是综合农业区划的重要组成部分，主要是摸清自然情况，针对不同地区的水利开发条件、水利建设现状、农业生产及国民经济各部门对水资源开发的要求进行研究分析，加以分区，提出各分区充分利用当地水土资源的水利化方向、战略性布局和关键性措施，为水利建设提供依据。水功能管理区制度是水资源管理的一项基本制度。它的本意是规定某一水域或水体的使用功能，是水资源开发利用的主要依据，但常常被理解为单纯的水资源保护的依据，甚至理解为仅仅是江河水质管理的依据；它实际上是一种标准，但常被理解为规划。

主要管理内容：①规划或建设项目的依据；②江河水质监测特别是评价的依据；③入河排污口审查审批的依据；④江河纳污能力核定的依据。

水功能区分为水功能一级区和水功能二级区。水功能一级区分为保护区、缓冲区、开发利用区和保留区四类。水功能二级区在水功能一级区划定的开发利用区中划分，分为饮用水源区、工业用水区、农业用水区、渔业用水区、景观娱乐用水区、过渡区和排污控制区七类。

目前管理手段与制度还比较缺乏。要真正实现水功能区管理的目的，使其成为水资源管理的重要手段，成为水资源开发利用的重要依据和水资源可持续利用的重要举措，仍存在以下几方面的不足。

（一）管理的目标仍然太窄，仍局限在水质保护方面

一直以来，水行政主管部门组织的水功能区划，基本都局限在水资源保护方面，针对的是水污染问题，跳不出水质保护的框框。公布的区划结果，一般都是功能区名称、范围及水质保护目标，与环保部门的工作出现重复，并未体现水行政主管部门的职责，即从水资源的综合利用、可持续利用的高度来确定水域的主要功能用途。目标太窄或定位太低，是水功能区管理存在的最大不足。

（二）水功能区管理的意义、作用没有得到正确认识

水利部党组审时度势，从国家水安全利用、国家经济振兴的高度出发，提出了新的治水思路。要实现治水思路的根本调整，必须要有具体的、可操作性强的措施，抓住水功能区管理，就是实现治水战略调整的核心。因为水

功能区是一项最综合的指标，可以说，所有的水资源开发、利用、保护都与水体功能有关，一旦水体某项要素不符合功能设定的要求，就要丧失使用价值，出现水的供求矛盾甚至危机。水利化区划以及水功能区划，都没有得到很好的实施，也没有真正认识和理解水功能区的作用和价值，造成水资源开发利用的很大浪费，有些损失甚至是无法挽回的。如在通航优良的河道上建坝，因为缺乏水功能区管理，建设单位根本不顾及通航要求，拦河建坝不修船闸，层层梯级开发使黄金通航水道彻底丧失；又如大型水利枢纽的位置规划，由于缺乏整个流域或区域的水功能区划与水功能区管理，以致良好的坝址丧失价值；如城市给水与排水问题、渔业养殖与水质保护问题、防洪筑堤与生态保护问题、滞洪区与经济社会发展问题等，都可归纳为缺乏有效可行的水功能区管理而造成的。

（三）水功能区管理的投入机制并未建立，实施管理的困难大

实施水功能区管理，需要有稳定的投入，它不像其他的行政审批制度，也不像某项工程任务，有一次投入即可。水功能区管理的支出包含有两大部分：①用于维护水功能正常发挥作用；②用于监督管理水功能区，如水功能区要素监测，流量、水位、水质等指标的实时监测，水功能区设施的建设，信息化的建立与运转等。过去与现在，尚未建立起投入机制，这是目前最紧迫的问题。水功能区管理的可达性很大程度上依赖于投入的稳定程度。

（四）管理的目标单一，不能全面反映水功能区的要求

现行的水功能区划结果，实质上仅提供了实现水功能的水质目标，而其他关键性指标，如流量、水位、流速、泥沙及生态保护方面（如功能区内的用水量、水资源承载能力、水环境承载能力等）的基本指标，均是衡量水功能能否正常发挥作用的关键指标，目前还是空缺，这对水功能区管理是十分不利的。

九、水资源规划制度

规划是管理重要的技术依据，规划有两类做法，一类是从技术出发，目的是合理开发利用与保护水资源，主要的做法是摸清资源赋存状况，再根据可供水资源与水资源需求，进行供需平衡，在无法平衡的情况下，开发新工程或对需求进行管理，从而达到水资源的供需平衡，达到水资源效益的最大化，在技术上保证水资源最合理的利用或保护。但这种规划有一个最大的问题，由于它的提出是从技术层面的，所提出的管理要求，也是从属于技术的，是为了保证技术层面规划的结果能够真正得到实现。但从实际执行的结果来看，水资源技术规划执行的效果并不理想，还是存在着管理与实际脱节问题，特别是在管理措施的落实方面，同时这类规划也无法为管理提供明确的措施与手段。这类规划还有比较严重的问题，就是无法进行需求管理。

十、水资源调度业务制度

水资源调配是为综合利用水资源，合理运用水资源工程和水体，在时间和空间上对可调度的水量进行分配，以实现受水区本地水源与客水的科学配置，适应相关地区各部门的需要，保持水源区和受水区的生态和经济可持续发展。可调水量是考虑水库、湖泊等水源地现有蓄量、长期以来水预估、工程约束、发电和下游航运需求等条件，在一个调度周期能够输出的水量。

水资源调配包括水资源规划配置、年水资源调度计划制订、月水资源调度计划制订、旬水资源调度计划制订、实时调度以及应急调度等调度业务的在线处理，为水资源调度工作人员的日常业务工作提供包括文档接收（上级文档的接收和下级文档的接收）、文档发送（包括向上级的上报和向下级的下发）、用水计划受理、水调报表自动生成（包括水调日报、水调旬报、水调月报、水调年报）等功能。

水资源调配的目的在于最优地利用有限的水资源，为国民经济的可持续发展服务，水资源调配依据目前的水资源形势，采用专业技术为决策者提供多角度、可选择的水资源配置、调度方案，供决策参考。

水资源调配先是对当前水资源的评价，包括水资源数量评价、质量评价、开发利用评价及可利用量评价等，进而对未来的需水量预测、可供水量预测，在此基础上进行水量供需平衡分析和水资源优化配置，并利用优化目标规划模型等专业技术进行科学调度，制定出各种条件下水资源的合理配置、调度方案。

根据水资源分配规定制定的水资源分配和调度方案，按照水资源总量控制和定额管理的原则，可以对流域或区域的水资源调度过程进行监控。

第四节 管理流程的标准化建设

在水资源管理规范化建设的制度框架体系下，对于水资源管理的管理流程进行标准化设计也是水资源规范化建设的内在需求，是依法行政的重要前提，在此对水资源管理的工作流程和水资源保护的工作流程进行了设计，具体如下。

一、水资源管理的标准化流程建设

水资源管理制度的目标是：建立制度完备、运行高效，与经济社会发展相适应、与生态环境保护相协调的水资源管理体系，进一步完善和细化水量分配、水资源论证、水资源有偿使用、超计划加价、计划用水、用水定额管理、水功能区管理、饮用水水源区保护等国家法律、法规、规章已明确的各项管理制度。在对水资源管理体制框架进行整体综合设计的基础上，本节将明确规范化建设组成制度及相应的制度内容，对在水资源规范化管理制度框架下的核心管理制度的规范化工作流程进行梳理，从而克服目标不一致、信息不对称、行动效率低下等问题。

（一）水源地管理

加强供水水源地管理，是提高公共健康水平，保障经济社会又好又快发展的重要措施。其管理内容包括：

1. 供水水源地基本信息管理

要求水源地主管部门将供水区域、人口等有关基础信息按规定要求录入管理系统，掌握其水源地基本情况。

2. 供水水源地水质安全影响因素管理

开展对水土流失、农田分布、居民点分布等潜在污染因素的调查，并将有关调查结果输入数据库，并形成相应的 GIS 图件，为分析与管理提供基础。

3. 来水水量、水质管理

对水源地的降雨量、主要河流的流量进行监测，对来水水质进行定期监测，以掌握水源地水量水质变化情况。

4. 水源地安全评估

在调查分析实时污染因子和水质情况的基础上，对水源的安全情况和变化的趋势进行定期的综合评估，发现水源地保护中存在的不足和薄弱环节。饮用水水源地安全评估必须着重考虑五个方面因素：一是水量、水质安全达标情况；二是保护措施是否满足保障水源安全的要求；三是水源地安全要求与受水区域经济社会发展之间是否协调；四是以发展的观点分析水源安全措施是否适应社会对饮用水水质不断提高的要求；五是水源地的开发和规划是否符合水源地安全的要求。

5. 科学评估

根据安全评估结果，结合现实要求，制定相应的水源地保护管理目标，并制定相应的保护规划。

6. 按规定制定工程保护方案

根据规划要求，对需要采取工程措施保护的水源地制定水源地保护工程实施方案，同时研究制定水源地保护长效管理制度。

7. 工程实施管理

对采取工程保护措施的水源地，需要进行工程实施进度管理，以保障工程的顺利推进。

8. 长效管理制度主要包括：

（1）危险品监管制度

对进入库区和在库区产生的（包括产品中间体）国家危险化学品名录中的化学物质实行登记与核销制度，进行全过程监控；对库区危险化学品运输实行准运制度，明确运输时段、运输方式、运输路线，并明确安全保障条件和应急措施。

（2）排污口管理制度

要对水源地保护区范围内现有的排污口进行登记，同时，按法律法规和保护规划要求严禁新设排污口，并提出对现有排污口的整治措施。

（3）污染源管理

要求库区内污染点源进行登记，对新增污染源需进行申报并严格按照保护规划要求进行审批。

（4）水源地保洁制度

水库水源地要建立覆盖库区主要河流和水库水面的水域保洁制度，建立"综合考核、分工协作、专业养护、人人参与"的保洁工作机制。由水利部门牵头组织对水库水源地水域保洁工作进行监督管理和综合考核；水库管理机构、乡镇、村按照各自的职责负责具体做好相应水域的保洁工作；在具备条件的地区要积极引入竞争机制，落实专业保洁队伍，用市场化方法开展水库水源地水域保洁工作。水源地巡查举报制度：要强化对库区水源地情况的动态监管，建立基本的巡查制度，明确巡查内容、巡查方式方法、巡查次数、巡查纪律、巡查责任、巡查的报告程序和时限等内容，确保做到发现问题及时上报、及时处理。针对水库水源地人口经济的实际情况，标出重点区域的位置和易发生污染水源的重点区域，落实具体巡查责任人。每个水库水源地都要建立专门的举报电话，也可建立网上举报渠道，同时要建立有奖举报机制。

水源地长效管理制度正在不断地探索与完善过程中，其需求也随着管理的深入不断拓展。

9. 实施效果评估

将定期对水源地保护规划实施情况进行评估，及时发现水源保护中存在的薄弱环节和管理上的漏洞，以促进水源地保护工程的持续改进。实施效果评估的结果反馈到水源安全评估环节，作为保护规划修编和改进的主要依据。

水源地保护管理业务流程设计如图 8-3 所示。

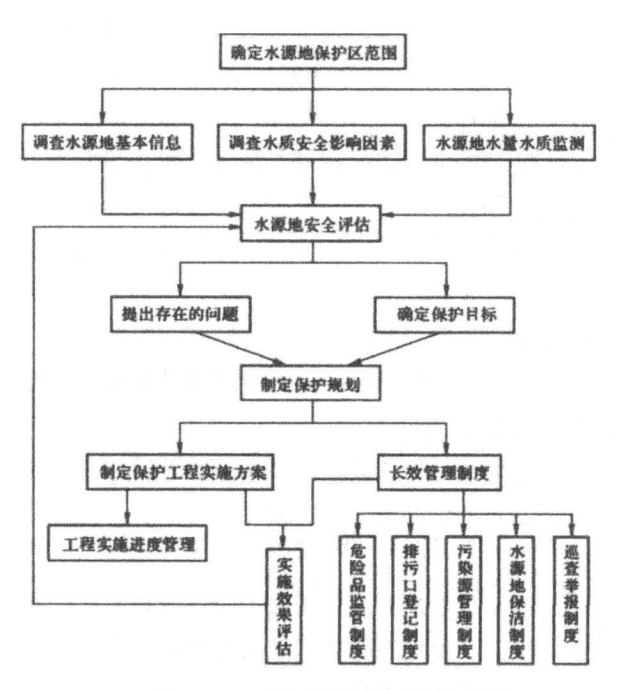

图 8-3　水源地保护管理工作流程

（二）地下水管理

随着地表水源替代工程的建设和地下水禁限采工作的推进，浙江省地下水资源将主要发挥事故应急备用、抗旱用水的功能。而加强地下水资源的管理是地下水禁限采工作顺利推进的重要保障，也是发挥其应急备用功能的工作基础。其业务工作内容包括：

1. 地下水调查与评价

对全省地下水资源及其开发利用情况进行调查评价，掌握地下水资源的分布区域、地下水水质类型、不同类型地下水的开发利用量、地下水开采井的空间分布、地下水降落漏斗分布区等基本信息。

2. 提出地下水保护目标

根据地下水调查评价的结论，结合水资源开发利用的整体部署，分区域制定地下水保护目标。在平原承压区，明确将承压地下水资源定位为应急备用和战略备用水源；在河谷浅水区，原则上地下水作为应急备用和抗旱用水；在红层水分布区，也应逐步控制地下水开采，最终将其作为应急备用水源。

3. 划定地下水禁限采区域

根据区域地下水调查评价的结果，结合区域地下水保护目标，分阶段提出地下水开采调整规划，并划定相应的禁采区与限采区。

4. 地下水监测站网管理

根据地下水管理的需要，要不断补充完善地下水水位、水质监测站网的布设，并对监测设施进行相应的改造,同时要制定地下水站网布设的技术要求和管理规范,为地下水站网的动态管理打下基础。

5. 地下水应急取水井管理

结合禁限采工作,改造一批地下水开采井,以满足未来应急取水的要求。制定地下水应急取水井布设的技术规范,同时,制定调整应急取水井的管理规定。根据制定的相关规定,对地下水应急取水井的名录、地理位置、取水能力、水质等基本内容进行管理。

6. 地下水封井进度管理

根据禁限采目标,制定年度封井指标,并对其实施情况进行动态监督。

7. 定期开展地下水水位水质监测

根据管理要求,制定相应的地下水水质水位监测规范,定期对地下水水质水位进行监测,同时对部分重要站点探索开展自动监测。

8. 管理效果评估

在综合分析地下水水位水质监测、地下水禁限采开展情况、应急备用井管理、监测站网管理等工作的基础上,开展地下水管理效果评估,相关结果作为调整地下水保护目标、完善地下水管理制度的重要依据。

地下水管理业务流程设计如图 8-4 所示。

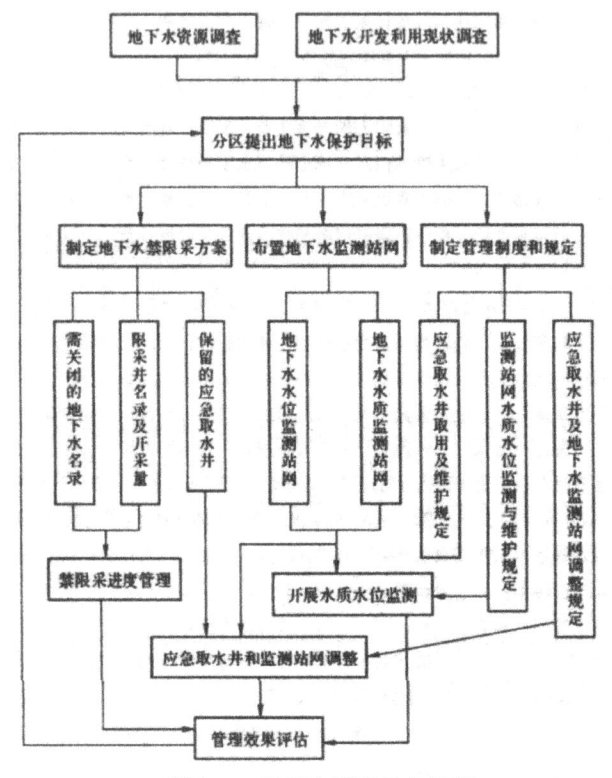

图 8-4 地下水管理业务流程

（三）计划用水与节约用水管理

计划用水与节水管理主要包括：节约用水法规政策管理、用水定额制定和使用管理、行政区域年度取水总量管理、取水户取水计划管理、节水"三同时"管理。

1. 节约用水法规政策管理

在梳理现有节约用水法规政策体系的基础上，提出完善节约用水法规政策体系的建议，逐步形成有利于节约用水工作开展的体制机制，同时要加大现有法规政策的执行力度。

2. 用水定额制定和使用管理

建立用水定额动态调整的工作机制，根据经济发展的特点，选择一批有实力的龙头企业，牵头开展其对应领域的产品用水定额编制。水行政主管部门对其提出的用水定额修订方案进行分析、论证和审查，成熟的方案纳入省级用水定额标准，从而提高用水定额的实用性。同时，对定额使用过程中出现的问题和修改建议及时进行整理，以进一步提高定额制定的科学性。

3. 行政区域年度取水总量管理

根据水资源管理的实际情况，行政区域年度取水总量计划可以分为"指令性计划"和"指导性计划"两类进行管理，其相应的管理对象和范围将随着水资源管理基础工作的加强逐步进行调整。本年度制定下一年度的区域年度取水总量控制计划；在执行过程中要对计划执行情况进行通报，及时预警，并按有关规定，要求地方采取相应的措施；年终要对上一年度计划执行情况进行评估，以利于计划制订工作的持续改进。

4. 取水户取水计划管理

各市县根据上级下达的区域年度取水总量，制订区域内取水户的年度取水计划。对超计划取水的取水户实行超计划累进加价征收水资源费；对要求调整计划的取水户，取水户提出计划调整申请，并说明调整的理由和要求，原计划下达机关将综合考虑有关因素进行审批。水行政主管部门对取水户取水计划执行情况及时进行预警。同时，取水户要对年度取水计划执行情况进行总结，并报水行政主管部门。

5. 节水"三同时"管理

对新增自备水源取水项目，将相关的节水设计、施工和运行要求，融入到建设项目水资源论证和取水许可审批管理流程中，一并开展管理。对已有取水项目，将通过节水评估、计划用水、水平衡测试等机制和技术措施，开展节水"三同时"管理工作。对管网取水户将探索开展节水"三同时"备案或审批工作。

计划用水与节水管理的工作流程如图 8-5 所示。

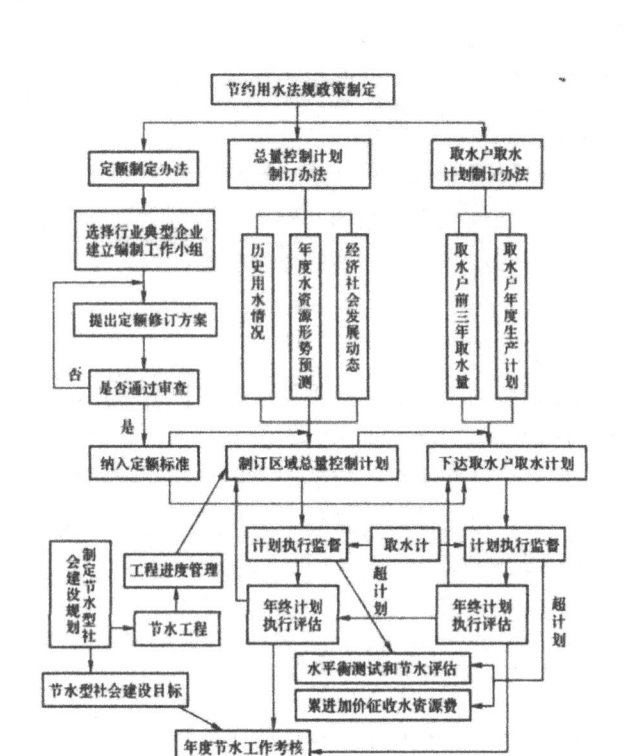

图 8-5　计划用水与节约用水管理工作流程图

(四) 取用水管理制度和内容及管理流程

取水许可管理主要完成取水许可的审批工作，主要工作内容如下：

1. 实现对取水许可的审批和管理；
2. 输出许可、处罚、批准通知书等文件；
3. 建立取水许可数据库，对取水单位信息、水环境影响等建库，在必要时，对取水许可证进行核定；
4. 每年对取水单位的取水量、取水执行情况等进行汇总，形成报表上报，并辅助制订区域取水计划的安排。

各地应当按照规定，建立取用水管理制度，严格执行取水许可申请、受理和审批程序，优化审批流程，缩短审批时间，加快电子政务建设，推行网上审批，提高办事效率。取水许可审批单位除了应当对取水许可申请单位提供的材料进行严格审查外，对于重大建设项目或者取排水可能产生重大影响的建设项目，均应安排2个或者2个以上工作人员进行实地查勘，取水许可审批现场勘查率不得低于70%。应建立水资源管理机构内部集体审议制度，防止取水审批决策失误，严禁各种形式的取水审批不作为和越权审批行为发生。取水工程或设施竣工后，取水审批机关应当在规定的时间内组织验收。重大取水项目应当组织5名（含5名）以上相关工程、工艺技术专家组成验收小组进行验收，其他项目组织2名（含2名）以上人员进行验收。取水工程或设施验收后，验收组应当出具验收报告，验收合格者由取水许可审批单位发给取水许可证。取用地下水的，取水许可审批机关应当对凿井施工单位的凿井施工能力进行调查核实，对凿井施工中的定孔、下管、回填等重要工序进行现场监督，省级水行政主管部门应制定颁布取水工程验收管理办法，细化验收组织形式、验收程序和验收具体内容。地方各级水行政主管部门应当将取水许可证的发放情况定期进行公告，广泛接受社会监督。

具体的取水管理制度流程设计如图8-6所示。

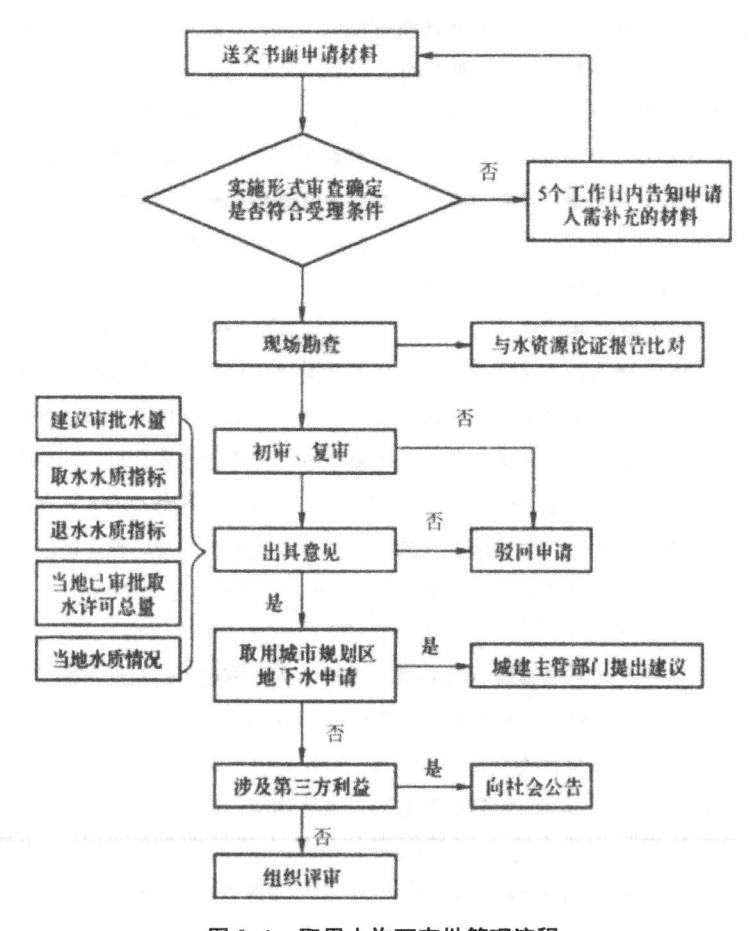

图8-6　取用水许可审批管理流程

（五）水资源费征收管理制度及管理流程

水资源费的征收及使用管理工作主要包括三部分工作内容：一是对取水户的征费及缴费管理；二是对省、市、县三级水资源费结报管理；三是水资源费的支出管理。

1. 取水户的征费及缴费管理

水资源费征收主体为各级水行政主管部门。具体征收机构较为复杂，大致有以下几种情况：一为各地水政监察机构；二为各地水资源管理机构；三为各地水行政主管部门财务管理机构。

各地水资源费征收程序一般为：首先，现场抄录取水量数据并要求取水户签字认可或从电力部门获取水电发电量数据；其次，根据双方认可的取水量（发电量）和收费标准核算水资源费并发送缴款通知书；最后，用水户按缴款通知书要求缴纳水资源费。近年来，有些地方在缴费方式上开展了"银行同城托收"，方便了取水户缴纳水资源费。

2. 水资源费结报管理

水行政主管部门一年开展两次全省水资源费结报，并开具缴款通知书；各省、市、县持缴款通知书向同级财政提出上划申请；同级财政审核后及时将分成款划入省、市水资源费专户。根据规定，水资源费省、市、县分成比例为20%：20%：60%。结报形式为"集中结报与分散结报相结合"，既提高工作效率又能及时发现地方水资源费征管中存在的问题。对应缴水资源费进行统计与结算，并建立相应的催缴制度，保障水资源费的及时上划。

3. 水资源费支出管理

水资源费均实行收支两条线管理。省级水资源费使用由省水行政主管部门编制预算，经省财政审核和省人大批准后执行。根据省财政厅的统一规定，省各市县与省级水资源费使用方式一致，已执行收支两条线管理。大多数市县能将水资源费主要用于水资源的节约、保护和管理，但也有部分市县未能严格按照规定执行到位。省水资源费征管机构对各地水资源费使用情况进行统计，不定期开展监督检查，及时督促各地纠正水资源费使用中不合规定的行为。

4. 水资源费征收标准的制定

根据国家资源税费改革的有关政策，结合水资源的实际情况，加强与发展改革委、物价等有关部门的沟通协调，建立水资源费征收标准调整机制，促进水资源的可持续利用。

5. 水资源费征收工作考核

根据各地实际取水量和发电量，核定各地足额征收水资源费应收缴的水资源费金额，对比各省市县实际收缴金额，可核算得到各地水资源费的征收率。水资源费征收率的结果将作为水资源费征收工作考核的重要指标。地方各级水行政主管部门水资源管理机构，应当加强水资源费征收力度，提高水资源费到位率，严禁协议收费、包干收费等不规范行为。严格水资源费征收程序，在水资源费征收各个环节，按规定下达缴费通知书、催缴通知书、处罚告知书、处罚决定书。水资源费缴费通知书、催缴通知书、处罚告知书、处罚决定书文书式样由省级水资源管理机构统一制定，以规范水资源费征收管理。凡征收水资源费使用"一般缴款书"的，水资源费征收单位应当按时到入库银行核对各有关单位水资源缴纳情况，对未能按时缴纳水资源费的单位，即时按规定程序进行追缴。凡征收水资源使用专用票据的，票据应当由省财政部门统一印制，由省级水行政主管部门统一发放、登记，并收回票据存根，防止征收的水资源费截留、挪用和乱收费等违法行为发生。各地应当按照规定的分成比例，及时将本级征收的水资源费交上级财政。核算水资源费征收工作成本，建立水资源费征收工作经费保障制度。

水资源费征收管理及结报与考核流程设计如图 8-7 和图 8-8 所示。

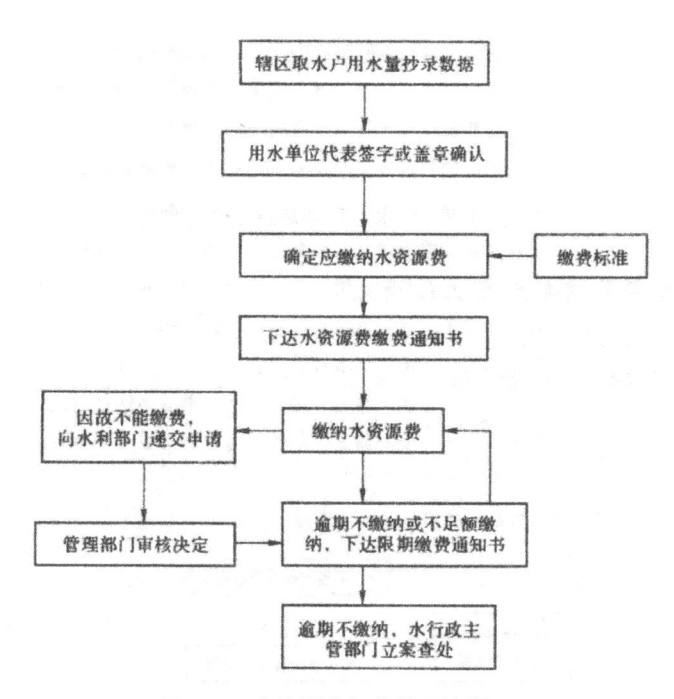

图 8-8　水资源费征收管理流程

（六）取水许可监督管理制度及管理流程

取水许可监督管理机关除了应当对取水单位的取水、排水、计量设施运行及退水水质达标等情况加强日常监督检查，对取水单位的用水水平定期进行考核，发现问题及时纠正外，还应当在每年年底前，对取用水户的取水计划执行、水资源费征缴、取水台账记录、退水、节水、水资源保护措施落实等情况进行一次全面监督检查，编报取水许可年度监督检查工作总结，并逐级报上级水资源管理机构。

全面实施计量用水管理，纳入取水许可管理的所有非农业取用水单位，一级计量设施计量率应达到 100%；逐年提高农业用水户用水计量率。建立计量设施年度检定制度和取水计量定时抄表制度，取水许可监督管理部门除对少数用水量较小的取水户每两个月抄表一次外，其他取水单位应当每月抄表。抄表员抄表时应当与取水单位水管人员现场核实，相互签字认定，并将抄表记录录入管理档案卡。建立上级对下级年度督查制度，强化取水许可层级管理。取水许可监督管理制度的构成主要如图 8-9 所示。

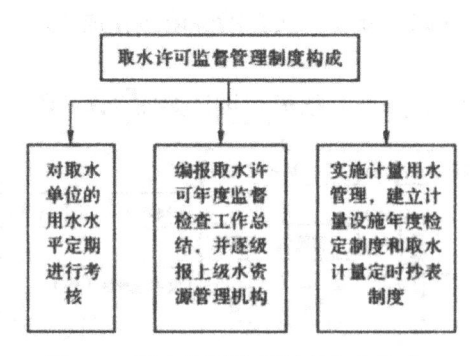

图 8-9 取水许可监督制度内容构成

（七）档案管理制度及工作内容

各级水资源管理机构应当规范水资源资料档案管理工作，设立专用档案室，由具备档案专业知识的人员负责应进档案室资料的收集、管理和提供利用工作。建立健全各项档案工作制度，严格档案销毁、移交和保密等档案管理的各项工作程序和管理规定，应当归档的文件材料即时移交档案管理人员归档。取水许可、入河排污口审批及登记资料实施分户建档，内容包括申请、审批、年度计量水量、年度监督检查情况以及水资源费缴纳等各项资料。建立水资源管理资料统计制度，对水资源管理各项工作内容分类制定一整套内部管理统计表，如取水许可申请受理登记表、取水许可证换发登记表、计量设施安装登记表、用水户用水记录登记表等，实现档案管理的有序化和规范化。

二、水资源保护的标准化流程建设

水资源保护工作也是水资源规范化管理的重要组成部分，并且水资源保护工作又与水环境保护工作密不可分，某种程度上，也存在相互交叉。相关的法律规定是以功能区管理制度为核心进行水资源保护制度设计的，其主要管理体系见图 8-10。

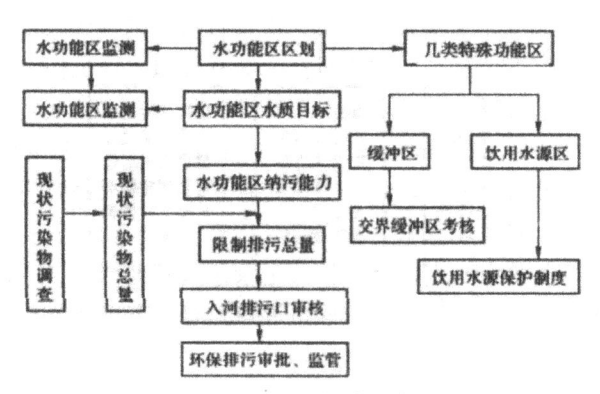

图 8-10 水资源保护制度框架

从工作制度看,水资源保护工作更多是从宏观层面提出限排要求,同时开展水功能区水质监测,以保障水资源的可持续利用,而微观层面的污染源监管职责则由环境保护主管部门承担。各级水资源管理部门要深入研究最严格水资源管理制度关于水生态环境保护的要求,并将相关职能之外的工作任务分解至环保部门,同时,也要积极开展相关基础工作,打造保护载体,凸显水资源保护工作的特色。

水行政主管部门进行水资源保护所需要开展的主要工作如下。

(一)排污口审核管理制度

入河排污口管理是与水功能区管理工作紧密联系的,是实现水功能区保护目标的重要制度保障。入河排污口管理的目的是为了进一步规范排污口的设置,使其符合水功能区划、水资源保护规划、涉河建设项目管理和防洪规划的要求。具体工作内容如下:

1. 排污口调查登记

对现有入河排污口进行调查登记工作,摸清全省现有入河排污口的分布、排污规模、污染物构成等基础信息。

2. 制定排污口整治目标

根据水功能区管理的目标要求,限制排污总量的要求,制定各功能区、各行政区域、各流域的排污口综合整治目标。

3. 排污口整治工程

为了完成排污口整治目标,制定规划,提出所需上马的排污口整治工程,对有关排污口进行截污纳管,并建设相应的管道和污水处理设施。

4. 新增排污口审批管理

根据功能区限制排污管理办法的要求,在新增排污口必要性和合理性审查的基础上,把新增排污口纳入审批管理。主要审查新增排污是否符合功能区限制排污要求、排污规模是否合理、排污入河是否必要、排污是否影响工程安全和防洪安全、排污是否影响第三方利益等。

5. 排污口基础信息管理

对排污口调查登记获得的基础信息进行管理,同时根据排污口整治和新增排污口审批情况,对排污口基础信息进行动态更新。

6. 排污口整治工程进度管理

对排污口整治工程的实施进度进行动态管理,并将有关信息及时反馈给相关管理部门,以利于排污口管理目标的顺利实现。

各级水行政主管部门应完成限制排污总量年度分解,并分解落实,全面加强以水功能区为单元的监督管理,开展入河排污口季度调查工作,为入河排污口的年报公报建立基础数据支撑,组织河流入河排污口布设规划编制工作,为功能区管理提供依据。对新增、改扩建的排污口流程建立严格的审核管理流程,规范相关行为。

（二）水功能区生态保护与监测制度及管理流程

水功能区管理的工作内容包括水功能区基本信息管理、水功能区纳污能力核定、限制排污总量管理、水功能区水质监测、水功能区达标率考核管理等内容，是一个相互支撑、相互联系的整体。

1. 水功能区基本信息管理

对水功能区的类型、所处区域（流域）、地理位置、编号等水功能区基础信息进行全面的管理，根据实际的变化进行动态修正。

2. 水功能区纳污能力核定

根据相应的技术规程，结合水功能区净化能力的实际情况，委托专业技术机构对全省各个水功能区的纳污能力进行核定，为水功能区的管理奠定基础。

3. 限制排污总量管理

对各功能区的现状排污情况进行全面调查，并结合水功能区纳污能力核定结果，提出相应的限制排污总量技术报告。以技术报告为基础，结合现实情况，通过行政协调与决策提出全省限制排污总量控制方案，同时制定相应的限制排污总量管理办法，使现状已突破纳污能力的水功能区排污总量逐步得到削减，使现状尚未达到纳污能力的水功能区新增排污量控制在确定的范围内。

4. 水功能区水质监测

为了及时掌握水功能区的水质情况，充分发挥水域作用，要制定水功能区水质监测站网布设的技术要求和规定；在国家规定监测指标的基础上，结合水功能区水质实际情况增加部分监测指标，定期开展监测。监测结果作为排污口审批、水功能区管理考核的重要技术依据。

5. 水功能区达标率的考核管理

根据水功能区水质现状，结合限制排污总量管理办法，制定水功能区达标率考核管理的办法和标准，并根据水功能区水质监测结果，对各市县的水功能区达标率进行年度考核。

水功能区的水生态保护是水环境保护发展的必然趋势，因此，建立水功能区生态保护与监测制度，加强水功能区的水生态监测、保护水功能区水质环境，也是水利部门践行生态文明的具体举措之一，更是最严格水资源管理制度的组成部分。水功能区生态保护与监测制度应包含：各级水行政主管部门要编制年度水生态系统保护与修复规划，并将任务分级逐级下达。此外对重要的河流、水域要开展水生态监测工作，编制年度水功能区水质监测计划，并提出完成率指标，为水生态保护工作打好基础。

（三）水生态系统保护与修复管理

水生态系统保护与修复管理包括：水生态系统基本信息管理；水生态保护与修复动态信息管理；保护与修复工程信息管理；保护与修复评估以及体系建设管理；保护与修复保障措施管理；保护与修复管理试点工作管理等。

1. 水生态系统基本信息管理

水域及滨岸带的水生动物、浮游生物、沉水植物、鸟类、植被的名录及其种群构成情况，水生态系统的生境分布情况、水生态系统的胁迫因子及其来源等。

2. 水生态保护与修复动态信息管理

对已启动和规划启动的水生态保护与修复工作进行动态信息管理，及时掌握相关工作的开展进度，为相关政策的制定奠定基础。

3. 保护与修复工程信息管理

对保护与修复工作的实时进度和完成情况进行管理，以保障相关工程的如期完成。对已建成保护与修复工程的运行情况和长效管理情况进行管理，指导地方开展工作，及时总结地方工程建设运行经验。

4. 保护与修复评估以及体系建设管理

选取水生态系统的指示物种等关键性指标，对其进行长期动态监测，并以此为基础对保护与修复工作进行全面评估，以利于保护工作的持续改进。同时，要加强水生态评估与监测体系的建设，加大对基层的培训力度，将行之有效的监测与评估手段进行推广。

（四）水资源应急管理

水资源应急管理是突发灾害事件时的水资源管理工作，综合利用水资源信息采集与传输的应急机制、数据存储的备份机制和监控中心的安全机制，针对不同类型突发事件提出相应的应急响应方案和处置措施，最大限度地保证供水安全。突发灾害事件包括重大水污染事件、重大工程事件、重大自然灾害（如雨雪冰冻、地震、海啸、台风等）以及重大人为灾害事件等。

1. 应急信息服务

对各种紧急状况应急监测的信息进行接收处理、实况综合监视与预警、统计分析等，以积极应对各种突发状况和事故。

2. 应急预案管理

按照处理的出险类型，如运行险情、工程安全险情、水质突发污染事故，以及特殊供水需求时的应急调度等类型分门别类。对应急的发生、告警、方案制定、执行监督和实际效果等全过程进行档案管理，提供操作简单的应急预案调用等功能。

3. 应急调度

根据实时采集信息，判断事件类别，参考应急预案，提出应急响应参考方案，选定应急响应方案，将应急响应方案作为调度的边界条件，生成调度方案。应急调度包括运行险情应急调度方案编制、工程安全应急调度方案编制、水质应急调度方案编制和特殊需水要求下的应急调度方案编制等功能。

4. 应急会商

通过会议形式，以群体（包括会商决策人员、决策辅助人员以及其他相关人员）

会商的方式，从所做出的应急方案中，协调各方甚至牺牲局部保护整体利益，进行群体决策，选择出满意的应急响应方案并付诸实施。

第五节 管理流程的关键节点规范化及支撑技术

水资源管理的关键管理流程节点是指水资源规范化管理过程中的关键环节和控制点。其中，水资源管理主要围绕取用水的管理（包括建设项目水资源论证、取水许可管理、取水定额管理等内容）开展，水资源保护方面主要围绕入河排污总量控制开展，并通过水功能区水质监测来保障水资源的可持续利用。对于这些关键管理流程的问题分析和支撑技术框架设计阐述如下。

一、关键节点管理过程中存在的不足分析

以下对水资源管理环节中的核心工作流程，包括取水许可审批管理、取水总量监控、建设项目水资源论证管理、入河排污管理、水功能区水质监测等在实际开展实施过程中存在的管理问题和支撑手段的不足进行分析，这些核心工作流程中的支撑技术也可推而广之应用到其他管理工作流程中。对这些核心管理流程存在的不足分析如下。

（一）取水许可审批管理中存在的问题

取水许可制度是我国水资源管理的基本制度，水资源属于国家所有，由国务院代表国家行使所有权，凡是直接从江河、湖泊或者地下取水的单位和个人，都应当按照国务院规定，申请领取取水许可证，并向国家缴纳水资源费。取水许可和征收水资源费，是国家作为公共管理者和资源所有人，对有限自然资源开发利用进行调节的一种行政管理措施。目前我国水资源管理过程中主要存在以下问题：①取水许可审批管理信息化程度不高，绝大多数省份取水许可审批管理技术手段依旧薄弱，取水信息的采集主要还是依靠人工录入，导致取水信息采集的时效性和精确性差；②取水许可审批后的验收和管理工作不到位，部分地区取水许可审批管理还存在"重论证、轻验收"和"重发证、轻管理"的现象，在对用水户进行取水许可审批管理之后，对取水许可验收环节不够重视，在集中年审后，缺乏对取水户的跟踪监督检查，并且对用水计划的监督管理不够，取水许可监督管理未做到经常化和规范化。

（二）取水总量监控管理中存在的问题

对于取水总量的监控过程实际上也是对万元 GDP 取水量监控的过程，20 世纪末，万元 GDP 取水量开始用作社会用水指标。虽然我国针对万元 GDP 取水量提出了目标要求，但为了保证经济的增长，一直以来我国水资源用水总量控制与定额管理缺乏有效的协调保障体系。进入 21 世纪以来，由于水资源的总量保持总体稳定，这与社会用水总量日益增长的矛盾也日趋凸显，对工业取水总量的控制显得尤为迫切。水利

部根据相关法律要求制定了我国实施最严格的水资源管理制度,严格实行用水总量控制,强化取用水管理。水资源管理总量控制,是把水资源的使用权控制在一定额度加以严格控制的指标体系,总量控制的目的是使资源的承载能力和环境的承载能力能够支撑经济社会可持续发展。目前取水总量控制过程中主要存在有以下问题:对用水户取水量数据采集技术力量薄弱,由于绝大多数省份尚未建立完整的取水许可管理数据库、取水信息传输系统和取水信息网络系统,取水信息的采集主要还是依靠人工录入,取水信息采集的时效性和精确性差,这导致各级水行政主管部门对取水单位信息、取水总量监控未能完全掌握,实施将取水总量控制指标细化到用水户一级时具有较大的难度。

(三)建设项目水资源论证管理中存在的问题

相关法律规定的颁布与实施在合理配置、高效利用、有效保护水资源,保证建设项目合理用水方面发挥了重要作用,为规范取水许可审批提供了技术依据。建设项目水资源论证管理中存在的问题主要有:建设项目水资源论证对建设项目的类型、规模考虑略显不足,需要进一步结合区域水资源条件与经济发展要求,突出水资源论证工作重点。此外,目前我国绝大多数建设项目的水资源论证对已建、在建及拟建项目的综合影响较少统筹考虑,需要进一步加强统筹考虑建设项目取水、用水以及退水影响的分析。避免出现重视取水、忽视退水,重视用水、忽视节水,重视区域配置、忽视流域配置,重视经济用水、忽视生态用水等现象。

(四)入河排污管理中存在的问题

有些法律、法规还需要各个省出台相应的配套管理办法,如我国大多数省份排污口设置缺乏统一规划,在饮用水水源区内仍设入河排污口的省份为数不少,另外也缺乏配套管理技术与设备,给实际工作带来了困难。主要问题有:①入河排污口的设置缺乏统一规划。目前企业入河排污口设置非常混乱和随意,冲沟、明渠、涵洞、暗沟和管道等入河排污口类型繁杂,一厂一口、一厂多口、暗管潜埋等现象很普遍,有的企业入河排污口繁多,给监测和管理工作增加了难度,并且在我国大部分省份的部分饮用水水源区内仍设有一定数量的排污口,严重威胁饮水安全。②监测频次少,难以全面反映入河排污量季节变化。由于缺乏必要的管理办法与技术设备保障,入河排污口监测频次较低,有的地方仅调查时监测1~2次,很难全面反映季节性生产企业排污状况和城镇季节性排污的特点。③入河排污口的废污水处理比例偏低,尽管污染源的治理力度在加大,但工业企业超标排放或直排入河的情况并未得到完全控制。由于集污管网建设尚有一个过程,目前在规模较小的工业园区和乡镇范围直排入河的企业单位相对集中。企业类别以电子电器、金属、轻纺、食品、化工为主。大多数省份超标排放的排污口仍较多,入河排污口的废污水处理比例偏低。

(五)水功能区水质监测管理中存在的问题

水质监测是为国家合理开发利用和保护水资源提供系统的水质资料的一项重要基础工作。规定要求水行政主管部门必须按照国家资源与环境保护的有关法律法规和标准，拟定水资源保护规划；组织开展水功能区的划分和控制向饮水区等水域排污的工作；检测江河湖库的水量、水质，审定水域纳污能力；现在的这些资料，以及设备、人员、监测环境等都是基于这样的工作配备的。水质资料为水资源的可持续利用提供了必要依据，但各地在具体实施水质监测时受技术和设备的约束，还存在一些不足，主要有以下几点：①监测断面偏少，监测手段单一，多数地方未建立水功能区监测断面，不能对水功能区的水质状况做出客观评价。此外，由于缺乏实时监测和应急监测的装备手段，不具备现场分析和跟踪监测调查等快速反应能力，在一些突发性水质污染事件面前，更显得力不从心。水质信息采集、传输、处理的手段比较落后，从现场取样、实验室分析到数据处理多沿用人工作业，耗费时间长，不能及时从中发现问题。水质监测实验室尚未建立计算机自动管理系统，监测管理缺乏先进技术的支撑，信息化水平低。②监测条件落后，缺乏质量统一监测信息，开展水质监测需要建立水质分析化验室对水质监测站提取的水质进行分析化验。每个实验室都需要大量的监测仪器，而且需要配备专业的采样送样车辆。针对上述要求，大多数省份普遍存在实验室建设标准低、面积不足、结构布局不合理、供水供电通风故障多的现象，仪器设备的配备与所承担的任务极不相称，仪器设备老化严重，不同程度存在着因性能不稳定等原因而无法正常使用等问题。

二、关键管理节点支撑技术框架及内容

通过对上述问题分析，我们可以发现目前在水资源关键管理节点的监管技术上存在一系列问题，包括信息化程度低、监管技术手段薄弱、设备与条件较为落后。由于缺乏必要的设备与技术支持导致监控手段略显单一，监管频率也较低，另外由于监管设备、技术与规范等的不对称可能导致采集到的信息也不对称，大大降低工作效率。因此，对于这些关键的管理流程节点中使用的监管技术有必要建立一个技术标准，对这些关键的管理节点进行规范化指导，从而提高工作效率和工作精度，达到事半功倍的效果。

以水资源取、用、排管理作为整体考虑，针对取水许可、建设项目论证、用水总量控制、入河排污管理、水功能区水质监测等水资源管理的关键流程中监管技术所使用到的设施、装备、工具及信息系统等技术建立起标准化的支撑技术框架，具体如图8-11所示。

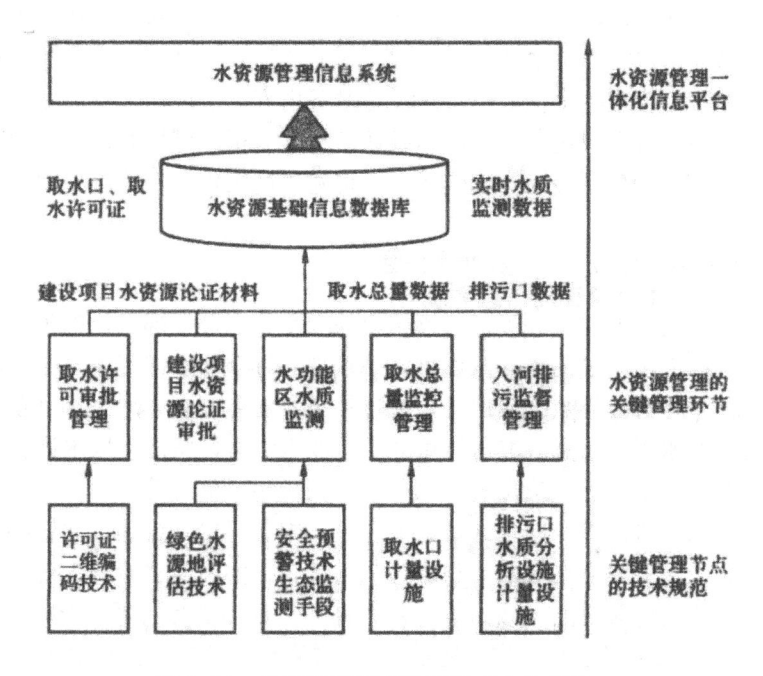

图 8-11 关键管理节点监管技术内容框架

在图 8-11 的关键管理节点监管技术内容框架中，贯穿整个水资源管理环节的是水资源信息化管理平台。水资源管理信息系统是基于水资源基础信息数据库的业务管理系统，而水资源基础数据库存放有取水口、排污口设置信息、取水许可证数据信息、水资源论证材料、取水口实时监控信息、水功能区的实时水质监控数据。在应用具体的技术设备时，在水资源管理方面，对于取水审批管理要通过条码技术对取水许可证进行统一的标准化编码，并将许可证所包含的具体信息与条码关联存入水资源基础数据库，对于取水口的计量设施也必须采用条码进行编码并涵盖取水许可证的编码信息。这样可以通过手持终端设备扫描取水口或许可证的编码信息，并通过移动网络查找水资源管理信息系统中的水资源基础数据库信息，方便、快捷、高效地进行取水许可的监督管理。

在水资源保护管理方面，对于排污口要安装计量设施，对企业的排放总量进行监控，对于排放的水需通过安装自动化的水质监控设备判断水质是否经过处理后才能排放。通过开展水源地的绿色评价，对水源地的生态环境提出统一的要求，并通过生态监测进行水功能区水质的定期检测，通过安装实施自动水质监测设施对水质安全建立预警制度，树立水质监测点，安排警示牌。

三、水资源管理信息系统

采用信息化手段是进行水资源一体化管理的重要前提，水资源业务管理服务于供水管理、用水管理、水资源保护、水资源统计管理等各项目业务处理，主要包括：水源地管理、地下水管理、水资源论证管理、取水许可管理、水资源费征收使用管理、计划用水和节约用水管理、水功能区管理、入河排污口管理、水生态系统保护与修复管理、水资源规划管理、水资源信息统计等业务内容。实现以上业务处理过程的电子化、网络化，使之具有快速汇总、准确统计、科学分析、便捷查询、及时上报、美观打印等功能，可以提高业务人员工作效率，构建协同工作的环境。

四、条码技术应用于取水管理

将每个取水用户的取水许可证与该用户的取水信息进行绑定，把条形码管理手段在物品管理中的应用办法用于取水许可证的管理。每个取水许可证与唯一的二维条形码相对应，条形码可连接数据库信息，通过扫描取水许可证条形码，可获得该取水许可证所对应的取水用户信息、取水许可证号、取水许可证状态、取水许可证有效期、年取水量信息、取水量历史信息、取水口信息、排污口信息等。

对于取水口、排污口和取水许可证可通过二维条码进行编码，并将编码信息打印在取水许可证上，并建立在取水口和排污口附近。在实际监督检测中对企业是否合法取水、许可取水与实际是否一致、排污是否许可等行为进行监督检查时可以通过CCD阅读器直接对二维条码进行扫描，通过GPRS网络获取数据库数据进行比对，提高监管效率和准确性。

五、水质水量信息自动采集系统

在水资源管理中对企业取、排水的日常监督管理通常是通过对企业的取水口和排污口进行定期检测实现，其中取水量和排污量是通过安装计量设施（流量计）来分析统计，排污口的水质分析是通过定期对排污口水质进行检测来分析企业排出的污水是否经过处理并达到一定的标准。

但目前存在的主要问题有：取排水计量设施安装率低、计量设施质量不过关并且老化现象严重，采集数据非实时，由此造成了基础数据的不准确，这也导致了计量管理制度不完善、计量管理工作不到位的现象。水质检测频率较低，企业偷排污水现象时有发生，对周边群众的生产生活造成了较大的影响，从而导致周边群众与企业关系紧张，上访事件时有发生，甚至屡见于新闻媒体。因此有必要采用新的技术对此项工作进行创新性的变革，这里可以采用通信、计算机信息系统、采集器和分析器来组建一个水质分析及信息采集传输系统，从而对取水量、排污量、排污口水质进行动态的实时检测，第一时间掌握企业的取排水行为。

取水口或排污口安装有计量设施，对排污总量和取水总量进行统计，并通过GPRS无线网络将数据传递到水资源管理信息的水资源基本数据库，同时提供给水行政主管部门以及允许互联网访问。其中计量设施及水质检测仪必须要严格按统一的标准（该标准中必须明确计量设施的准确率）进行安装，对自动采集系统的硬件设施要建立定期检查制度，建议按季度检测，对于取水环境相对复杂而导致硬件设施容易老化的地区，可将检测频率提高到每月检测。发现故障、老化等问题的计量设施要及时更换，可考虑将取水口的计量设施安装率和合格率作为水资源规范化管理的考核指标之一。

六、水源地绿色评估技术

饮用水质量是公众健康的基本保障，高质量的饮用水是健康生活的重要基础。随着时代的发展和社会的进步，公众的环境意识、生态意识、健康意识也不断提高，生态、绿色观念已为广大公众所接受，广大公众对水源地水质的要求也不断提高。因此，保障水源地水质安全、进一步提高饮用水质量，是切实落实科学发展观、进一步促进我国社会经济快速发展的前提与基本要求。

为此，需要通过推行水源地绿色评估技术来加强供水水源地管理。绿色水源地是指遵循可持续发展原则，对水源地从集雨区到库区、从水质评价到生态系统健康开展全面评价，在自然环境、生态系统、人类活动三个方面确保水源地原水的安全、健康、优质，并经水行政主管部门认定后的水源地，可称为绿色水源地。

七、水功能区生态监测及安全预警

上述水源地绿色评估技术从水源的可获得性及可供应量、水源的生产过程及人类活动的影响、生态系统健康及其可持续性三方面展开评价，主要目的是规划和引导对水源地的保护。水生态相对来说比水源地的概念小，并且关注的是水体本身，水生态相关的问题包括水体污染及面积减少、湿地退化、河道断流、水体污染加剧、地下水位持续下降等。对水生态进行监测是指为了解、分析、评价水循环系统中的生态状况而进行的监测工作，它是水生态保护和修复的基础和前期工作。

（一）水功能区生态监测内容

对水功能区开展生态监测主要围绕物理化学分析指标、生物学分析指标、生态学分析指标三大类开展，具体内容如下。

物理化学分析指标包括：水文分析指标、地表水分析指标、底质指标。具体为：水文分析指标包括水位、流量；地表水指标中包含pH值、酸碱度、电导率、色度、悬浮物、浊度、余氯、二氧化碳、溶解氧、石油类、阴离子表面活性剂、阳离子表面活性剂、非离子性表面活性剂、砷、硫化物、总氰化物、高锰酸盐指数、化学需氧量、生化需氧量、氨氮、硝酸盐氮、亚硝酸盐氮、总氮、有机氯农药、有机磷农药、游离氰化物、酚、叶绿素a、汞、镉、铜、铅、镉、钙、总硬度、镁、氟化物、氯化物、总磷、硒、硫酸盐、硅酸盐；底质指标中包含总锰、pH值、阳离子交换量等。

生物学分析指标包括：微生物分析指标、水生生物种类与数量、水生生物现存量、生物体污染物残留量指标。其中微生物分析指标包括细菌总数、大肠菌总数、粪大肠菌群、粪链球菌群、沙门氏菌；水生生物种类与数量包括浮游植物种类与数量、浮游动物种类与数量、底栖动物种类与数量、水生维管植物种类和数量、鱼类种类和数量；水生生物现存量包括浮游植物生物量、浮游动物生物量、底栖动物生物量。

生态学分析指标包括：气温、水温、有效光合辐射强度、水体透明度、水体初级生产力、浮游植物物种多样性、浮游动物物种多样性、底栖动物物种多样性等。

（二）水功能区生态监测技术标准

这里可取生物体污染物残留指标作为对水质开展评价的基准指标，不同的水体可以在此基础上进行相应的扩充。由于水体中的污染物经过物理吸附、生物的吸收、摄食、转化等可以进入到生物体内，对生物产生危害从而影响到生态系统的健康。通过对生物体内污染物残留进行监测，可以反映水体污染状况，同时也可以反映水体污染物对生物体的污染危害程度。进行生物体污染物残留监测的指标物质主要包括：铜、砷、汞、镉、铬、铅、氰化物、挥发酚、有机氯农药、有机磷农药、多氯联苯类、多环芳烃类。

生物体污染物残留监测的生物包括贝类和鱼类，可以采用人工取样的方法。对于获取水域需建立安全警示牌进行提示及加强在不同时间获取样品的可比性。样本需采用专用车送中心分析化验，具体监测分析方法包括：平板法、多管发酵法或滤膜法、显微鉴定计数法、采泥器法和鉴定法、捕获分类统计法、重量法或显微测量计算法。

第六节 基础保证体系的规范化建设

水资源管理的基础保障体系主要包括经费保障、装备保障、设施保障和信息化保障四个方面。

一、经费保障

目前，我国各地水资源管理机构的办公条件普通比较简陋，基础设施薄弱，加大资金投入是加强水资源管理部门设施建设的关键。各级水行政主管部门应当拓宽水资源管理工作经费渠道，落实水资源配置、节约、保护和管理等各项水资源管理工作专项工作经费，建立较完善的水资源工作经费保障制度，保障各项水资源管理工作顺利开展。水资源管理工作经费可以参照国土资源所工作经费保障方法，即以县为主，分组负担，省市补贴。省厅可积极争取省级财政的支持，扶持补贴的重点放在经济条件欠发达的地区。各地要积极协调市、县级财政从水资源收益中安排一定比例的资金，用于水资源管理机构基础设施建设。通过各级水行政主管部门的共同努力，力争使水资源管理机构硬件设施达到有办公场所，有交通和通信工具，改善办公条件，优化工作环境。有条件的地方可加大社会融资力度。亦可参照农业行政规范化建设工作经费保障方法，即省厅每年安排相应的经费，并采取省厅补一点、地方财政拿一点和市、县水行政主管部门自筹一点的办法，分期分批有重点地扶持配备相应的水资源管理设施，改善办公条件，提高管理能力。或者可参照环保部环保机构和队伍规范化建设的方法，在定编、定员的基础上，各级水资源管理机构的人员经费（包括基本工资、补助工资、职工福利费、住房公积金和社会保障费等）和专项经费，要全额纳入各级财政的年度经费预算。各级财政结合本地区的实际情况，对水资源管理机构正常运转所需经费予以必要保障。水资源管理机构编制内人员经费开支标准按当地人事、财政部门有关规定执行。各级财政部门对水资源管理机构开展的水资源的配置、节约、保护所需公用经费给予重点保障。

二、装备保障

完善水资源管理机构的办公设施，根据基层水资源管理机构的工作性质和职责，改善办公条件，加强自身监督管理能力建设。各水资源管理机构要尽快配齐交通工具、通信工具和电脑网络等设备，实现现代化办公，切实提高工作效率。各级水资源管理机构、节约用水办公室和水资源管理事业单位应根据至少10平方米/人的标准设置办公场所，并配备相应的专用档案资料室，为改善工作环境，办公场所应配置空调；应结合当地的经济状况和管理范围、人员规模、工作任务情况，根据实际工作需求，配置工作（交通）车辆，在配备工作、生产（交通）车辆的同时，须制定相关的车辆使用、维护保养规章制度，使车辆发挥最大效益；应配备必要的现代办公设备，主要包括微型计算机、打印机、投影仪、扫描仪等；应配备传真机、数码相机等记录设备；应根据相关专业要求配置GPS定位仪、便携式流量仪、水质分析仪、勘测箱等专用测试仪器、设备，选用仪器适用工作任务需满足精度和可靠度的要求，装备基础保障的配置要求。

三、设施保障

建设与水资源信息化管理相配套的主要水域重点闸站水位、流量、取水大户取水量、重点入河排污口污水排放量、水质监测等数据自动采集和传输设施，配备信息化管理网络平台建设所需要的相关设备。根据水功能区和地下水管理需要，在水文部门设立水文站网的基础上，增设必要的地下水水位、水质、水功能区和入河排污口水质监测站网。有条件的地区，水资源管理机构应当设立化验室，对水功能区和入河排污口进行定时取样化验，以提高水资源保护监控力度。

四、信息化保障

伴随着经济发展与科学技术的进步，势必要加强水资源管理工作中的信息管理建设和采用先进的信息技术手段。信息化已经深刻改变着人类生存、生活、生产的方式。信息化正在成为当今世界发展的最新潮流。水资源信息化是实现水资源开发和管理现代化的重要途径，而实现信息化的关键途径则是数字化，即实现水资源数字化管理。水资源数字化管理就是如何利用现代信息技术管理水资源，提高水资源管理的效率。数字河流湖泊、工程仿真模拟、遥感监测、决策支持系统等是水资源数字化管理的重要内容。为了有效提高水资源管理机构利用信息化手段强化社会管理与公共服务，必须具备必需的信息化基础设施，包括相应的网络环境与硬件设备保障。

第九章 全球变化与人类活动的水文与水资源效应

第一节 全球变化的水文水资源效应

一、全球变化的水文水资源效应的起源和发展

全球环境变化（简称全球变化）是目前和未来人类和社会发展面临的共同问题。全球变化既包含全球气候变化，又包括人类活动造成环境变化的影响。了解自然变化和人类活动的影响是国际地球科学发展最为关键的问题。

（一）气候变化的水文水资源效应

国内关于气候变化的水文水资源效应研究起步于20世纪80年代，研究初期，许多学者对气候变化的水文水资源效应进行了探索性研究。目前关于水文水资源效应的研究已经较为深入，不仅仅涉及气候的水文水资源效应，而且综合考虑了人类活动的水文水资源效应，并开始将两种影响因子区分开，并尝试定量化区分。

气候变化通过降水、气温等气象来影响水文水资源效应，通常是对该流域应用水文模型，通过参数率定，设定不同的气候情景，研究地表径流、地下径流的响应变化。气候变化对水文水资源影响的研究通常包括以下步骤：气候变化情景的生成、与水文模型接口、水文模拟。

气候变化情景的生成包括两种：根据特定区域气候变化的趋势或可能，根据经验人为地假设；在CO_2加倍的条件下，运用大气环流模型GCMs，包括BCCR、CHCM3、CSIRO、GFDL、GISS模型等不同国家研发的适应性模型，模拟不同的气候情景。GCMs

的模拟系统不能完全考虑影响气候状态的所有因子，单个模式输出特定区域的气候变量时，总会表现出一定程度的不确定性，而多模式集合输出综合了多个模式的优点，可以减小单个模式输出的不确定性

在与水文模型接口技术方面，研制了用随机天气模型将 GCMs（大气环流模型）大网格点的输出分解到流域尺度上。国内采用较多的是随机模型法、天气模式识别法和特征矢量聚类等方法。

气候变化的水文水资源效应研究方法应用较多的是水文模型法。对水文模型主要考虑以下模型内在精度、模型率定和参数变化、资料的拥有量及可靠性、模型的通用性和操作性以及与 GCMs 的兼容性。

（二）土地利用／覆盖变化（LUCC）的水文水资源效应

土地利用／覆被变化的水文水资源效应的早期研究采用试验流域的方法，包括控制流域法、单独流域法、平行流域法和多数并列流域法等。试验流域法将森林水文效应的评估带上了科学的征程方法，有利于揭示植被——土壤——大气相互作用的机理，但试验周期长，通常在小流域进行，较大尺度流域上操作难度比较大，其研究结果也难以应用到其他流域。

国内开展了大量的土地利用相关研究，中国土地利用变化／覆被变化及人类驱动力的研究也应用不同的模型开展模拟和预测。到目前为止，国内学者在探讨中国土地利用／覆被变化的时空变化规律、建立区域模型取得了一定的成就，但在变化机制和预测方面仍显不足。发展至今中国关于土地利用／森林覆被变化的研究应注重各个学科之间的交叉，加强对中国各个区域土地利用／森林覆盖变化的预测研究，进而为区域土地利用规划、管理及生态恢复提供科学依据。

土地利用／覆盖变化（LUCC）的水文水资源效应研究方法主要如下：

1. 流域对比试验法

LUCC 水文效应的研究，早期大都采用试验流域的方法。在 20 世纪 60 年代，世界上利用试验流域法研究植被，特别是森林变化对流域水文的效应研究达到了高峰。试验流域法可细分为如下几种方法：

（1）平行流域对比分析

选取两个除植被类型不同但其他方面都很相似的小流域，对比其试验结果。这种方法显然很容易获取试验结果，但是事实上很难找到条件相似的两个流域，即使找到，水文观测结果的差异也可能是土地利用变化以外的其他原因造成的，如气候因子。

（2）单独流域法

在不同的植被覆被情况下，研究同一流域主要水文要素的变化。20 世纪 80 年代初，中国学者开始在四川沱江流域选择 1 块有代表性的小区，进行为期 1 年的径流采样试验，然后将结果推广到全流域，估算出全流域的非点源污染负荷。单独流域试验法可以预测植被变化带来的影响，但是仍不能排除气候变化的影响。

（3）控制流域法

选取条件相似的相邻流域，先采取相同的方法进行平行观测，然后将其中的一个

流域保持原状作为控制流域，而对其余的流域进行试验处理，对比分析控制流域和处理流域水文要素的变化。此种方法的优点在于能够排除地表植被以外的因子的影响，如气候因子，因为由气候变化造成的影响可以通过比较两个流域在植被变化前后的输出水量来确定。

流域对比试验法通常适用于较小的流域，试验结果较容易获得。但此法受自然条件、资金和天气状况等条件的制约；野外影响水文效应的因素复杂多变，难以把握主要因子，研究周期长，可对比性差；找到两个完全相同条件的流域更是不可能的，即使是同一流域，在用于对比的两个标准期内流域的各种条件也不会完全相同。

2. 水文特征参数法

水文特征参数分析法是 LUCC 水文效应研究的有效方法之一。特征参数分析法是针对一个流域，选择较长时间段上反映 LUCC 水文效应的特征参数，尽量剔除其他因素的作用，从特征参数的变化趋势上评估土地覆被变化的水文效应。径流系数是用来刻画这种效应的主要特征参数之一。径流系数指任意时段内径流深度与同时段内降水深度的比值。径流系数在一定程度上是反映流域产流能力的一项重要指标，它表征了降水量中有多少变成了径流，也反映了流域内下垫面因素对降水—径流关系的影响。在较长时间尺度上，土地覆被变化的水文效应最终表现在流域水量平衡的蒸发分量上，因此，反映蒸发分量的径流系数不失为一个较好的反映 LUCC 水文效应的指标。许多学者用这一水文特征参数评估年际 LUCC 水文效应。

除径流系数之外，还有以下参数可以用来评估土地覆被变化的水文效应。年径流变差系数是年径流量的标准差与平均值的比，它可以反映历年径流量对多年平均值相对离散程度的大小。径流年内分配不均匀系数是反映径流分配不均匀性的一个指标。洪水过程线对于研究不同土地利用的地表径流响应具有重要意义，分析比较洪水过程线的涨落变化能直接反映土地利用与植被变化对洪水的影响，但洪水过程分析研究的时间尺度较小，要求数据精度有一定保证，使其应用受到一定限制。另外，还有洪峰流量、洪峰频率等参数可以利用。

由于表征水文效应的特征参数的计算比较简单，而且可充分利用成熟的数理统计方法对长时间序列的水文特征参数进行统计分析，此方法对于下垫面条件比较均匀、降水量和土地利用空间差异不大的流域，不失为一种简捷的分析 LUCC 水文效应的方法。在资料丰富的情况下，径流分量的对比、不同时段洪水径流过程的对比以及不同人类活动强度的流域对比分析，会进一步提高这种方法的应用价值。此方法可用来判断流域内的水文响应是否发生了变化，土地利用变化是否影响了流域的水文状况，但该方法仅是简单的数理统计模型，无法揭示水文响应的物理机制。同时由于影响流域水文变化的因素复杂，仅从特征变量的时间序列变化中，剔除影响因素的影响，很容易出现误判。

3. 流域水文模型模拟法

流域水文模型是由描述流域降雨径流形成的各函数关系构成的一种物理结构或概念性结构，它严格满足流域水量平衡原理。

水文模型种类很多，根据不同的分类标准，可以划分成不同的种类。如基于对原形的概化程度，可分为黑箱模型、概念性模型和物理机制模型；基于反映水分运动空间变异性的能力，可分为集总式模型和分布式模型；按模型的模拟时间尺度，可分为连续模型和单事件模型。

黑箱模型是一种具有统计性质的时间序列回归模型。它建立在系统输入、输出关系之上，核心问题是通过"系统识别"求一个脉冲响应函数。"系统识别"常用的方法是最小二乘法。该模型的计算过程无明确的物理法则，仅仅是用一种转换函数关系将输入、输出联系起来。如基于流域水文过程长期观测数据和土地利用变化数据，利用统计分析中的多种趋势分析方法和回归拟合方法，进行土地利用对水文过程的影响研究。概念性模型利用一些简单的物理概念和经验关系，如下渗曲线、蓄水曲线、蒸发公式等，或有物理意义的结构单元如线性水库、线性河段等，组成一个系统来近似描述或概化流域内复杂的水文过程。物理机制模型是根据质量、动量与能量守恒定律，用连续方程、动量方程和能量平衡方程来描述水在流域内的时空运动与变化规律。集总式模型的各点水力学特征要素均匀分布在一个单元体内，只考虑单元体内水的垂向运动，该模型能表述整个流域的有效响应，但不能明确刻画水文响应的空间变化。

集总式分布模型的参数较少，简单易用，但一个主要缺点是不能模拟水文过程和流域特征参数的空间变化。分布式模型的前提是将流域分割成足够多的不嵌套单元，以考虑降水等因子输入和下垫面条件客观存在的空间分异性。它具有以下显著优点：具有物理机制，能描述流域内水文循环的时空变化过程；其分布式结构，容易与GCM（综合循环模型）嵌套，研究自然和气候变化对水文循环的影响；由于建立在DEM（数字高程模型）基础上，所以能及时地模拟人类活动和下垫面因素变化对流域水文循环过程的影响。基于物理机制的分布式水文模型能够清楚地表述一些（也不是全部）重要的陆地表层特征的空间变化，如地形高度、坡向、坡度、植被、土壤和一些气候参数如降水量、气温和蒸发量。分布式水文模型明显优于传统的集总式水文模型，同时又兼顾概念性模型的特点，能为真实地描述和科学地揭示现实世界的水文变化规律提供有力工具。但分布式模型的参数较多，并且需要进行参数的率定，有较高的精度要求，否则难以评估模拟结果的不确定性。此外，水文模型要求资料比较齐全，操作也较繁琐。

对于LUCC水文效应研究，流域对比试验法适用于较小流域；水文特征法适用于下垫面条件比较均匀，降水量和土地利用空间差异不大的流域；基于物理机制的水文模型法能够比较准确地刻画流域的水文效应，能对水文效应的变化进行机理性解释。但每种方法都具有其不可避免的缺点，现阶段的研究已开始综合利用以上几种方法研究LUCC的水文效应，如水文模型与统计学方法相结合的方法、模型耦合法、模型对比法等。

对于LUCC水文效应研究，水文模型较其他两种方法更具有优势，但水文模型以下两个方面的问题仍需进一步加强：①大多数水文模型的研究注重于研发图形用户界面，并与GIS和RS结合。在研发和改善用户界面方面已经取得了很大的进步，现在应该对模型机制研究投入更多的精力。②时间序列的流域出口处径流量资料一直是水文模型检验和校准的重要数据。单个位置的径流量是整个流域水文的"中和效应"或综合效应，仅仅应用某个位置的径流资料来检验和校准复杂的水文模型是不够的，修正这个缺陷的研究工作还很少开展。

基于物理机制的分布式流域水文模型是 LUCC 水文效应研究最具有潜力的方法，特别是伴随着计算机技术、GIS、RS 和数据库建设的不断发展完善而更加趋于成熟和有效。同时，每种方法都有自身的缺陷，多种方法的综合利用也是研究 LUCC 水文效应的一个必然趋势。

二、全球变化不同尺度的水文水资源效应

水资源具有时间和空间的双重属性，水资源变异问题不仅体现在年际、季度、丰枯水期、逐月等时间尺度上，也体现在地理分区、行政分区和水资源分区等空间尺度上。因此，从时间尺度和空间尺度上对水文水资源进行分析，可以将自然因素和人为因素按照新的尺度统一进行分析，并在不同尺度下进行比较，得到的结果可以突出引起水资源变异的时间和空间上的重点时段和区域，将对当地水资源变异对策、水资源利用等工作，起到更好的指导作用。

任何生态系统均内涵有生态——水文关系，同时，生态—水文关系体现于多级尺度，不同尺度的植被覆盖、土地利用变化都将影响水文循环过程。图 9-1 简要描述了多级尺度植被变化与水文变化的过程及关系，从自然驱动的植被生长、植被演替、植被更新到人为驱动的造林、森林砍伐、火烧等，反映了微观时空尺度到宏观时空尺度植被变化与水文循环和水文过程构成的相互作用、相互影响的反馈调节系统，流域出口观测径流变化来源于多级尺度植被变化。

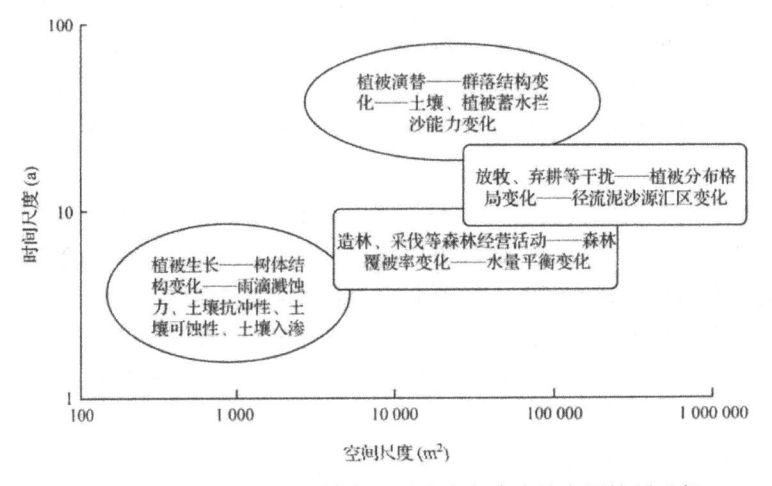

图 9-1 多尺度植被变化影响水文响应的主要控制过程

(一)不同时间尺度下的水文水资源效应

某一地区的水文水资源效应的不同时间尺度可能决定了该地区土地利用变化情况。短时间尺度中(以季、年为单位),以植被下垫面为例,植被的自然生长是改变该地区水文水资源效应的重要影响因子之一。而在长时间尺度(以十年或数十年为单位)上,由于人类活动影响,有可能改变下垫面的性质,从而影响该地区的水文水资源效应。同时,在短时间尺度的比较中(日、月),气象因子也有较大差异,从而改变当地的水文水资源效应。

(二)不同空间尺度下的水文水资源效应

土地利用变化通过影响流域的蒸发机制及其土地覆被的类型和程度,影响地表径流的初始条件,从而对流域的水文过程产生直接影响。通过对土地利用变化对蒸散发、暴雨截留、产流、汇流等水文过程的影响进行分析,特别是对植被变化、城市化、防洪工程措施、湖泊围垦等对洪水特性的影响进行进一步分析,可以全面总结出水文水资源效应对土地利用类型的变化响应。通常来说,流域年径流量大小顺序为:水域＞不透水地面＞旱地＞水田＞森林。因此当某个地区土地利用变化很大时,应将可持续发展作为水土资源开发利用的目标,探求适应该地区的土地利用方法,合理配置流域的水土资源,以保持经济发展和生态协调。

区域土地利用变化对生态环境的影响,是全球变化研究的重要内容,其中,土地利用变化的水文水资源效应已成为区域水土资源利用研究的热点。前人通过采用文献资料法和对比分析法,对区域土地利用变化对水环境的影响进行分析,总结了土地利用变化对水文过程和水环境质量的影响:对水文过程的影响主要集中在,下垫面性质的改变对水文要素的影响和影响区域水资源平衡和地下水与地表水循环两个方面;对水质的影响主要是影响泥沙输出和造成水污染。目前,在基础理论与机理方面的研究比较薄弱,水土复合系统及时空耦合研究较少,缺乏统一指标、对比集成分析,在模型研究与 GIS、RS 融合方面还有待完善。未来的研究应注重理论建设、机理研究、集成分析、模型融合。

随着近代生态学的发展,人们逐步提出等级系统的观点。该观点认为,流域植被、土壤、气候均随时间而发生变化,很难确立三者稳定的相关关系,并且由于大尺度出现有新的特征和限制条件,因此有必要以动态的、等级系统的观点来联系不同尺度的观测研究。由于土地利用/植被变化对水文的影响具有时空分布特点,其影响效应在流域内最终将被累积或平均,因此,很难将小区尺度或坡面尺度的研究结果转化为流域尺度一尺度问题仍是土地利用/植被变化影响研究中一个重要的问题。总的观点认为:在流域面积小于几百平方千米的小尺度上,土地利用/植被变化对流域水文,如平均径流、洪峰流量、基流等影响显著;而流域面积为上千平方千米等较大尺度时,径流累积响应通常较不明显。

如前文所述,尺度体现于生态水文学各个研究环节。不同尺度反映有不同生态水文关系,因此进行生态水文学研究时应注意研究的观测尺度和模型工作尺度。过程尺度(process scale)、观测尺度(observation scale)和模拟尺度(modeling scale）是生态水文学中相区别但具有重要作用的概念，当3种尺度一致时，对生态水文关系的探讨可获得有效解释。前文中植被变化与水文关系体现于多级过程尺度，不同尺度具有不同的主要生物控制过程，因此，很难根据小尺度观测推测大尺度现象，尺度转换仍是生态水文学领域研究的主要问题。

总之，气候变化和人类对下垫面环境的改变是影响流域水文变化的两大因素，对于这两大因素的研究，不同研究尺度会有不同结论。通常来说，在较长的时间尺度上，气候变化对水文水资源的影响更加明显；在短时间尺度上，土地利用/覆被变化是水文水资源产生变化的主要驱动要素之一。由于研究尺度、研究区域地理位置、气象气候条件、研究对象等方面的差异性，造成气候变化和土地利用/覆被变化水文效应研究的结论有一定差异，因此，需要考虑多方面因素的差异性，准确评价其水文效应，还需要加强不同学科之间的交叉研究，提高水文效应的研究水平及结果。而且，气候变化的水文效应和土地利用/覆盖变化的水文效应往往是紧密联系的。目前许多研究对区别两种因素造成的水文影响做了很多探讨，在一定程度上分别二者的"贡献"，但对于如何提高其准确度还存在一定难度，有待进一步研究。

第二节 水利、水保措施的水文水资源效应

一、水利工程措施的水文水资源效应

水利工程的水文效应是水利工程环境影响评价中的一个重要组成部分。随着国民经济的发展和环境意识的提高，对水资源开发利用的要求也越来越高，尤其是在流域管理方案的确定、小流域治理规划的制订、各种水利工程的建设上，都迫切需要正确评价这些方案、综合治理规划以及水利工程措施实施后的社会效益和环境效益，而水文效应是环境效益的重要组成部分。因此，研究水利工程的水文效应，可为规划方案的选择、工程规模与开发方式的选定、工程效益的评估以及工程实施后水文环境的预测提供依据。

水利工程的水文效应及其研究已成为生产实践中急需解决的问题之一，无论是水文科学的理论研究还是其实际应用均具有极其重要的意义。然而，由于水利工程措施的水文效应极其复杂，且在水资源开发利用及其他经济活动中，常常以影响水循环为主导而引起土壤侵蚀和泥沙沉积、生物地理化学循环等环境问题，人类活动对水文循环及其他循环的影响达到一定程度后将反过来影响活动本身，势必使自然循环与社会经济之间的关系变得更加复杂。因此，研究水利工程的水文效应，探讨不同水利工程措施对水文循环的影响规律，无论对于流域规划治理、合理开发利用水资源、提供宏观经济效益，还是资源与环境的保护、保持生态平衡、促使国民经济的可持续发展，都具有重要的指导作用。

(一)水库、大坝的水文效应

水库、大坝是在流域常见的大型水利工程,主要用于蓄水发电、防洪蓄水、灌溉、调节上下游水资源分配等。同时,水库、大坝等水利工程措施对拦蓄径流、局地降水以及改善局部小气候都有不可忽略的影响。

水库的拦蓄作用主要是改变水库下游径流的时空分布,对洪水而言,还能减少一次洪水洪量。对于大中型水库,因其防洪标准较高,在防洪标准内大洪水发生时,能够起拦、滞洪水的作用,通过合理的水库调度,可达到减小水库下游洪峰的目的。但当超标准洪水发生时,水库为确保坝安全往往敞泄,其后果很可能是人造洪峰,使下游形成比天然情况更大的洪水。对于小型水库、塘坝,其防洪标准较低或很低,除了在一定量级洪水时能起削峰作用,往往会为了水库自身安全而敞泄(塘坝一般都是敞泄)。需要强调的是,小型水库、塘坝失事的可能性较大,常会加大下游洪水。

因此,在发生大暴雨时,水库群究竟是减少下游洪水,还是加大下游洪水,需要经过具体分析才能做出判断。这对于水资源评价、实时洪水预报和估计设计洪水都十分棘手。

(二)引水工程的水文效应

随着社会经济的发展,工农业用水、城市用水逐年增加,为了满足人类活动的用水需求,兴建了大量引水工程,使河川径流呈减少趋势。

(三)地下水开采工程的水文效应

大量开采地下水引起地下水位消落,有的地方形成大范围的漏斗,使土壤非饱和带大幅度增加,非饱和带的蓄水容量随之增大,这导致了降雨时大量雨水渗入非饱和带保存起来,减少了径流的形成。同时,地下水位的大幅下降,导致地表水和地下水之间的水力梯度加大,从而增加了地表水的下渗,减少了地表水量。有资料显示,过去 20～30mm 降雨就能产流的地区,如今 100～200mm 降雨也少见有地面径流。

(四)水利工程的水文效应研究方法

水利工程水文效应的研究方法主要有 3 类,即水量平衡法、对比分析法和流域水文模拟。

二、水保措施的水文水资源效应

水土保持措施具有较好的拦蓄径流和泥沙的作用,并且可以有效削减洪峰流量、降低径流含沙量、推迟洪峰出现时间及缩短洪水历时。水土保持措施虽然对降水与径流、泥沙的相关性没有太大改变,但改变了降水与径流、泥沙的相关关系。

目前水土保持措施由三大类组成:水土保持农业技术措施、水土保持林草措施和水土保持工程措施。这些措施深刻地影响地表水分入渗与径流,有效地拦截降水,减少入河泥沙,尤其在黄土高原区和风沙区,水土保持工程措施可以保护和改善水土资源和水分循环,减少水土流失。总之,水土保持措施带来的水文效应在地理环境变化中占据着重要地位，但是在外界条件影响下，不同的水土保持措施会产生不同的水文效应。

（一）水土保持农业技术措施的水文水资源效应

水土保持农业技术措施主要是水土保持耕作法，其基本原理是：增加地面粗糙度，改良土壤结构，提高土壤肥力和透水贮水能力；增加地表被覆度，就地拦截降水，增加地表水的入渗率，防止径流的发生。

水土保持耕作措施的主要方法有以下几种。结合耕作，在坡耕地上修建有一定蓄水能力的临时性小地形，这些小地形可以减少坡耕地的径流量和冲刷量，而且有利于调节土壤水、肥、气、热的关系，提高地力，增加作物产量；沟垄耕作，把耕地犁耕成并行相同的沟和垄，将原来倾斜的坡面变成等高的沟和垄，通过改变小地形，分散和拦蓄地表径流，减少冲刷，拦截泥沙；垄作区田，在坡耕地垄作基础上，按一定距离修筑土挡形成浅穴，可以拦蓄顺沟雨水，防止雨水汇流，减少土壤冲刷和毁垄危害，保持土壤水分，调节土壤水分与作物之间的供求关系；梯田改变地表坡度，在一定程度上能阻滞径流的流出。此外，还有深耕、密植、间作套种、增施肥料、草田轮作等。

水土保持耕作措施的水文效应研究，对于不同耕作措施，随着入渗时间的增加，入渗速率以指数函数递减。在相同的入渗时间和降雨强度条件下，不同耕作措施入渗率的大小为：等高耕作＞人工掏挖＞人工锄耕。另有学者指出，不同耕作法下的土壤含水量也有变化，一般是免耕覆盖＞深松覆盖＞耙茬覆盖＞传统耕作。地表粗糙度的变化趋势为：免耕覆盖＞深松覆盖＞耙地覆盖＞传统耕作。

水土保持农业技术措施对土壤具有一定的改良作用，可以通过改变土壤结构增加土壤中的非毛管孔隙度、土层渗透性和流域的蓄水能力，减少超渗产流的形成，并且入渗水对土壤含水量的有效补充增加了植物可利用的水资源。水土保持农业技术措施实施力度大的地区，降水易于下渗，地表径流也更易于转化为土壤水，易于形成汇流速度较慢的壤中流和地下径流，从而影响整个流域的产流和汇流条件。

（二）水土保持林草措施的水文水资源效应

水土保持林草措施，又称为水土保持植物措施或生物措施，可以改善地表植被覆盖状况，从而有效拦截雨滴对地表的打击，防止水蚀，调节地表径流。水土保持林可以提高空气湿度，增加降水量，适宜密度的水土保持林对树冠截留、树干流、林下植被及枯枝落叶层滞流等都有积极的作用；水土保持林草措施的实施，增大了地表糙率，不仅减缓了雨水流速，削弱雨水冲刷力，而且减轻了雨滴对地面的打击，增加了土壤入渗，减少了地表径流量。

一般降水条件下树冠截留可达降水量的 20% 左右，此后随着降水强度和降水历时的增加，截留量呈减少趋势。枯枝落叶层的滞流作用也十分明显，一般林区可达到 20% 左右，不同的林种相差很大。林草枝叶能防止溅蚀、分散与减少地表径流量，地表枯落物具有良好的吸水、蓄水与透水能力，一般能吸收比其本身大 4～6 倍的水量。林地土壤孔隙度较大，尤其是非毛管孔隙度较大，降雨时将会有更多的雨水快速渗透到土壤中，从而有效减少地表径流的发生。虽然水土保持林草措施具有减少地表径流量、防止土壤侵蚀的作用，但森林植被与流域产水量之间的关系一直存在较大的争议。

（三）水土保持工程措施的水文水资源效应

水土保持工程措施主要是通过修建各类工程改变小地形，拦蓄地表径流，增加土壤入渗，从而达到减轻或防止水土流失，开发利用水土资源的目的。根据所在位置和作用，可将水土保持工程措施分为坡面治理工程、沟道治理工程和护岸工程3大类。各类措施特别是工程措施与林草措施之间，始终存在互相依赖、相辅相成的关系。

淤地坝和小型水库等具有一定的容水量，以直接拦蓄径流的方式减少水土流失量，能迅速有效地拦截小流域内坡面、沟壑流失的径流泥沙，而且淤地坝内的平坦土壤水分条件好，可用于农业生产。小型水库具有一定的容水量，被拦蓄的径流可转化为下渗水、蒸发水和土壤水，也可以增加地下径流。拦沙坝是以拦挡山洪及泥石流中固体物质为主要目的，防治泥沙灾害的拦挡建筑物，是荒沟治理的主要工程措施。在水土流失地区沟道内修筑拦沙坝，可以提高坝址处的侵蚀基准，减缓坝上游淤积段河床比降，加宽河床，并使流速和径流深减小，从而大大减小水流的侵蚀能力。同时，淤积物淤埋上游两岸坡脚，由于坡面比降降低，坡长减小，坡面冲刷作用和岸坡崩塌减弱，最终趋于稳定。这是因为沟道流水侵蚀作用而引起的沟岸滑坡，其出口往往位于坡脚附近所致。

第三节 城市化的水文水资源效应

随着城市化水平的不断提高，城市化进程对人类生存与发展必不可少的水资源及城市水环境的影响愈来愈显著。城市人口膨胀、密度增大、产业集中、社会经济活动强度大等变化，引起了住房紧张、交通拥挤、资源短缺、环境污染等一系列城市生态环境问题。城市化还将大规模改变土地、大气、水体、生物、资源、能源的性质和分布，引起城市自然地理环境的变化。城市化最突出的特征是人口、产业、物业向城市集中，导致人口密度增大，土地利用性质改变，建筑物增加，道路及下水管网建设使下垫面不透水面积增大，直接改变了当地降雨径流的形成条件。城市社会经济发展，人口增多，对水的需求量增大，废污水相应增多，从而对水的时空分布、水分循环及水的理化性质、水环境产生了各种各样的影响，即水文效应。城市化的水文效应可由图9-2概括。

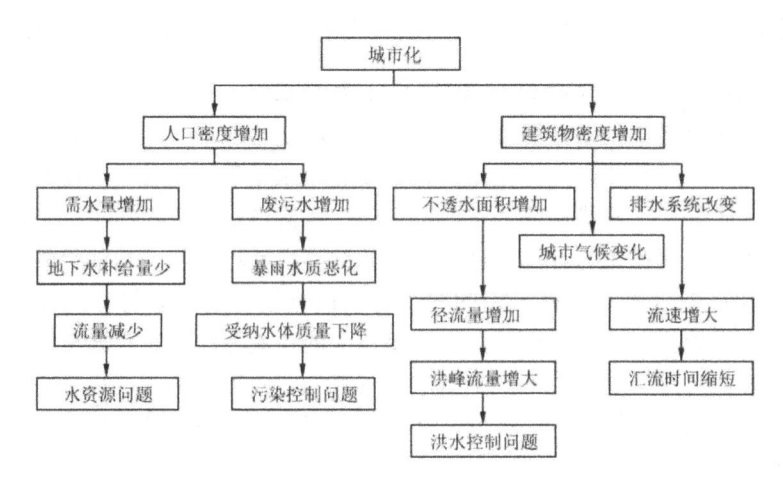

图 9-2 城市化的水文效应示意

一、城市化与城市水文问题

（一）城市化

城市化是一个复杂的空间形态变化过程和社会、经济发展过程。目前全世界城市化水平以每年1%以上的速度递增，且发展中国家逐渐成为增长的重点。目前我国正以世界罕见的速度推行城市化，随着城市规模的扩大和数量的增多，出现了一些地理位置相近、资源环境条件相似、类型功能互补的城市群。

（二）城市水文问题

虽然城市空间相对流域的范围很小，但城市化将显著影响流域水文循环系统中降水、蒸发、地表径流、地下径流等要素。城市化前、后水文循环要素的变化见表9-1。其中，城市化后的地表径流与屋顶截流直接进入城市雨水管道，成为雨水管径流。

表 9-1 城市化前、后水文循环要素的变化

%

水文要素	降水	蒸发	地表径流	地下径流	屋顶截留	雨水管径流
城市化前	100	40	10	50	0	0
城市化后	100	25	30	32	13	43

同时，城市化对水环境的改变也十分显著，造成水资源污染和供需矛盾日益突出。城市化的快速发展，一方面改变了自然地形地貌，以不透水地面铺砌代替原有透水土壤和植被，造成下渗与蒸发显著减少，使相同强度暴雨下的地表径流量增大，洪峰流量增大，防洪与排水压力增加；另一方面，城市化中工业化的进行，导致产生大量污

水污染河湖等水域，减少了可利用的水资源量，造成供水不足，制约经济发展。因此，城市化进程必将增加解决"水多、水少、水脏"三大问题的难度。

城市化水文问题主要表现在以下5个方面：

1. 城市化的热岛效应与降水特性变化

人们在兴建、扩展城市的过程中，明显改变了地表状况，其结果是区域辐射平衡被破坏，各种气象因素都受到影响。其中气温的变化十分显著，城市气温高于周围农村，形成热岛效应，直接导致了城市降水量和降水次数的增加，总降水量也增大。同时，城市热岛效应使得降水分布不均，局部暴雨经常出现，东边日出西边雨的情况时有发生。

2. 城市化对入渗量和地下水位的变化

入渗量随城市化程度增加而减少。城市化导致市区房屋林立，道路纵横，排水管网纵横交错，市区糙率显著减少，地面漫流的汇流速度显著增大，入渗量显著减少。年径流量因城市化的程度而异，若不透水面积增加，大量的雨水均以地表径流的形式通过排水管网排走，切断了雨水和地下水之间的联系，往往造成地下水位的下降和基流的减少。

3. 城市化对地下水的影响

城市建成后，用水需求的增加和地表水源不足的矛盾逐渐加剧，为缓解这一矛盾，势必引发对地下水的大量开采。城市化建设一方面使雨水入渗量减少，隔阻了雨水对地下水的补给；另一方面对地下水的大量开采使地下水位大幅下降，这将使原来靠天然雨水补给的地下水源有枯竭的可能。开挖防洪渠系或大的下水道系统同样会导致地下水位下降。城市化导致水井周边区域补给水量减少，使之成为地下水区域的主要问题，同时地下水位的降低同样会导致建筑物的破坏，须做必要的水量平衡分析计算，以找出缓解这些问题的办法。

4. 城市化对径流的影响

在天然水循环的过程及分配方式中，即雨水降落到地面以后，大约有10%形成地表径流，40%消耗于陆面蒸发和填洼，50%通过入渗蓄存在地下水位以上的土壤包气带中或通过重力形式补给地下水。城市化后，由于受到建筑物和地面衬砌的影响，不透水面积扩大，截断了水分入渗补给地下水的通道，导致地表径流增大，土壤含水量和地下水补给量减少。

5. 城市降雨径流污染

雨水降落在地面形成地表径流，由于城市大气中和地面上有多种污物，在降雨的淋洗、冲刷作用下，污物随径流运动，造成降雨径流污染。与流域中的非点源污染相比，城市降雨径流污染要严重得多，特别是街道上的径流，受到重金属、食物、杀虫（菌）剂、细菌、粉尘、垃圾等的污染，含有很多有毒物质，危害很大。各次暴雨所形成街道径流的污染程度差异很大，一般每年春季的初次降雨径流污染物含量较大。

总之，城市化是我国国民经济发展的必然结果，城市化引起的水文问题也将日益显现，必须加强对城市化水文问题的研究和关注，尤其是对无资料的城市地区进行实验、调查和研究，分析出适合于各种城市类型的模型与参数，以便为我国城市防洪、排水、供水规划及流域规划提供更可靠的水文参数。

（三）城市化的气候效应

城市是人类居住最密集的地方。城市化进程的快速发展不断改变城市原有的下垫面特征与近地层大气结构：城市中大部分原有的自然植被为建筑物、沥青或水泥马路所代替，人们的生产和生活增加了城市额外的热量，城市工业排放大量烟尘、气溶胶等，这些对城市的气温、湿度、降水、风、能见度等气象要素都产生显著的影响。城市气候的局地特征严重影响着城市居民的生活、生产和各类活动。因此，城市化对城市局地气候产生的影响日益引起各国气象学家的关注。

城市结构的特点对低层大气的影响不仅包括热力的，也包括动力的。城市热岛效应是城市气候特征的重要组成部分，而且城市化同样会影响城市降水、湿度、蒸发等气象要素。然而，人们对这些方面的研究分析相对较少。

人类活动对环境的影响越来越明显，尤其是人类活动最活跃的城市地区。我国正处于城市化发展的高峰期，城市环境问题越来越引起人们的关注。从资源使用效率和生产技术改进看，经济的发展确实有助于环境的改善，我国很多学者对此进行了实证研究，并得出一些有意义的结论。还有学者用此规律对城市化与环境之间的互动机制进行了探讨。

1. 城市化给气候环境带来的影响

城市化对年平均气温的影响——热岛效应：城市热岛效应是指城市温度高于周边地区的现象。城市热岛效应的程度与城市规模密切相关，其影响因子主要有两个方面：下垫面性质，包括城市中的建筑群、柏油路面等，它们的反射率小而吸收较多的太阳辐射，奠定了城市热岛的能量基础；城市中的大量人为热，包括冬季取暖、夏季空调开放、工业耗能散热等，加剧了城市热岛效应。

对年降水量的影响——雨岛效应：前人认为，城市有使城区及下风方向降水增多的效应，即雨岛效应。其机制一是由于城市热岛效应，空气层结不稳定，易产生热力对流，增加对流性降水；二是高高低低的建筑物，不仅能引起机械湍流，而且对移动滞缓的降水系统有阻碍效应，因而导致城区的降水增多，降水时间延长；三是城市空气中的凝结核多，工厂、汽车排放的废气中的凝结核能形成降水。

对年平均相对湿度的影响——干岛效应

干岛效应最先是指城市白天相对湿度偏低，空气比较干燥。由于城市雨岛效应的存在，就全年平均来说，城市并不一定比周边地区干。这里干岛效应指的是就全年平均相对湿度来说，城市相对湿度逐年降低，也就是说，随着城市规模的扩大和城市人类活动强度的增加，城市在逐渐变干。干岛效应的成因是：城区下垫面大多是不透水层，降雨后雨水很快流失，因此地面比较干燥，且城区植被覆盖度低，蒸散量比较小。

光化学烟雾：由于城市空气中尘埃和其他吸湿性核较多，在条件适合时，即使空气中水汽未达到饱和，相对湿度仅达到 70% ~ 80%，城市中也会出现雾，所以城市的雾多于郊区。有些城市汽车尾气排放的废气，在强烈阳光照射下，还会形成一种以臭氧醛类和过氧乙酰硝酸酯（PAN）等为主要成分的浅蓝色烟雾，称为"光化学烟雾"，这种雾对人体有害。

城市热岛环流：由于城市热岛效应的存在，市区中心空气受热不断上升，四周郊区相对较冷的空气向城区辐合补充，而在城市热岛中心上升的空气又在一定高度向四周郊区辐散下沉以补偿郊区低空的空缺，这样就形成了一种局地环流，称为城市热岛环流。这种环流在晴朗少云，背景风场极其微弱的静稳天气条件下最为明显。虽然城市热岛效应夜间大于白天，但由于夜间郊区大气层结稳定，有时还存在逆温层，因此上升气流层不强，而白天郊区大气层结本身不稳定，流入城市后上升速度快，所以城市热岛环流白天比夜间强，而且夜间的郊区风具有阵性。

云与雨：城市中由于有热岛中心的上升气流，空气中又有较多的粉尘等凝结核，因此云量比郊区多，城市中及其下风方向的降水量也比其他地区多。

酸雨：城市中由于大量使用能源，向大气中排放出许多二氧化硫和氧化氮，它们在一系列复杂的化学反应下，形成硫酸和硝酸，通过成雨过程和冲刷过程成为酸雨降落。酸雨可导致土壤贫瘠，森林生长速率减慢，微生物活动受到抑制，对鱼类生存构成威胁，刺激人的咽喉和眼睛，因此防治酸雨刻不容缓。

2. 讨论

城市化对气候环境的影响是多方面的，也是复杂的。城市热岛效应、雨岛效应、干岛效应、暗岛效应等都将在一定程度上存在。

从长期变化过程看，随着市区产业结构的调整和环保措施的加强，这些效应都在减弱，库兹涅茨环境规律在一定程度上适合。但是这种环境的改善是否可靠和永久还很难说，存在反复的可能。

环境的改善事实上是通过政策响应来实现的，因而不能认为经济发展到一定阶段，环境问题会自然得到解决，政策引导、社会干预还是必要的。

二、城市化的径流效应

城市兴建初期，树木、农作物、草地等面积逐步减少，房屋、街道逐步发展，排水管道逐步形成网络。在这个阶段，城区的入渗量减小，地下水补给量相应减小，干旱期河流基流量也相应减小，截留量和蒸发量减小，而降雨径流量增大。城市发展过程中，工业区、商业区和居民区全面发展，各种建筑物、街道、广场等不透水面积增大，雨洪排水管网构成完善体系，河道得到整治。由于不透水地表的入渗量几乎为零，地表径流总量增大；不透水地表的糙率小，又使得雨水汇流速度增大，从而使洪峰出现时间提前；各街区的雨流径流几乎同时排入河道，又使得洪峰流量增加。

（一）城市化对地表径流特征的影响

城市快速扩张和新城镇的建设必然导致下垫面和地表状况迅速变化，从而导致降水—径流过程（地表水文循环）发生质的变化。由于城市的兴建和发展，大面积的天然植被和土壤被街道、工厂、住宅等建筑物代替，使下垫面不透水面积增加，下垫面的滞水性、渗透性、热力状况发生了变化。城市降水后，截留、填洼、下渗、蒸发量减少，地面径流量增大，地下径流量减小。观测资料表明，城市化前，蒸发量占40%，地面径流量占10%，入渗地下水占50%；城市化后，蒸发量占25%，地面径流占30%，屋顶径流占13%，入渗地下水占32%。可见，城市化对水循环要素量的变化影响十分明显，其变化随着城市的发展、下垫面中不透水面积的增大而增大。

（二）城市化对径流总量的影响

城市化增加了地表暴雨洪水的径流量并改变了水质。城市化使地面变成了不透水表面，如路面、露天停车场及屋顶，这些不透水表面阻止了雨水和融雪渗入地下。

（三）城市化对洪峰流量的影响

由于不透水表面比草地、牧场、森林或农田光滑，所以城市区域地表径流流速大于非城市区域。随着径流量的增加和流域内各部分径流汇集到管道及渠道里，流速也不断加大，因而使流域内不同部位的汇流加快，最终导致城市化地区实测洪峰流量增加。

城市地表状况变化急剧，而城市区域的空间及时间尺度都很小，降雨径流过程对地表状况变化的响应十分敏感。同时城市化是一个不断发展的过程，水及其环境都处于动态变化中。因此，要定量描述城市化对径流过程的影响并对未来的径流变化趋势进行预测，必须考虑各种因素的影响及其相互作用。

三、城市化的水质效应

（一）城市化对径流水质的影响

城市化的快速发展使不透水地面面积迅速增加，雨水径流量也随之增加，雨水径流污染的威胁不容忽视，特别是当点源污染被控制后，雨水径流的污染就变得十分突出。

雨水径流水质受到大气沉降物、生活垃圾、道路交通量和路面材料的影响，具有一定的污染性，特别是初期径流。路面径流对水质的影响随降雨时间的增加而减小，大量初期雨水对河流水体构成严重污染，使整个城市的生态环境日趋恶化。一些研究表明，雨水主要污染物是COD和悬浮固体（SS），道路初期径流中也含有铅、锰、酚、石油类及合成洗涤剂等成分。近年来，由于大气污染严重，某些地区和城市出现酸雨，严重时pH值达到3.1.因而降雨初期的雨水是酸性的。随着汽车数量的不断增加，汽车漏油与汽车排放的尾气、车辆轮胎磨损更加重了降雨径流的污染。

整体来说，目前对城市区域地表水质的研究大多限于点源污染及其对大江、大河的影响，而对面源污染，尤其是城市化后地表径流引起的污染以及和人类活动的耦合关系等研究较少。随着世界范围内各国城市化水平的不断提高，污染的方式和程度将会不断加大，只有在充分了解面源污染的方式、过程及其与人类活动之间的关系后，才能为城市地表水质量的评价提供依据，进而采取相应措施控制污染。城市化对地表水质的影响、过程及评价工作将成为今后城市水文研究的一个重要方面。

（二）城市化对地下水质的影响

地下水有毒组分的污染原因比较简单，主要由城市工业排放含酚、氰化物等有毒组分的废水直接入渗引起；污染程度主要取决于污染源、包气带厚度、岩性及污染液运移形式等。地下水有毒组分逐年下降，这与政府加大污染源综合治理和污水处理的力度有关。此外，地下水开采也影响有毒组分的污染，在地下水位降落漏斗内，包气带厚度增大，污染途径加长，使其有毒组分的污染减轻。地下水盐污染主要由 NO_3^- 污染和硬度升高造成，二者存在密切联系，阳离子交换和硝化作用是导致地下水 NO_3^- 污染和硬度升高的重要机制。

城市化对地下水水质的影响有正负两方面的效应。正效应体现在随着城市化水平的提高，重视污水处理，减少污水排放，改善了地下水水质；负效应体现在排污系统产生的各种渗漏和固体废弃物的淋滤渗漏污染地下水，过量开采地下水导致盐污染，使地下水水质恶化。以上两种效应共同作用的结果，决定了城市化对地下水水质的最终影响。

城市化发展扩大了水的需求，并不意味着盲目增加人均用水量，因为水是一种特殊资源，不能过度消费。人均生活用水量只有接近标准值（46m3/人），其评价指标的分值才能保持较高水准。这要求加大节水力度，提高水的利用率。这样，由地下水超采导致的盐污染就会得到控制，地下水水质得到改善。相反，如果盲目开采地下水资源以满足城市化发展对水的需求，不仅会加剧对地下水环境的破坏，还会降低城市化指标的分值。

城市化发展是否导致盐污染加剧，取决于地下水资源是否得以合理开发利用。因此，加大节水力度、控制地下水开采，对于以地下水作为主要甚至唯一供水水源的城市来说尤为重要，它既可提高城市化水平，又能缓解地下水环境问题。可见"地下水盐污染是城市化发展的必然结果"的观点是片面的，减轻城市化影响地下水水质的负效应、增强正效应是实施其可持续发展的根本途径。

第四节 生态建设的水文水资源效应

生态恢复的概念源于生态工程或生物技术。生态恢复与重建是指通过适当的生物、生态技术或工程技术措施对退化或消失的生态系统进行修复或重建，逐步恢复生态系统受干扰前的结构、功能及相关的物理、化学和生物特性，最终达到生态系统的自我持续状态。生态恢复与重建包括生态系统的生境恢复与重建、生物恢复与重建和生态系统结构与功能恢复与重建3个方面。

一、生态恢复的理论基础与水文效应理论

(一) 生态恢复与重建的起源与意义

生态恢复研究作为一门应用性极强的科学,起源于受污染的生态环境治理和受损生态系统恢复实践的陆续开展。环境污染和生态破坏自古有之,只不过在原始社会,人类对自然的干扰程度在自然生态系统可承受范围之内,在干扰解除之后生态系统可以自行恢复,无需专门进行恢复。但是这一情势在近代发生了巨大变化。随着世界人口数量急剧增长和工农业的快速发展,人类活动对环境生态的破坏达到了前所未有的程度。许多地区,特别是人类活动集中的地区,人类对自然生态系统的干扰、破坏已经达到不可逆的程度,单靠自然恢复已经不可能恢复到健康生态系统的水平。为了恢复和保护人类赖以生存的生态环境,必须采取人为的生态恢复手段,结合和利用自然恢复,才能实现受损生态系统的恢复。这就促使了生态恢复实践的展开和生态恢复研究的开展。20世纪80年代以来,随着生态系统退化态势加剧,生态退化引发的环境问题日益增多,人们开始进行一些退化生态系统恢复与重建的实验,在不同区域先后实施了一系列生态恢复工程,并加强了对退化生态系统演化、退化与恢复机理和恢复方法与技术的研究,取得了一定的成绩。

我国是世界上生态系统退化类型最多且退化最严重的国家之一,也是较早开始生态重建实践和研究的国家之一。自20世纪50年代,我国就开始了退化环境的定位观测试验和综合整治工作,其后相关工作相继展开。半个世纪以来,我国的专家、学者面对中国生态退化的实际,结合我国的生态环境建设和保护现状,在森林、草地、农田、采矿废弃地、湿地等生态脆弱地区进行了一系列生态退化、演化和恢复、重建研究工作,提出了适合中国国情的生态恢复研究理论框架、方法体系和理论依据,取得了较大的成绩。

随着生态退化、环境污染等问题日趋恶化,及其对我国社会经济可持续发展阻滞的加大,生态恢复研究引起了有关政府部门和相关科学家的关注和重视。生态恢复的实践也得到进一步增强,相继有不同研究院所开展了不同规模和类型的生态建设实践与工程研究。在相应的研究工作和实践过程中,我国科学家在生态系统退化的原因、程度、机理、诊断以及退化生态系统恢复与重建的机理、模式、方法和技术等方面做了大量的研究,对退化生态系统的定义、内容及生态恢复理论进行了完善和提高,提出了一些具有指导意义的应用基础理论,取得了显著的生态效益、社会效益和经济效益,为自然资源的可持续利用和生态环境的改善发挥了重要作用。

(二) 生态恢复与重建的定义

一是强调受损的生态系统要恢复到理想的状态;二是强调其应用生态学过程;三是生态整合性恢复。生态恢复是帮助研究生态整合性的恢复和管理过程的科学,生态整合性包括生物多样性、生态过程、结构等广泛的范围。

生态恢复与重建是指根据生态学原理,通过一定的生物、生态以及工程的技术与方法,人为地改变和切断生态系统退化的主导因子或过程,调整、配置和优化系统内

部及其与外界的物质、能量和信息的流动过程及其时空秩序，使生态系统的结构、功能和生态学潜力尽快成功地恢复到一定的或原有的乃至更高的水平。恢复被损害生态系统到接近于干扰前的自然状况的管理与操作过程，即重建该系统干扰前的结构与功能及有关的物理、化学和生物学特征。

（三）生态恢复的机理

退化生态系统恢复到某种理想的状态。在这一过程中，首先是建立生产者系统，主要指植被，由生产者固定能量，并通过能量驱动水分循环，水分带动营养物质循环。在生产者建立的同时或之后一定时间段内，建立消费者、分解者系统和微生境。目前，我国已经和正在开展的许多重大生态工程，如水土流失综合治理、沙漠治理、生态脆弱带综合治理、草地恢复、退耕还林及荒山绿化等，都属于生态恢复与重建的范畴。退耕还林是对退化的农耕地进行休耕、停耕，根据不同立地条件，选择适宜的树种进行植树造林，将农业土壤转变成林业土壤，将裸露耕地覆盖上森林植被，逐渐建立生态功能完备的森林生态系统。

（四）退化生态系统生态恢复途径

退化生态系统的恢复可采用生物措施、工程措施和农业措施，但植被措施是根本。退化生态系统的恢复和重建的主要途径有封山育林、人工促进演替以及人工造林等，可概括为自然恢复和人工恢复两大类。

自然恢复是利用适合于现存条件的植被或有能力改善土壤和微环境条件的植被，增加和维持有利的生态相互关系，即不通过人工辅助手段，依靠退化生态系统本身的恢复能力使其向典型自然生态系统顺向演替的过程。封山育林是自然恢复典型的方式。但其恢复速度慢；要求自然条件较好；要求系统内居民少，人为干扰易控制；不能完成对极端退化生态系统的植被恢复，这一生态途径初始投资需要较低，但需要相当长的时间才能达到管理目标。

人工促进的自然恢复这一途径主要是依靠自然力来恢复受损的生态系统，但要同时辅以人工措施促进植被形成，并向典型自然生态系统演替的过渡。由于在漫长的环境更替的同时，植被也随之变迁和进化，适应干旱条件的种类保留了下来，而人为引入的外来种不一定适应。因此，人工辅助措施包括改善退化生态系统的物理因素，改善营养条件，改善种源条件及改善物种间的相互制约关系等。

人工恢复是在生态学原理的基础上，通过人工的手段，模拟自然生态系统的组织结构，组建人工优化的生态系统即生态工程。这种方式恢复速度快，可以满足人们对生态系统的特定要求。退耕还林工程中的植被恢复大部分就是构建优化人工生态系统的过程。在生态环境退化严重的地区，生态系统几乎失去了自然恢复的能力，必须有干预恢复作启动，修复被破坏的环境基础，增加恢复弹性和自修复能力，才能保证有序、稳定、持续地在演替过程中进行自然恢复。

人工恢复目前被认为是有效并被普遍采用的植被恢复措施，但是其实施有一定的风险。如果干预的方法不当、程度过大，必然会导致新问题的产生，而且风险极大，稍有不慎可能造成进一步的退化。所以，人工恢复常常作为自然恢复的启动。

（五）生态恢复的水文效应影响

在退化生态系统经过各种途径和模式的恢复与重建后，其生态环境特征也就必然随之发生变化，但这种变化极其复杂。这取决于所处的立地条件差异、退化程度的不同、所采用的恢复与重建措施的不同、恢复与重建时间的影响、恢复与重建后受到人类的再次干扰状况等因素。

土地变化的水环境效应主要包括对水文过程和水环境质量两个方面的影响。生态恢复对水文的影响包括径流和土壤水分的变化。生态恢复引起的覆被变化对水分循环的影响非常明显。涵养水源是植被的重要生态功能之一，森林与水源之间有非常密切的关系，主要表现在森林具有截留降水、蒸腾、增强土壤下渗、抑制蒸发、缓和地表径流、改变积雪和融雪状况以及增加降水等功能，由此对河川径流产生影响，以"时空"的形式直接影响河流的水位变化。在时间上，它可以延长径流时间，在枯水位时补充河流的水量，在洪水时减缓洪水的流量，起到调节河流水位的作用；在空间上，森林能够将降水产生的地表径流转化为土壤径流和地下径流，或者通过蒸发蒸腾的方式将水分返回大气中，进行大范围的循环，对大气降水进行再分配。森林涵养水源可以分为森林土壤贮水量和降水贮存量两部分。土壤贮水量与多种因素有关，其中土壤结构至关重要。土壤中的水分以两种形式贮存，即吸持贮存和滞留贮存。吸持贮存指不饱和土壤中，贮存在0.1mm以下的毛细管空隙中的水由于小空隙抵抗重力将水保住的贮存方式。这部分水分对蒸发和植物吸收有一定作用，但对河川径流的调节关系不大。滞留贮存指在饱和土壤中，重力自由水在大空隙中（土壤颗粒直径在1～10mm之间）的暂时贮存该种贮存极其重要，特别是在暴雨和大雨时，它可以阻止水分过快地形成地表径流流失，为水分渗透到土壤下层赢得宝贵的时间：

草地的过牧和不适当管理会引起植被减少和土壤板结，使地下水供应减少，影响靠地下水补给的河流水量。退耕还林（草）通过植被盖度的增加，减少了洪水泛滥的频度和强度，一般会增加每年的流量，并使降水的再分配均匀。如在黄土高原地区，有的研究认为林地、果园面积的增加与农田、草地面积的减少导致用水量增加，径流量减少；也有研究认为林地的存在增加了蓄水量，从而使流域径流量增加。形成不同观点的主要原因是由于环境异质性的普遍存在，不同自然条件、不同尺度流域森林植被变化导致径流过程的时空格局与过程差异较大。人类耕作和定居活动产生的泥沙和污染物对水环境系统造成巨大影响。农业作物植被对泥沙输出有一定的抑制作用，但长期的耕作与农业用地的利用方式变化能大大促进泥沙的产出。中国每年有22×10^8t泥沙入海，由于人类不合理的土地利用，特别是历史时期以来黄河中上游黄土高原地区自然覆被的破坏造成了该区域严重水土流失。

植被水文效益是植被生态系统的重要功能。由于植被的截留、拦蓄作用，植被不仅可以涵养水源、保持水土，而且还可以减少地表径流、变地表水为地下水，也可以消洪补枯，使降水在土壤中以潜流的形式汇入河道，形成稳定而平缓的水资源，满足工农业生产的需要。但由于不同的植被类型，其物种组成、结构、空间配置等方面存在较大差异，因此，其对水文过程的作用也有所不同，具有不同的水文效益。

二、不同尺度生态恢复与重建的水文水资源效应

尺度是广泛存在于生态学、气象学、生物学等学科中的一个重要概念。各学科学者一直都致力于尺度问题研究。尺度问题已成为当今水文学研究最为前沿的问题，同时也是目前研究中的重点与难点。在生态恢复与重建的过程中，进行不同尺度的研究可以反映出水文水资源效应随空间的变化关系。

（一）生态恢复与重建的水文水资源效应研究方法

生态修复是指对生态系统停止人为干扰，以减轻负荷压力，依靠生态系统的自我调节能力与自组织能力使其向有序的方向演化，或者利用生态系统的自我恢复能力，辅以人工措施，使遭到破坏的生态系统逐步恢复或使生态系统向良性循环方向发展；主要指致力于在自然突变和人类活动影响下受到破坏的自然生态系统的恢复与重建工作。

目前，对生态恢复与重建的水文效应的研究主要有3类方法，即水量平衡法、对比分析法和流域水文模拟法。

1. 水量平衡法

水量平衡法的基本原理是利用水量平衡方程，分析各要素受生态变化影响后的差异及其变化。多年平均情况下的流域水量平衡方程为：

$$R_0 = P - E_0$$

受生态恢复与重建影响后的降水 P' 径流 R' 和流域蒸发 E' 仍然满足方程式，即

$$R' = P' - E'$$

根据研究流域生态恢复与重建影响的性质与主要变量，对第二式中受影响很小的要素忽略其变化量。如水资源评价中，假定降水 P 不变，比较第一式和第二式，则有：

$$R_0 - R' = E' - E_0$$

因此，鉴别生态恢复与重建对径流的影响，可以直接分析受影响后天然径流的变化，如水资源评价中的调查还原法。

在方法应用中具有清晰的概念，可逐项评价生态恢复与重建的影响，且能与用水量分析有机地结合在一起。但该法所需资料多，工作量大。因此，也可直接分析流域蒸发的变化，间接求得径流的变化。如平原水网区的流域蒸发差值法，其基本原理是以不同下垫面条件流域蒸发量变化的规律为依据，根据生态变化引起下垫面条件的改变，计算其改变前后相应的流域蒸发量与差值，从而求得生态变化对径流的影响量。这类方法还有很多，其共同特点是需要在流域蒸发计算式中，设置一个与下垫面因素

密切相关的参数或关系式来反映生态变化的影响,并鉴别生态变化与下垫面状况改变之间的关系及其变化规律,从而求出各种生态恢复与重建的综合影响。

2. 对比分析法

对比分析主要有两类方法,一类方法是根据实验流域和代表流域所取得的资料,分析不同生态变化的水文效应,并建立各种变化与水文要素的变化(或影响水文要素变化的气象或下垫面因素)之间的关系,从而可将这些分析成果应用于类似流域或地区,分析同类生态变化对水文要素的影响。

另一类方法是根据生态变化影响前后的资料进行对比分析,一般采用趋势法和相关分析两种方法。趋势法是实测资料系列的累积或差积曲线的趋势来鉴别生态变化影响的显著性与量级,该法直观简单,应用方便,但使用时应注意气候条件变化的影响;相关分析法包括本站资料相关和相似流域分析两种,本站相关分析即用受生态恢复与重建影响前的资料分析径流与其影响因素间的关系,常见的有降水径流相关和多元回归分析等。

只要用未受生态变化影响或影响很小的资料率定参数,就可以推算生态恢复与重建影响期间径流量的变化。相似流域分析是用生态变化影响前的资料与参证流域同期资料进行相关分析,然后用参证流域的资料来推求本站的水文要素,从而鉴别生态恢复与重建的水文效应,要求参证流域的资料具有一致性,即未受生态变化的影响。

3. 流域水文模拟法

流域水文模拟是基于对水文现象的认识,分析其成因及各要素之间的关系,以数学方法建立一个模型来模拟流域水文变化过程。一方面用生态恢复与重建前的资料率定模型中的参数,再对率定的参数进行检验,然后用率定的模型来推求自然状况下的径流过程,并与实测资料进行对比,以此来鉴别生态恢复与重建对径流的影响;另一方面,也可改变模型中反映下垫面条件变化较敏感的参数,逐年拟合受生态恢复与重建影响后的资料,并分析该参数的变化规律,用以预测未来的水文情势。

目前科应用的流域水文模型很多,我国使用较多的是蓄满产流模型和国外研究都市化或工业化水文效应的串并联模型。

(1) 蓄满产流模型

根据蓄满产流模型的概念,为便于研究生态恢复与重建改变直接产流面积的水文效应,将蓄水容量曲线改为附图的形式。

应用该模型除了模拟自然状况下流域水文过程外,还可以直接研究生态恢复与重建改变流域直接产流面积的水文效应及对地下水影响后的实际水文过程。

(2) 串并联水文模型

该模型的思路是按流域下垫面的性质将其分成透水与不透水两部分,并认为在不透水面积上,降水后除表面湿润损失和蒸发外,全部成为直接径流;在透水面积上,当满足初损后,一部分成为径流,另一部分认为损失。两种径流分别进入各自的串连水库,经水库调蓄后再相加得计算流量过程。

应用该模型不仅可以鉴别生态恢复与重建对径流的影响,还可以预测不同规划水平下的水文情势。

流域水文模型建立在对流域水文特性的认识和实测资料全过程确定的基础上，是研究人类活动的水文效应及缺乏资料地区水文分析计算的有力工具。随着计算技术的高速发展和数据库的建立，流域水文模型将具有更广阔的发展前景。因此，应加强模型的分析、验证和推广应用工作，进一步提高模型的精度，对模型中的参数，特别是对生态恢复与重建影响反应灵敏的参数，应加强实验研究和区域综合工作，以提高模型鉴别人类活动水文效应的有效性和预测未来水文情势的能力。

（二）区域尺度的生态恢复与重建的水文水资源效应

在区域尺度中，不同土地利用方式通常并存，并且其水文水资源效应差异显著。不同的土地利用与土地覆被形式，如林地、农田和城镇等，会对地表水和地下水的水量以及水质产生不同的影响。

在区域尺度中，土地利用变化对地下水量的影响主要是通过增强或减弱植被和土壤的蒸散发量和土壤的渗透能力来影响地下水的补给。在半干旱气候区，尤以黄土高原为代表，根系发达的人工林消耗大量的地下水和土壤水，使得土壤水亏损巨大，甚至会形成难以恢复的深厚"土壤干层"。但这并不能否定植树造林在防风固沙、保持水土中的积极作用，选择适宜的树种和科学的管理方法可以调节人工林生态系统的土壤水分循环。不同地表覆被的蒸散耗水量不同，地表径流量也不同，通过对柠条灌丛、农田和天然荒地的土壤有效水分变化率、土壤水分循环进行比较，发现种植人工林可以起到保持水土、含蓄水源的作用。另外，在集水区种植大量的牧草代替森林以提高集水区水量已成为广泛使用的方法。而对草地不适当的管理和过度放牧将引起植被减少和土壤板结，使地下水的供应减少。城市化过程中树木和植被的减少降低了蒸发和截流，房屋和道路的建设降低了地表水对地下水的补给和地下水位，增加了地表径流和下游潜在的威胁。农业是改变地表景观的主要原因，耕耘改变了地表的渗透能力和径流，这将对地下水的补给、地表水的蒸发等造成影响。不同农作物的生长对水资源的需求是不一样的，农业种植结构对水资源的影响很大。

在有森林覆盖的地区，由于森林生态系统中的林冠层、地被物层和土壤层对污染物质有较强的截留过滤作用和吸持能力，随着流域内有林地面积比例的增加，氮素输出量呈指数递减，森林采伐后，地表水的流量和 N、P 的含量、输出量显著增加。在耕地上大量施用肥料和农药，产生了大量无机、有机污染物，加之人类对土壤集约耕作活动，地表径流增强，导致污染物的输出量增加，造成非点源污染。众多研究表明，农田是水环境中 N、P 元素的主要来源。在不同土地利用类型组合中，水质随着耕地比例的上升而下降。在单一土地利用类型中，耕地的水质最差，因为农田管理措施、化肥和农药的使用量、使用方式、使用季节以及灌溉方式对农业非点源污染的影响较大，高强度的农业开发使区域农田非点源污染占河流污染负荷的一半左右。对于生态恢复与重建中的空间布局是否会对水质产生影响，当前国际上仍在进行探讨。一些研究者认为，在区域内部靠近河流处的土地利用类型对河流水质的影响要显著于区域上部的土地利用类型。但是，另外一些研究者认为，在区域尺度中因为水文环境的多样性，区域上部的土地利用类型与靠近河流处的土地利用类型在对河流水质的影响上，它们的重要性是一样的此外，在生态恢复与重建空间布局对水质产生的影响程度上，也存在多种说法：

当前有关生态恢复与重建对水文水资源影响的研究主要集中在水循环、水平衡等水文效应上，尤其是森林水文效应受到更多关注。

（三）流域尺度的生态恢复与重建的水文水资源效应

流域生态水文过程的时空异质性是水文学与生态学的重要问题之一，一直受到生态学家和水文学家的关注。长期以来，森林水文学的研究比较侧重于森林水文要素的建模研究，从森林水文的某一环节研究水文过程，但是不能从机理上反映森林对水文过程的作用机制；而对流域生态水文过程模拟进行得比较少。近年来，国内外十分注重利用 GIS 等"3S"技术来研究反映森林的生态水文过程，建立分布式的具有物理机制的流域生态水文模型，这也是生态水文模型研究的趋势。同时，水文尺度问题也是水文学界十分关注的问题，是当今水文学研究的前沿，也是生态水文学必须回答的重大基础理论问题之一。

在流域尺度下，造林或森林的砍伐对于生态恢复与重建中的水文水资源效应最具影响力。森林一般生长或者种植在不适宜农耕的山区，同时是城镇供水的主要集水区。流域中格局与结构的变化直接影响土壤侵蚀、河道淤积、水土流失、滑坡等严重的生态问题，会造成巨大的经济损失，植树造林可以截留较多的降水，起到一定的削减洪峰作用。流域格局的改变影响水文因子的变化，如年径流、季节径流、水旱灾害等。

流域中各种水利水保措施的修建也是生态恢复中水文水资源效应的重要影响因子之一。流域水利工程建设（水库、水坝、沟渠等）的目的在于蓄水、合理配置生态、工农业用水。然而，水利工程建设后，河川水文由自然流淌改变为人工干预的计划配置，影响其地表径流与地下径流。因此，对土地利用变化或森林覆被变化（LUCC）的水文过程的研究有非常重要的科学价值和实践意义。

（四）坡面尺度的生态恢复与重建的水文水资源效应

坡面水文过程是流域水文学尤其是森林水文学研究的基础，基本的坡面水文过程有林冠层截留、枯落物截持、植物蒸腾、林地蒸发、入渗、坡面产流、坡面汇流、土壤水分运动等环节。

1. 植被截持

在有地表覆盖的情况下，一部分大气降水被林冠和地被物（包括活地被物和死地被物）截持，不能落到地面上而直接蒸发到大气中。截留能改变最后到达地面的降水的质和量，是一个重要的水文过程。不同植被类型对降水的截留能力不同，通常森林蒸散是草地蒸散的 2 倍，占降水的 20%～40%，其中最主要的原因是截留的增加，在这些地区，如果将流域内草地变成森林，径流将减少 5%～30%。

截留作用还改变了林内降水的空间分布，在林下不同点之间降水量会有很大的差异，使得准确实测林内降水有很大的难度。树干茎流是大气降水经过冠层截留再分配后的一个重要的林内降水分量,它使林内降水在空间上的变异更大。树干茎流量虽在水量平衡中的占比不大,却能减少雨滴击溅侵蚀,同时携带淋洗树冠得到的养分直接进入林木根际区,促进森林水分和养分再循环,对树木生长起着相当重要的作用。

从最终结果看,植被截留的降水都会被蒸发到大气中。根据降水截留过程,可将植被截留分成降水期间的蒸发和降水之后的蒸发两部分。前者与植被蒸发面积、降水类型和降水期间气象条件决定的大气蒸发能力有关;后者与由植被结构特性决定的截蓄容量有关。因此,只要确定了植被的截蓄容量和降水期间的蒸发能力,即可确定植被的截留量。能改变植被截蓄容量和雨期蒸发能力的因素都将影响植被截留量,主要有气象因子和植被结构因子。

截留模型对于理解植被截留作用和估计林冠截留量有重要作用,目前已有很多截留模型,可以分为统计模型、概念模型和解析模型。截留模型的发展方向是建立能充分反映降水截留过程,体现各种因素对截留过程影响的具有物理机制的模型。但目前研究还具有很多问题,在确定植被截留容量和准确估算降水期间冠层蒸发量等方面还需要更深入的研究。截留作用造成的到达地面降水量的巨大时空变异给截留量的测定带来了麻烦,也影响了模型建立时参数的准确确定,目前,解决方法是增加测量样本和加大测定面积。如何确定截留量与植被类型、结构间的定量关系,也是今后值得研究的方面。

不同的森林类型,其树种组成不一样,群落的结构存在差异,对降水的拦蓄能力也不同。这种差别是评价不同森林类型水源涵养功能的一个重要数量特征,也是区域内生态系统功能评价与维护的重要依据。

林冠层对降水的影响:当降水开始时,林冠截留降水是森林对降水的第一次阻截,也是对降水的第一次分配,其余大部分降水通过林内降水形式到达地面枯枝落叶层,形成土壤蓄水。林冠层截留降水的能力因树种和器官不同而有很大差异,主要与林冠层枝叶生物量及其枝叶持水特性有关。就我国目前来说,主要森林生态系统的林冠截留率约为 11.4%~36.5%,变动系数约为 6.68%~55.05%。林冠截留率与降水量呈紧密负相关,一般表现为负暴函数关系,目前 Rutter 模型和 Gash 解析模型是较为完善且应用广泛的林冠截流模型。

林下植被层对降水的影响:降水通过林冠层到达林下植被层时再次被截留,从而使雨滴击溅土壤的动能大大减弱。林下植被的种类和数量受林分结构的影响,不同林分结构下植被层的持水性能存在差异,一般用林下植被层的最大持水量表示林下植被层截持雨水能力的大小。林下植被层持水量是林下灌木层持水量和草本层持水量之和。通常情况下,天然林林下植被层的持水量较大,这是因为天然林受人为干扰较少,易形成复层林,林冠层疏开,郁闭度降低,林下的光照条件好,林下植被繁茂,植被层生物量一般较高。

枯枝落叶层对降水的影响:枯枝落叶层具有保护土壤免受雨滴冲击和增加土壤腐殖质和有机质的作用,并参与土壤团粒结构的形成,有效增加土壤孔隙度,减缓地表径流速度,为林地土壤层蓄水、滞洪提供物质基础。森林枯枝落叶层具有较大的持水能力,从而影响林内降雨对土壤水分的补充和植物的水分供应。枯枝落叶层一般吸持的水量可达自身干重的 2~4 倍,各种森林枯落物最大持水率平均为 309.54%。

枯枝落叶层的截留量表征指标有最大持水量和有效拦蓄量。

2. 土壤入渗

经过截留到达地面的净降水通过表层土壤的孔隙进入土壤中，再沿土壤孔隙向深层渗透和扩散。不同质地土壤入渗率变化很大，砂土稳定入渗率可以大于20mm/h，黏土则在5mm/h以下。大量研究表明，森林植被可以通过庞大的根系和土壤动物等作用来改变土壤结构，增加土壤中的孔隙度特别是非毛管孔隙度，使得森林土壤比其他类型的土地具有更高的土壤水分入渗率。土壤入渗率还与土壤初始含水量、温度、降水能量等因素有关。土壤的入渗率在水平方向和垂直方向都有变异性。

3. 坡面径流

通常通过对坡面土壤水分和水势的动态连续测定，运用达西定律和连续方程计算土壤中垂直方向和侧向的水分运动通量，来完成动力水文学的计算，但是这种方法仅适用于基质流。实践中，一般结合使用以上几种方法，来研究径流形成机制。在研究尺度上，坡面尺度常与流域尺度相结合，以流域尺度的研究验证坡面尺度的研究结果，以坡面尺度的研究从更深层次上揭示水分运动和传输机制样地水平进行的平衡计算。由于坡面产生的径流要输送流域出口，中间还有很多过程，也需要损耗很多水分，最终形成的小流域径流水资源数量要远远小于坡面样地的计算值。

径流从流域各点向流域出口断面汇集的过程称为汇流，分为坡地汇流和河道汇流两个阶段。坡地汇流是水分进入河道之前的过程，包括坡面汇流、土壤汇流和地下汇流。河道汇流是一种明渠水流运动方式，是洪水波由上游向下游传播的过程。地形条件和地表覆盖对汇流流态、路径及速度都有影响。

地表径流模型根据其采用产流机制的不同，可分为超渗产流模型、蓄满产流模型及综合产流模型。坡面汇流流态和流速常用圣维南方程组模拟。模拟壤中流的机理模型根据其所依据的主要原理，可以分为Richards模型、动力波模型和贮水泄流模型等。

4. 蒸散

蒸散是水分从系统内散失的另一条途径。蒸散包括植物蒸腾和蒸发。蒸发包括冠层截留降水的蒸发、枯落物吸持水的蒸发、土壤水分的直接蒸发、地表积水等自由水面的蒸发。蒸散的强度由系统内的地形地貌、土壤、植被及包括温度、湿度在内的气象条件等综合作用决定。

不同研究方法的测定原理各不相同，它们分别从SPAC系统内一个或几个作用界面研究复杂的蒸腾作用过程，具有不同的适用范围，在计算蒸散量时需要根据研究的条件进行选择。SPAC模拟方法从群体中水、热通量等的传输机制出发，来研究蒸发过程，以克服传统方法的缺陷。SPAC模拟方法通过数学模型模拟SPAC系统中水分运动状况，能够得到整个系统不同时期的水分状况，并能计算出水分在各个子系统中的交换量。随着人们对SPAC系统中水热传输机制认识的深入和计算机应用技术的发展，有关研究也越来越多。SPAC模拟方法具有较牢固的物理基础，通常比较精确，但需要输入大量参量，需要对太阳辐射、风等在群体中的分布规律和群体中湍流交换过程有更深入的了解。

参考文献

[1] 刘凯.水文与水资源利用管理研究[M].天津：天津科学技术出版社.2021.
[2] 贾艳辉.水资源优化配置耦合模型及应用[M].郑州：黄河水利出版社.2021.
[3] 陈名.沿江型城市工业经济与水资源环境耦合研究[M].北京：海洋出版社.2021.
[4] 贾仰文,牛存稳,仇亚琴,占车生,胡实.多尺度山地水文过程与水资源效应[M].北京：中国水利水电出版社.2021.
[5] 钱龙霞.水资源评价决策与风险分析理论方法及其应用[M].北京：中国水利水电出版社.2021.
[6] 杨明祥,陈靓,鹿星.气候变化对黄河流域水资源的影响与对策[M].北京：中国水利水电出版社.2021.
[7] 杨晓华,孙波扬.区域水资源承载力及利用效率综合评价与调控[M].北京：科学出版社.2021.
[8] 韩杰.河西地区作物需水变化机制与水资源优化配置研究[M].北京：中国农业出版社.2021.
[9] 张修宇,陶洁.水资源承载力计算模型及应用[M].武汉：湖北科学技术出版社.2020.
[10] 王沛芳,钱进,侯俊,饶磊.生态节水型灌区建设理论技术及应用[M].北京：科学出版社.2020.
[11] 李泰儒.水资源保护与管理研究[M].长春：吉林大学出版社.2019.
[12] 潘奎生,丁长春.水资源保护与管理[M].长春：吉林科学技术出版社.2019.
[13] 张秀菊.水资源规划管理[M].南京：河海大学出版社.2019.
[14] 吴丽.城市水资源管理及水市场研究[M].北京：地质出版社.2019.
[15] 王光纶.水工程水资源认识研究[M].北京：科学出版社.2019.
[16] 王永党,李传磊,付贵.水文水资源科技与管理研究[M].汕头：汕头大学出版社.2018.
[17] 赵克.贯彻新发展理念 提升山东省农业生产水平[M].济南：山东科学技术出版社.2018.
[18] 邱国玉,曹烨,李瑞利.面向全球变化的水系统创新研究[M].北京：中国水利水电出版社.2018.
[19] 康绍忠,孙景生,张喜英等.中国北方主要作物需水量与耗水管理[M].北京：中国水利水电出版社.2018.